高等学校"十二五"规划教材·计算机软件工程系列

数据库系统原理

（第 2 版）

张锡英　李林辉　边继龙　主　编

哈尔滨工业大学出版社

内容简介

　　数据库系统原理完整地讲述了当前数据库技术从基本原理到应用实践的主要内容,包括:数据库系统概述、数据模型、关系数据库、SQL查询语言、关系数据库设计、关系数据库管理系统设计实例、数据库保护和数据库发展的新技术等内容。本教材强调知识的实用性,充分体现了软件工程专业教育"理论够用、实践充分"的原则。根据学生的认知规律,较好地处理理论和实践、知识和能力之间的关系。

　　本书可以作为高等学校软件工程专业、计算机科学与技术、信息管理与信息系统等相关专业数据库课程教材,也可以供从事数据库系统教学、研究和应用的广大教师、工程技术人员等参考。

图书在版编目(CIP)数据

　　数据库系统原理/张锡英,李林辉,边继龙主编.2版.—哈尔滨:哈尔滨工业大学出版社,2016.3
　　ISBN 978 - 7 - 5603 - 5865 - 9

　　Ⅰ.①数…　Ⅱ.①张…②李…③边…　Ⅲ.①数据库系统 – 高等学校—教材　Ⅳ.①TP311.13

　　中国版本图书馆 CIP 数据核字(2016)第 032384 号

策划编辑　王桂芝
责任编辑　刘　瑶
出版发行　哈尔滨工业大学出版社
社　　址　哈尔滨市南岗区复华四道街 10 号　邮编150006
传　　真　0451 - 86414749
网　　址　http://hitpress.hit.edu.cn
印　　刷　黑龙江省地质测绘印制中心印刷厂
开　　本　787mm×1092mm　1/16　印张 16　字数 400 千字
版　　次　2013 年 3 月第 1 版　2016 年 3 月第 2 版　2016 年 3 月第 1 次印刷
书　　号　ISBN 978 - 7 - 5603 - 5865 - 9
定　　价　32.00 元

(如因印装质量问题影响阅读,我社负责调换)

高等学校"十二五"规划教材
计算机软件工程系列

编 审 委 员 会

名誉主任　丁哲学
主　　任　王义和
副 主 任　王建华
编　　委　（按姓氏笔画排序）

王霓虹　　印桂生　　许少华　　任向民
衣治安　　刘胜辉　　苏中滨　　张　伟
苏建民　　李金宝　　苏晓东　　张淑丽
沈维政　　金　英　　胡　文　　姜守旭
贾宗福　　黄虎杰　　董宇欣

◎ 序

随着计算机软件工程的发展和社会对计算机软件工程人才需求的增长,软件工程专业的培养目标更加明确,特色更加突出。目前,国内多数高校软件工程专业的培养目标是以需求为导向,注重培养学生掌握软件工程基本理论、专业知识和基本技能,具备运用先进的工程化方法、技术和工具从事软件系统分析、设计、开发、维护和管理等工作能力,以及具备参与工程项目的实践能力、团队协作能力、技术创新能力和市场开拓能力,具有发展成软件行业高层次工程技术和企业管理人才的潜力,使学生成为适应社会市场经济和信息产业发展需要的"工程实用型"人才。

本系列教材针对软件工程专业"突出学生的软件开发能力和软件工程素质,培养从事软件项目开发和管理的高级工程技术人才"的培养目标,集9家软件学院(软件工程专业)的优秀作者和强势课程,本着"立足基础,注重实践应用;科学统筹,突出创新特色"的原则,精心策划编写。具体特色如下:

1. 紧密结合企业需求,多校优秀作者联合编写

本系列教材编写在充分进行企业需求、学生需要、教师授课方便等多方市场调研的基础上,采取了校企适度联合编写的做法,根据目前企业的普遍需要,结合在校学生的实际学习情况,校企作者共同研讨、确定课程的安排和相关教材内容,力求使学生在校学习过程中就能熟悉和掌握科学研究及工程实践中需要的理论知识和实践技能,以便适应就业及创业的需要,满足国家对软件工程人才的需要。

2. 多门课程系统规划,注重培养学生工程素质

本系列教材精心策划,从计算机基础课程→软件工程基础与主干课程→设计与实践课程,系统规划,统一编写。既考虑到每门课程的相对独立性、基础知识的完整性,又兼顾到相关课程之间的横向联系,避免知识点的简单重复,力求形成科学、完整的知识体系。

本系列教材中的《离散数学》、《数据库系统原理》、《算法设计与分析》等基础教材在引入概念和理论时,尽量使其贴近社会现实及软件工程等学科的技术和应用,力图将基本知识与软件工程学科的实际问题结合起来,在具备直观性的同时强调启发性,让学生理解所学的

知识。《软件工程导论》、《软件体系结构》、《软件质量保证与测试技术》、《软件项目管理》等软件工程主干课程以《软件工程导论》为线索，各课程间相辅相成，互相照应，系统地介绍了软件工程的整个学习过程。《数据结构应用设计》、《编译原理设计与实践》、《操作系统设计与实践》、《数据库系统设计与实践》等实践类教材以实验为主题，坚持理论内容以必需和够用为度，实验内容以新颖、实用为原则编写。通过一系列实验，培养学生的探究、分析问题的能力，激发学生的学习兴趣，充分调动学生的非智力因素，提高学生的实践能力。

相信本系列教材的出版，对于培养软件工程人才、推动我国计算机软件工程事业的发展必将起到积极作用。

2011 年 7 月

◎再版前言

数据库技术的应用十分普及,已成为计算机信息系统和应用的基础与核心。数据库技术是计算机应用的重要基础,以数据库系统为核心的各类软件已在不同领域得到了广泛的应用。"数据库原理"是一门理论与实践性都很强的课程。由于历史的原因,我国的教材内容通常以理论介绍为主,侧重于数据库理论和数据库设计的基本知识和基本语言的介绍,弱化了它的实践应用性。

本书结合作者长期的实际教学与科研经验编写而成,本着"厚基础、重能力、求创新"的总体思路,遵循实用、够用的原则,从内容选材、教学方法和实验等方面突出软件工程专业教育的特点。学生通过本书的学习,可以建立起一个完整的数据库原理及应用的知识体系,掌握数据库系统的实用技术和操作技能。本教材特别强调知识的实用性,充分体现了软件工程专业教育"理论够用、实践充分"的原则。根据学生的认知规律,较好地处理了理论和实践,知识和能力之间的关系。

从课程体系结构上讲,数据库原理及应用课程的教学内容既要涵盖一定的数据库基础理论,又要包括数据库操作实践方面的内容。即教学内容可由数据库基础理论、数据库系统应用及数据库系统的设计开发三大部分组成。其中数据库基础理论包括关系数据库系统理论、数据库设计理论、并发控制、数据库安全性、完整性控制理论及数据库管理系统的有关概念;数据库系统应用具体介绍一个数据库管理系统的操作和编程开发,而数据库应用系统的设计开发则介绍数据库应用系统的设计开发工具及实例。适当增加关系数据库的基本概念、数据库设计及开发方法的理论内容,数据库管理系统主要介绍 Oracle,强化数据库课程设计,要求学生设计开发一个具体的中小型数据库应用系统。突出针对性和实用性,强化学生在数据库应用中的分析能力和系统开发能力的培养。

本书第 2 版中对第 1 章的章节结构进行了调整,增加了部分内容;第 5 章新增加了 10 个例题,以及"检查点"部分的内容。为了加强学生对 Oracle 编程知识的学习,第 2 版将嵌入式 SQL 改写为 PL/SQL 程序设计,并独立为第 9 章。

本书由东北林业大学数据库系统原理课程组编写完成,张锡英、李林辉、边继龙任主编,全书由张锡英统稿。具体分工如下:张锡英负责第 1 章、第 7~9 章的编写,李林辉负责第 3 章、第 4 章和第 6 章内容的编写,边继龙负责第 2 章、第 5 章和第 10 章内容的编写。本教材为任课教师配备了课程的教学 PPT、教学案例、课后习题答案和实验指导书。

由于作者水平有限,疏漏和不足之处在所难免,敬请读者批评指正。

编　者
2016 年 1 月

目录◎

Contents

目录 Contents

目 录 Contents

第1章

数据库引论

本章知识要点

本章重点介绍数据库的基本术语、数据库技术的发展过程及其主要特点;数据库系统的三级模式结构;目前常用的关系数据库管理系统及数据库应用领域的新技术。

1.1 引　言

数据库技术是计算机科学技术中发展最快的领域之一,也是应用最广的技术之一,它已成为计算机信息系统与应用系统的核心技术和重要基础。

数据库系统产生于 20 世纪 60 年代末。几十年来,数据库技术得到迅速发展,已形成较为完整的理论体系和一大批实用系统,现已成为计算机软件领域的一个重要分支。

在 20 世纪 50 年代,数据库管理还处于人工管理阶段,而计算机应用主要是用于科学计算。20 世纪 60 年代,为了克服文件系统的数据冗余,方便用户操作,提高程序开发效率,因此产生了数据库系统。数据库系统产生之后,显示了其强大的生命力。20 世纪 70 年代,层次、网状数据库系统研制成功,并在商业上得到了广泛应用。当时,关系数据库的研究还集中在理论和实验系统的开发上,直至 20 世纪 80 年代初才形成产品。由于关系数据库有较好的理论基础,并具有操作方便等优点,因此关系数据库的商用系统迅速占领市场,并迅速取代了层次和网状数据库系统。1987 年,ISO 组织研究并颁布关系数据库语言 SQL 标准。20 世纪 90 年代,数据库技术进一步发展,推出许多新型数据库系统,以适应用户提出的新需求,并进而渗透到多媒体、人工智能、网络等领域。

随着数据库系统的推广使用,计算机应用已深入到工农业生产、商业、金融、行政管理、科学研究和工程技术的各个领域,如今的管理信息系统(MIS)、办公自动化(OA)、计算机辅助设计与制造(CAD/CAM)、计算机集成制造系统(CIMS)、地理信息系统(GIS)和知识库系统等也都以数据库技术为基础。20 世纪 90 年代初,我国已在邮电、银行、电力、铁路、气象、民航、情报、公安、军事、航天、财税等行业开发了以数据库为基础的大型计算机系统。

在人类迈向 21 世纪知识经济时代时,信息变为经济发展的战略资源,信息技术已成为社会生产力中重要的组成部分。人们充分认识到,数据库是信息化社会中的信息资源管理与开发利用的基础。对于一个国家来说,数据库的建设规模和使用水平已成为衡量该国信息化程度的重要标志。因此,数据库课程是当代大学生的一门重要的必修课程,也是大学生应具备的基本知识和技能。

数据库技术的前身是曾经被广泛应用的文件系统。1969 年,美国的 IBM 公司研制了世界上第一个层次型数据库管理系统(Information Management System, IMS);同年美国的DBTG(Data Base Task Group)小组发表了 DBTG 报告,给出了网络型数据库的规范;而从1970 年起,IBM 公司的科德(E. F. Codd)发表了一系列关于关系数据库的论文,从而奠定了关系数据库的基础。层次型、网络型,特别是关系型和面向对象数据库是数据库系统的主要类型。除此之外,分布式数据库、智能数据库等也是数据库技术的重要分支。

　　数据库技术是把人们所关心的各种类型的数据输入到计算机中,经过加工、处理和累积,使这些数据变成有用的信息。因此,如何管理和充分地利用这些数据,如何有效地描述和处理这些数据,便成为计算机研究领域的一个十分重要的课题。数据库技术就是在这种形势下产生和发展起来的,是数据管理的最新技术,并已成为当代计算机科学的一个新兴的、重要的、活跃的应用领域。

1.2　数据库的基本概念

　　随着计算机科学技术的飞速发展,计算机的应用逐渐由数值计算(军事和科学计算)向非数值计算(数据处理等)的各个领域乃至家庭中扩展,尤其是微型计算机在企事业方面的管理及办公自动化中的应用更为广泛,如工资管理、人事档案管理、仓库管理、财务管理、学生学籍管理、图书资料管理等。实际上,这种应用已经渗透到社会的各个方面,在计算机的所有应用中,数据处理(或称信息管理)已达科学计算、自动控制、人工智能等应用总和的80%以上。只要有信息的地方,就有数据库技术的用武之地。

　　数据库技术是数据信息管理技术的最新成果,为计算机的应用开辟了广阔的天地。数据库、数据库技术、数据库管理系统和数据库系统是数据库技术中最常用的术语,它们之间既有区别又有联系。

1.2.1　数据、信息及其管理

1. 数据与信息

　　数据库管理的对象是数据。所谓数据,是指能够被输入到计算机存储和处理的各种数字、文字、表格、图形、图像、声音等,这些数据具有不同的类型。

　　未经处理的数据只是基本素材,仅当对其进行适当的加工处理,产生出有助于实现特定目标的信息对人们才有意义。可见,信息实际上是指经过处理后的数据,是被加工了的数据。

　　数据与信息两者密不可分,既有联系又有区别。数据表示信息,而信息只有通过数据形式表示出来,才能被人们理解和接受。尽管数据与信息两者在概念上不尽相同,但通常人们并不严格地区分它们,例如,数据处理也可称为信息处理。

2. 数据处理与数据管理

　　数据处理是指对各种形式的数据进行操作的一系列活动的总和,如汇集、传输、分组、排序、存储、计算、检索与制表等。数据处理的目的是为了对大量的原始数据进行加工处理,从而得到人们所需要的有价值的数据,以作为行动和决策的依据。

　　数据处理的中心问题是数据管理,数据管理指的是对数据的分类、组织、编码、存储、检索和维护。

　　数据处理一般不涉及复杂的科学计算,主要特点是处理的数据量大、数据结构复杂、数据之间有复杂的逻辑联系。因此,数据处理业务矛盾的焦点不是计算,而是数据管理。这部分操作是数据处理业务的基本环节,而且是任何数据处理业务中必有的共性部分;而怎样加工和计算,则根据实际情况加以处理。因此,对数据管理部分,理当加以突出,集中精力研制出一个通用、高效且使用方便的管理软件,把数据有效地管理起来,以便最大限度地减轻程序员的负担;至于处理业务中的加工计算,因不同业务各不相同,要靠程序员根据实际情况编写应用程序加以解决。

　　数据处理是与数据管理相联系的,数据管理技术的优劣将直接影响数据处理的效率,数据库技术正是瞄准这一目标,研究、发展并逐渐完善起来的专门技术。

1.2.2 数据库、数据库管理系统和数据库系统

1. 数据库

数据库(Database)指长期存储在计算机内的、有组织、可共享的数据的集合。数据库中的数据按一定的数学模型组织、描述和存储,具有较小的冗余,较高的数据独立性和易扩展性,并可为各种用户共享。数据库产生于距今六十多年前,随着信息技术和市场的发展,特别是二十世纪九十年代以后,数据管理不再仅仅是存储和管理数据,而转变成用户所需要的各种数据管理的方式。数据库有很多种类型,从最简单的存储有各种数据的表格到能够进行海量数据存储的大型数据库系统都在各个方面得到了广泛的应用。

数据库技术就是把一批相关数据组织成数据库,并对其进行集中、统一的管理,实施很强的安全性和完整性控制的技术。

例如,企业或事业单位的人事部门常常要把本单位职工的基本情况(职工号、姓名、年龄、性别、籍贯、工资、简历等)存放在表中,这张表就可以看成是一个数据库的组成部分之一。有了这个表我们就可以根据需要随时查询某职工的基本情况,也可以查询工资在某个范围内的职工人数等等。仅仅保存职工基本情况表不能满足到人事管理业务的要求,还需要建立职工的家庭成员情况表、职工奖惩记录表、职工培训情况表、职工职务变迁表等,来达到全面规范人事管理的要求。若干个描述职工相关信息的表就构成了"人事管理系统数据库"。此外,在财务管理、仓库管理、生产管理中也需要建立众多的这种"数据库",使其可以利用计算机实现财务、仓库、生产的自动化管理。

由此可见,数据库是一个单位或是一个应用领域的通用数据处理系统,它存储的是属于企业和事业部门、团体和个人的有关数据的集合。数据库中的数据是从全局观点出发建立的,按一定的数据模型进行组织、描述和存储。其结构基于数据间的自然联系,从而可提供一切必要的存取路径,并且数据不再针对某一应用,而是面向全组织,具有整体的结构化特征。数据库中的数据是为众多用户所共享其信息而建立的,已经摆脱了具体程序的限制和制约。不同的用户可以按各自的用法使用数据库中的数据;多个用户可以同时共享数据库中的数据资源,即不同的用户可以同时存取数据库中的同一个数据。数据共享性不仅满足了各用户对信息内容的要求,同时也满足了各用户之间信息通信的要求。

2. 数据库管理系统

数据库管理系统(Database Management System)是一种操纵和管理数据库的大型软件,用于建立、使用和维护数据库,简称 DBMS。它对数据库进行统一的管理和控制,以保证数据库的安全性和完整性。用户通过 DBMS 访问数据库中的数据,数据库管理员也通过 DBMS 进行数据库的维护工作。它可使多个应用程序和用户用不同的方法在同时或不同时刻去建立、修改和查询数据库。大部分 DBMS 提供数据定义语言 DDL(Data Definition Language)和数据操作语言 DML(Data Manipulation Language),供用户定义数据库的模式结构与权限约束,实现对数据的增加、删除等操作。

数据库管理系统是数据库系统的核心,是管理数据库的软件。数据库管理系统就是实现把用户意义下抽象的逻辑数据处理,转换成为计算机中具体的物理数据处理的软件。有了数据库管理系统,用户就可以在抽象意义下处理数据,而不必顾及这些数据在计算机中的布局和物理位置。数据库管理系统的功能如下:

(1)数据定义:DBMS 提供数据定义语言 DDL,供用户定义数据库的三级模式结构、两级映像以及完整性约束和保密限制等约束。DDL 主要用于建立、修改数据库的库结构。DDL 所描述的库结构仅仅给出了数据库的框架,数据库的框架信息被存放在数据字典(Data

Dictionary)中。

（2）数据操作：DBMS 提供数据操作语言 DML，供用户实现对数据的增加、删除、更新、查询等操作。

（3）数据库的保护：数据库中的数据是信息社会的战略资源，所以数据的保护至关重要。DBMS 对数据库的保护通过 4 个方面来实现：数据库的恢复、数据库的并发控制、数据库的完整性控制和数据库安全性控制。DBMS 的其他保护功能还有系统缓冲区的管理以及数据存储的某些自适应调节机制等。

（4）数据组织、存储与管理：DBMS 要分类组织、存储和管理各种数据，包括数据字典、用户数据、存取路径等，需确定以何种文件结构和存取方式在存储级上组织这些数据，如何实现数据之间的联系。数据组织和存储的基本目标是提高存储空间利用率，选择合适的存取方法提高存取效率。

（5）数据库的运行管理：数据库的运行管理功能是 DBMS 的运行控制、管理功能，包括实现数据库保护的 4 个方面的功能、运行日志的组织管理、事务的管理和自动恢复，即保证事务的原子性。这些功能保证了数据库系统的正常运行。

（6）数据库的维护：这一部分包括数据库的数据载入、转换、转储、数据库的重组合重构以及性能监控等功能，这些功能分别由各个实用程序来完成。

（7）通信：DBMS 具有与操作系统的联机处理、分时系统及远程作业输入的相关接口，负责处理数据的传送。对网络环境下的数据库系统，还应该包括 DBMS 与网络中其他软件系统的通信功能以及数据库之间的互操作功能。

目前广泛应用的数据库管理系统产品主要有 Oracle、MS SQL Server、DB2 和 SYSBASE 等大中型 DBMS，桌面型的数据库管理系统如 MYSQL 及 Access 也有应用。

3. 数据库系统

数据库系统 DBS（Data Base System，简称 DBS）是指在计算机系统中引入数据库后的系统构成，一般是由相关的数据库、数据库管理系统（及其开发工具）、应用程序、数据库管理人员及用户组成。

数据库系统由数据库及其管理软件组成的系统。数据库系统是为适应数据处理的需要而发展起来的一种较为理想的数据处理系统，也是一个为实际可运行的存储、维护和应用系统提供数据的软件系统，是存储介质、处理对象和管理系统的集合体。

数据库系统一般由 4 个部分组成：

（1）数据库：构成系统的数据集合，包括数据及数据之间的联系的集合。

（2）硬件：构成计算机系统的各种物理设备，包括存储所需的外部设备。硬件的配置应满足整个数据库系统的需要。

（3）软件：包括操作系统、数据库管理系统及应用程序。数据库管理系统是数据库系统的核心软件，是在操作系统的支持下工作，解决如何科学地组织和存储数据，如何高效获取和维护数据的系统软件。其主要功能包括：数据定义功能、数据操纵功能、数据库的运行管理和数据库的建立与维护。

（4）人员：主要有 4 类。第一类为系统分析员和数据库设计人员，系统分析员负责应用系统的需求分析和规范说明，他们和用户及数据库管理员一起确定系统的硬件配置，并参与数据库系统的概要设计。数据库设计人员负责数据库中数据的确定、数据库各级模式的设计。第二类为应用程序员，负责编写使用数据库的应用程序。这些应用程序可对数据进行检索、建立、删除或修改。第三类为最终用户，他们利用系统的接口或查询语言访问数据库。第四类用户是数据库管理员（data base administrator，DBA），是从事管理和维护数据库管理系统（DBMS）的相关工作人员的统称，主要负责业务数据库从设计、测试到部署交付的全生命周期管理负责数据库的总体信息控制。

　　DBA 的核心目标是保证数据库管理系统的稳定性、安全性、完整性和高性能。DBA 的具体职责包括：

　　①模式定义，决定数据库中信息内容和结构；

　　②内模式定义，决定数据库的存储结构和存取策略；

　　③根据要求修改数据库的模式和内模式；

　　④对数据库访问的权限，定义数据的安全性；

　　⑤完整性约束条件的说明；

　　⑥监控数据库的使用和运行(处理出现的问题)；

　　⑦数据库的改进和重组重构(改进数据库设计)。

1.2.3　数据库技术的发展

　　数据库技术是应数据管理任务的需要而产生的。数据管理是指如何对数据进行分类、组织、编码、储存、检索和维护，它是数据处理的中心问题。数据库技术的发展是随着计算机科学技术的发展而不断发展的，40 多年来用计算机处理数据大体经历了人工管理、文件管理和数据库系统三个发展阶段，采用了三种数据管理方式。

第一阶段：人工管理(或程序管理)阶段

　　20 世纪 50 年代中期以前的数据管理方式为第一阶段。计算机主要用于科学计算。当时的外存只有纸带、卡片、磁带，没有磁盘等直接存取数据的硬件储存设备；没有操作系统及管理数据的软件；数据处理的方式是批处理。

　　这一阶段数据处理的主要特点是，人们将要处理的数据提交给应用程序直接管理，数据量不大但数据冗余很大，而且无法让数据共享，没有长期存储大量数据的硬件设备。因此，数据不可能长期保存，且必须依附于相应的程序，这一阶段还没有形成文件的概念。

第二阶段：文件管理阶段

　　20 世纪 50 年代后期到 60 年代中期为文件管理阶段。该阶段计算机的应用范围逐渐扩大，计算机不仅用于科学计算，而且还大量用于数据管理。硬件已有了磁盘、磁鼓等直接存取数据的存储设备；软件方面有了操作系统和专门的数据管理软件；处理方式上不仅有了文件批处理，而且能够联机实时处理。

　　该阶段的主要特点是，把数据组织成一个个文件，实现了按文件名访问、按记录存取的管理技术，数据可以在适当的硬件设备上长期保存；有专门的软件即文件系统进行数据管理，程序和数据之间由软件提供的存取方法进行转换。高级语言一般普遍采用的就是这种数据管理方式。但对于数据量较大系统中的数据之间存在着的某种联系，文件管理方式的主要缺点是对系统中的数据缺乏联系的结构；而且在文件系统中，虽然应用程序和数据之间有了一定的独立性，但一个文件基本上对应于一个应用程序，因此，数据的冗余度高、独立性差，且存储空间浪费大，数据可维护性不强，数据资源不能共享。

第三阶段：数据库管理阶段

　　数据库出现于 20 世纪 60 年代末期，计算机用于管理的规模更为庞大，应用越来越广泛，数据量急剧增长，同时多种应用、多种语言互相覆盖，共享数据集合的要求越来越强烈。此时硬件已有大容量磁盘，硬件价格下降，软件价格上升，为编制和维护系统软件及应用程序所需的成本相对增加；在处理方式上，联机实时处理要求更多，并开始提出和考虑分布处理。因此，以文件系统作为数据管理的手段已不能满足应用的要求，于是，为解决多用户、多应用程序共享数据的要求，使数据为尽可能多的应用服务，就出现了数据库技术，出现了统一管理数据的专门软件系统——数据库管理系统。

数据库系统根据其特点,可分为三代,如图1.1所示。

(1) 第一代数据库系统——层次和网状数据库系统

第一代数据库管理系统是指层次模型数据库系统和网络模型数据库系统。特点:支持三级模式的体系结构;用存取路径来表示数据之间的联系;独立的数据定义语言;导航的数据操作语言。

(2) 第二代数据库系统——关系数据库系统

第二代数据库系统是指支持关系模型的关系数据库系统。特点:以关系代数为基础;概念单一,实体及实体间的联系均用关系来表示;数据独立性强,数据的物理存储和存取路径对用户隐藏。数据库的关系模型是由IBM研究实验室的研究员E. F. Codd于1970年提出的。

(3) 第三代数据库系统——新一代数据库系统

第三代数据库系统是指把面向对象技术与数据库技术相结合的系统,又称为新一代数据库系统。1990年,高级DBMS功能委员会发表了《第三代数据库系统宣言》,提出了第三代数据库系统三个基本特征:支持数据管理、对象管理和知识管理;必须保持或继承第二代数据库系统的技术;必须对其他系统开放。

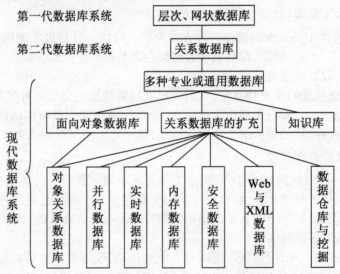

图1.1   数据库系统的发展阶段

总之,从初期的层次、网状、关系数据库发展到中期的分布式数据库、图形图像、声音及人工智能数据库,直到近期的知识库、素材库、专家库、多媒体数据库等,形成了比较复杂的数据结构,使得数据在物理上和逻辑上都有了独立性,数据和应用程序都有了很大的可扩展性。数据能面向所有对于它的应用,有效地实现了数据共享,解决了数据冗余问题。

1.2.4   数据库技术的主要特点

1. 数据的结构化强

数据的结构化是数据库与文件系统的根本区别。在文件系统中,相互独立的文件的记录内部是有结构的。

一个学校或一个单位涉及许多应用,在数据库系统中不仅要考虑某个应用的数据结构,还要考虑整个组织的组织结构。例如,一个学校的管理信息系统中不仅要考虑学生的人事管理,还要考虑学籍管理、选课管理等。这就要求在描述数据时不仅要描述数据本身,还要描述数据之间的联系。文件系统中尽管记录内部已有了某些结构,但记录之间是没有联系的,是孤立的。因此,数据的结构化是数据库主要特征之一,也是数据库与文件系统的根本区别。

在数据库系统中,不仅数据是结构化的,而且存取数据的方式也很灵活,可以存取数据库中的某一个数据项、一组数据项、一个记录或一组记录。而在文件系统中,数据的最小存取单位是记录,而不能细化到数据项。

2. 数据的共享性好,冗余度低

数据的共享程度直接关系到数据的冗余度。由于数据库系统是从整体观点来看待和描述数据,数据不再是面向某一应用,而是面向处理整个系统,这可以大大减小数据的冗余度,既节约存储空间,减少存取时间,又可避免数据之间的不相容性和不一致性。如上面所提到的学生基本记录的数据资源就可以被多个应用共享。

对数据库数据的应用可以有很灵活的方式,可以取整体数据的各种合理子集用于不同的应用系统。而且当应用需求改变或增加时,只要重新选取不同子集或者加上一小部分数据,便可以有更多的用途,满足新的要求。这就是弹性大、易扩充的特点。

3. 数据的独立性高

数据库系统提供了两方面的映象功能:一个是数据的存储结构与逻辑结构之间的映象或转换功能;另一个是数据的总体逻辑结构与某类应用所涉及的局部逻辑结构之间的映象或转换关系。从而使数据既具有物理独立性,又具有逻辑独立性。

第一种映象功能保证了当数据的存储结构(或物理结构)改变时,通过对映象的相应改变可以使数据的逻辑结构不变,从而程序也不必改变。这就是数据和程序的物理独立性,简称为数据的物理独立性。

我们知道,数据库系统中某一应用使用的数据通常是总体数据的子集,而且各类应用对同一数据的使用要求也不一定相同。数据库系统通常提供局部数据结构的说明功能,局部的数据结构可以按具体应用要求做一定的改变。系统提供对这些改变的映象和转换功能(即上面的第二种映象功能),使得当总体逻辑结构改变时,通过对映象的相应改变而保持局部逻辑结构不变。程序员是根据局部逻辑结构编写应用程序的,因而应用程序也就可以不必改变,这就是数据和程序的逻辑独立性,简称为数据的逻辑独立性。

数据和程序之间的独立性,使得人们可以把数据的定义和描述从应用程序中分离出去。此外,数据的存取又由 DBMS 管理,用户不必考虑存取路径等细节,从而简化了应用程序的编制,大大减少了应用程序的维护和修改。

4. 数据由 DBMS 统一管理和控制

由于用 DBMS 对数据实行了统一管理,而且所管理的是有结构的数据,因此,在使用数据时可以有很灵活的方式,可以取整体数据的各种子集用于不同的应用系统。

数据库是系统中各用户的共享资源。计算机的共享一般是并发的(Concurrency),即许多用户同时使用数据库。因此,系统必须提供以下四个方面的数据控制功能。

(1)数据的安全性(Security)控制。

数据的安全性是指保护数据以防止不合法的使用造成数据的泄密和破坏,使每个用户只能按规定对某些数据以某些方式进行访问和处理。这就要采取一定的安全保密措施。例如,系统用检查口令或其他手段来检查用户身份,合格的用户才能进入数据库系统。提供用户密级和数据存取权限的定义机制,当用户对数据库执行操作时,系统自动检查用户能否执行这些操作,检查通过后才执行允许的操作。

(2)数据的完整性(Integrity)控制。

数据的完整性指数据的正确性、有效性与相容性。即系统提供必要的功能,将数据控制在有效的范围内或满足一定的关系,保证数据库中的数据在输入、修改过程中始终符合原来的定义和规定。例如,月份是 1～12 之间的正整数;学生性别是男或女;学生学号是唯一的;学生所在的院系号必须是存在的有效编号等。

(3)并发(Concurrency)控制。

当多个用户的并发进程同时存取、修改数据库时,可能会发生互相干扰而得到错误的结果,并使数据库的完整性遭到破坏,因此,必须对多用户的并发操作加以控制和协调。

(4)数据库恢复(Recovery)。

由于计算机系统的软、硬件故障、操作员的失误以及故障的破坏也会影响数据库中数据的正确性,甚至造成数据库部分或全部数据的丢失,因此 DBMS 必须具有将数据库从错误状态恢复到某以一已知的正确状态(也称为完整状态或一致状态)的功能,这就是数据库的恢复功能。

由于数据库系统具有上述特征,它的出现使信息系统的研究从围绕加工数据的程序为中心转变到围绕共享的数据库来进行。这既便于数据的集中管理,也有利于应用程序的研制和维护,提高数据的利用率和相容性,从而提高所作出决策的可靠性。因此,大型复杂的信息系统大多以数据库为核心。数据库系统在计算机的应用中起着越来越重要的作用。

综上所述,我们可以说数据库是个通用化的综合性的数据集合,它可以供各种用户共享,且具有最小的冗余度和较高的数据与程序的独立性。DBMS 在数据库建立、运用和维护时对数据库进行统一控制和有效管理,以保证数据的完整性、安全性,并可在多用户同时使用数据库时进行并发控制,在发生故障后对系统进行恢复。

目前,数据库已经成为现代信息系统的不可分离的重要组成部分,具有数百万甚至数十亿字节信息的数据库已经普遍存在于科学技术、工业、农业、商业、服务业和政府部门的信息系统。20 世纪 80 年代后不仅在大型机上,在许多微机上也配置了 DBMS,使数据库技术得到更加广泛的应用和普及。

1.2.5　数据库技术的研究领域

随着计算机科学技术的飞速发展,数据库技术也在不断趋于成熟和向前发展,数据库学科的研究范围十分广泛。目前,数据库学科的主要研究领域有如下三个。

1. 数据库管理系统软件的研究

数据库管理系统(DBMS)是数据库系统的基础。DBMS 的研究包括研制 DBMS 本身及以 DBMS 为核心的一组相互联系的软件系统,包括工具软件和中间件。研制的目标是扩大功能、提高性能和提高用户的工作效率。

由于计算机多媒体技术的发展,许多新的应用领域如自动控制、计算机辅助设计等,要求数据库能够处理与传统数据类型不同的新的数据类型,如声音、图像等非格式化数据,面向对象的数据库系统、扩展的数据库系统、多媒体数据库系统等的兴起就是在这些新的需求和背景下产生的。

2.数据库设计的研究

数据库设计的主要任务是在 DBMS 的支持下,按照应用的要求,为某一部门组织设计一个结构合理、使用方便、效率较高的数据库及其应用系统。其中,主要的研究方向是数据库设计方法和设计工具,包括数据库设计方法、设计工具和数据理论的研究,数据模型和数据建模的研究,计算机辅助数据库设计方法及其软件系统的研究,数据库设计规范和标准的研究等。

3.数据库理论的研究

数据库理论的研究主要集中于关系的规范化理论、关系数据理论等。近年来,随着人工智能与数据库理论的结合以及并行计算机的发展,数据库逻辑演绎和知识推理、并行算法等理论研究以及演绎数据库系统、知识系统和数据仓库的研制,都已成为新的研究方向。

计算机领域中其他新兴技术的发展对数据库技术产生了重大影响。数据库技术和其他计算机技术的互相结合、互相渗透,使数据库中新的技术内容层出不穷。数据库的许多概念、技术内容、应用领域,甚至某些原理都有了重大的发展和变化,建立和实现了一系列新型数据库系统,如分布式数据库系统、并行数据库系统、知识库系统、多媒体数据库系统等。它们共同构成了数据库系统大家族,使数据库技术不断地涌现出新的研究方向。

1.3 数据库体系结构

1.3.1 数据库管理系统外部的体系结构

从数据库最终用户角度看(即数据库管理系统外部的体系结构),数据库系统通常分为单用户结构、主从式结构、客户/服务器结构和分布式结构。

1.单用户结构

整个数据库系统包括应用程序、DBMS 和数据,都装在一台计算机上,为一个用户独占,不同机器之间不能共享数据。

2.主从式结构

主从式结构指一个主机带多个终端的多用户结构。在这种结构中,数据库系统(包括应用程序、DBMS、数据)都集中存放在主机上,所有处理任务都由主机来完成,每个用户通过主机的终端并发地存取数据库,共享数据资源。主从式结构的优点是数据易于管理与维护;缺点表现为主机的任务会过分繁重,可能成为瓶颈,从而使系统性能大幅度下降,并且当主机出现故障时,整个系统都不能使用,因此系统的可靠性不高。

3.客户/服务器结构

在客户/服务器结构中,客户端的用户请求被传送到数据库服务器,数据库服务器进行处理后,只将结果返回给用户(而不是整个数据)。客户/服务器结构的优点是显著减少了网络上的数据传输量,提高了系统的性能、吞吐量和负载能力;客户/服务器结构的数据库往往更加开放(多种不同的硬件和软件平台、数据库应用开发工具),应用程序具有更强的可移植性,同时也可以减少软件维护开销。

客户/服务器结构常用的为 C/S 和 B/S 两种模式。C/S(客户机/服务器模式)分为客户机和服务器两层,客户机具有一定的数据处理和数据存储能力,通过把应用软件的计算和数据合理地分配在客户机和服务器两端,可以有效地降低网络通信量和服务器运算量。由于服务器连接个数和数据通信量的限制,这种结构的软件适于在用户数目不多的局域网内使用。国内目前的大部分 ERP(财务)软件产品即属于此类结构。B/S(浏览器/服务器模式)是随着 Internet 技术的兴起,是对 C/S 结构的一种改进。在这种结构下,软件应用的业务逻辑完全在应用服务器端实现,用户表现完全在 Web 服务器实现,客户端只需要浏览器即可进行业务处理,是一种全新的软件系统构造技术。这种结构已经成为当今应用软件的首选体系结构。

4. 分布式结构

分布式结构的数据库系统指数据库中的数据在逻辑上是一个整体,但物理地分布在计算机网络的不同节点上。网络中的每个节点都可以独立处理本地数据库中的数据,执行局部应用;也可以同时存取和处理多个异地数据库中的数据,执行全局应用。

分布式结构的数据库系统是计算机网络发展的必然产物。其优点是适应了地理上分散的公司、团体和组织对于数据库应用的需求;缺点在于数据的分布存放给数据的处理、管理与维护带来困难;当用户需要经常访问远程数据时,系统效率会明显地受到网络交通的制约。

1.3.2　数据库管理系统内部的系统结构

为了有效地组织、管理数据,提高数据库的逻辑独立性和物理独立性,美国国家标准协会(American National Standard Institute, ANSI)的数据库管理系统研究小组于 1978 年提出了标准化的建议,将数据库结构分为三级:面向用户或应用程序员的用户级、面向建立和维护数据库人员的概念级和面向系统程序员的物理级。用户级对应外模式,概念级对应模式,物理级对应内模式,使不同级别的用户对数据库形成不同的视图。

数据库的三级模式是指数据在存储过程中,不同阶段所具有的不同表现形式。这种不同的表现形式也称为数据视图,是从某种角度看到的数据特性。三级模式之间的对应关系如图 1.2 所示。

1. 模式

模式又称为概念模式或逻辑模式,对应于概念级。它是由数据库设计者综合所有用户的数据,按照统一的观点构造的全局逻辑结构,是对数据库中全部数据的逻辑结构和特征的总体描述,是所有用户的公共数据视图(全局视图)。模式由数据库管理系统提供的数据模式描述语言(Data Description Language, DDL)来描述、定义,反映了数据库系统的整体观。

对模式的理解应注意以下几点:
①一个数据库只有一个模式。
②模式是数据库数据在逻辑级上的视图。
③数据库模式以某一种数据模型为基础。
④定义模式时不仅要定义数据的逻辑结构(如数据记录由哪些数据项构成,数据项的名字、类型、取值范围等),而且要定义与数据有关的安全性、完整性要求,定义这些数据之

间的联系。

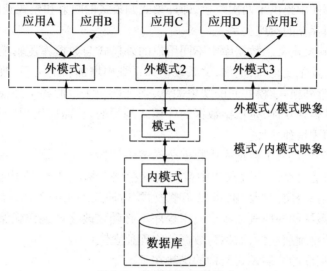

图 1.2　数据库的三级模式

2. 外模式

外模式又称为子模式,对应于用户级。它是某个或某几个用户所看到的数据库的数据视图,是与某一应用有关的数据的逻辑表示。外模式是从模式导出的一个子集,包含模式中允许特定用户使用的那部分数据。用户可以通过外模式描述语言来描述、定义对应于用户的数据记录(外模式),也可以利用数据操作语言(Data Manipulation Language,DML)对这些数据记录进行。外模式反映了数据库的用户观。

对外模式的理解应注意以下几点:

① 一个数据库可以有多个外模式。

② 外模式就是用户视图。

③ 外模式是保证数据安全性的一个有力措施。

3. 内模式

内模式也称为存储模式,对应于物理级。它是数据物理结构和存储方式的描述,是数据在数据库内部的表示方式(例如,记录的存储方式是顺序存储,按照树型结构存储还是按Hash 方法存储;索引按照什么方式组织;数据是否压缩存储,是否加密;数据的存储记录结构有何规定)。内模式由内模式描述语言来描述、定义,是数据库的存储观。

在一个数据库系统中,只有唯一的数据库,因而作为定义、描述数据库存储结构的内模式和定义、描述数据库逻辑结构的模式,也是唯一的,但建立在数据库系统之上的应用则是非常广泛、多样的,所以对应的外模式不是唯一的,也不可能是唯一的。

对内模式的理解应注意以下几点:

① 一个数据库只有一个内模式。

② 一个表可能由多个文件组成,如数据文件、索引文件等。

1.3.3　三级模式间的映射

数据库的三级模式是对数据的三级抽象,由数据库管理系统来实现,使用户能够逻辑地处理数据,而不必考虑数据的实际表示与存储方法。为了实现三个抽象层次的转换,数据库管理系统在三级模式中提供了两次映射,即外模式到模式的映射和模式到内模式的映射,用以描述不同模式间存在的对应关系。

外模式/模式映象定义了数据库中不同用户的外模式与数据库逻辑模式之间的对应关系。当数据库模式发生变化时,例如,关系数据库系统中增加新的关系、改变关系的属性数据类型等,可以调整外模式/模式间的映象关系,保证面向用户的各个外模式不变。应用程序简称为数据的逻辑独立性,是依据数据的外模式编写的,从而应用程序不必修改,保证了数据与应用程序的逻辑独立性。

模式/内模式映象定义了数据库中数据全局逻辑结构与这些数据在系统中的物理存储组织结构之间的对应关系。当数据库中数据物理存储结构改变时,即内模式发生变化,例如,定义和选用了另一种存储结构,可以调整模式/内模式映象的关系,保持数据库模式不变,从而使数据库系统的外模式和各个应用程序不必随之改变。这样就保证了数据库中数据与应用程序间的物理独立性,简称为数据的物理独立性。

综上所述,数据库的三层模式结构的优势在于:

(1)保证数据的独立性。把概念模式和内模式分开,保证数据的物理独立性;把外模式和概念模式分开,保证数据逻辑的独立性。

(2)简化用户接口。用户不需要了解数据库实际存储情况,也不需要对数据库存储结构了解,只要按照外模式编写应用程序就可以访问数据库。

(3)有利于数据共享。所有用户使用统一概念模式导出的不同外模式,减少数据冗余,有利于多种应用程序间共享数据。

(4)有利于数据安全保密。每个用户只能操作属于自己的外模式数据视图,不能对数据库其他部分进行修改,保证了数据的安全性。

数据库系统各类人员与三级模式的关系如图1.3所示。

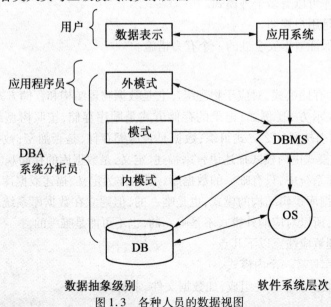

图1.3　各种人员的数据视图

本章小结

　　数据库技术是计算机信息系统与应用系统的核心技术和重要基础。数据库的出现使信息系统的研制从围绕加工数据的程序为中心,转变到围绕共享的数据库来进行。这样便于数据的集中管理,有利于应用程序的研制和维护。数据减少了冗余度并提高了相容性,从而提高了作出决策的正确性。因此,大型复杂的信息系统大多以数据库为核心,数据库系统在计算机应用中起着越来越重要的作用。本章读者重点掌握数据库的基本概念,理解数据库的三级模式结构,选择一个合适的数据库管理系统软件作为实验平台,本书以 Oracle 10g 为实验平台。

习　　题

一、选择题

1. 数据库技术产生于 20 世纪_____。
　　A. 40 年代　　　　　　　　　　　　B. 50 年代
　　C. 60 年代末、70 年代初　　　　　　D. 80 年代

2. 数据库技术采用分级方法将数据库的结构划分成多个层次,是为了提高数据库的_____和_____。
　　(1) A. 数据独立性　　　　　　　　　B. 逻辑独立性
　　　　 C. 管理规范性　　　　　　　　　D. 数据的共享
　　(2) A. 数据独立性　　　　　　　　　B. 物理独立性
　　　　 C. 逻辑独立性　　　　　　　　　D. 管理规范性

3. 在数据库中,数据的物理独立性是指_____。
　　A. 数据库与数据库管理系统的独立
　　B. 用户程序与 DBMS 的相互独立
　　C. 用户的应用程序与存储在磁盘上数据库中的数据是相互独立的
　　D. 应用程序与数据库中数据的逻辑结构相互独立

4. 数据库系统的最大特点是_____。
　　A. 数据的三级抽象和二级独立性　　　B. 数据共享性
　　C. 数据的结构化　　　　　　　　　　D. 数据独立性

5. 在数据库的三级模式结构中,描述数据库中全体数据的全局逻辑结构和特征的是_____。
　　A. 外模式　　　　　　　　　　　　　B. 内模式
　　C. 存储模式　　　　　　　　　　　　D. 模式

6. 数据库系统的数据独立性是指_____。
　　A. 不会因为数据的变化而影响应用程序
　　B. 不会因为系统数据存储结构与数据逻辑结构的变化而影响应用程序
　　C. 不会因为存储策略的变化而影响存储结构
　　D. 不会因为某些存储结构的变化而影响其他的存储结构

7. 数据库三级模式体系结构的划分,有利于保持数据库的_____。
　　A. 数据独立性　　　　　　　　　　　B. 数据安全性

C. 结构规范性　　　　　　　　　　　　D. 操作可行性

二、名词解释

模式　外模式　内模式　DDL　DML

三、简答题

1. 简述数据库的概念和数据库系统的特点。

2. 什么是关系数据库管理系统？

3. 数据库技术的主要优点是什么？

4. 试述数据库系统三级模式结构，这种结构的优点是什么？

5. 数据与程序的物理独立性指什么？数据与程序的逻辑独立性指什么？为什么数据库系统具有数据与程序的独立性？

6. SQL、DBMS 的中文含义是什么？

7. 简述 DBA 的主要职责。

第 2 章

数据模型

本章知识要点

本章介绍数据模型的基本概念;数据模型的组成要素;常用的几种数据模型即层次模型、网状模型、关系模型和面向对象模型的介绍。重点是概念世界与概念模型、信息世界与逻辑模型、机器世界与物理模型和数据模型的组成要素,即数据结构、数据操作和完整性约束。

2.1 数据模型的基本概念

模型可更形象、直观地揭示事物的本质特征,使人们对事物有一个更加全面、深入的认识,从而可以帮助人们更好地解决问题。利用模型对事物进行描述是人们在认识和改造世界过程中广泛采用的一种方法。计算机不能直接处理现实世界中的客观事物,而数据库系统正是使用计算机技术对客观事物进行管理,因此就需要对客观事物进行抽象、模拟,以建立适合于数据库系统进行管理的数据模型。数据模型是对现实世界数据特征的模拟和抽象。

数据模型是数据库设计中用来对现实世界进行抽象的工具,是数据库中用于提供信息表示和操作手段的形式构架。数据模型是数据库系统的核心和基础。

数据模型应满足三个方面的要求:一是比较真实地模拟现实世界;二是容易为人所理解;三是便于计算机处理。由于现实世界问题的复杂性,一种模型很难同时满足这些要求,因此在数据库系统中针对不同的使用对象和应用目的,采用不同的数据模型。根据数据模型应用的不同目的,可以将数据模型划分为三类,它们分别属于三个不同的层次。第一类是概念模型,属于高层数据模型,它提供的概念与用户感知数据的方式非常接近,第二类是物理数据模型,属于低层数据模型,它提供的概念描述了数据如何在计算机存储介质上存储的细节,该介质通常是指磁盘。第三类是逻辑模型,它位于概念模型和物理模型之间,这种数据模型提供的概念对于最终用户来说比较容易理解,而且与数据在计算机存储时的组织方式又不会相差太远。为了将现实世界中的具体事物抽象、组织为某一 DBMS 支持的数据模型,人们常常首先将现实世界抽象为信息世界,然后将信息世界转换为机器世界,这一过程如图 2.1 所示。

2.1.1 概念世界与概念模型

为了能把现实世界的具体事物组织抽象为某一个 DBMS 支持的数据模型,首先需要对这一管理活动所涉及的各种资料数据及其关系有一个全面、清晰的认识,并采用概念模型来描述。概念模型是按用户的观点来对数据和信息建模,用于数据库设计。

作为从现实世界到其他数据模型转换的中间模型,概念模型不考虑数据的操作,而只是用比较有效、自然的方式描述现实世界的数据及其联系。在设计概念模型时,最著名、最实用的是 P. P. S. Chen 于 1976 年提出的"实体 – 联系模型"(Entity-Relationship Approach,E – R 模型)。

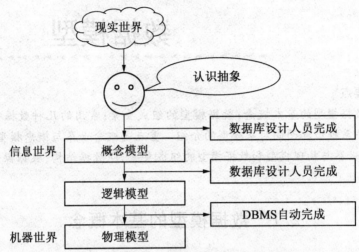

图 2.1　现实世界到机器世界的抽象过程

1. 概念模型的主要概念

(1)实体。

实体(Entity)是客观存在并可相互区别的事物。实体可以是具体的人、事、物,也可以是抽象的概念和联系。如某个学生、某门课程、学生的一次选课行为等都是实体。

(2)属性。

属性(Attribute)是实体所具有的某一特性。一个实体可以由若干个属性来描述。如学生实体可以由学号、姓名、性别等属性组成。

(3)码。

码(Key)是唯一标识实体的属性或属性集。如学号是学生实体的码,可以唯一标识每个学生。关于码的更为严格的定义,在后续章节还有介绍。

(4)域。

域(Domain)是属性的取值范围。如性别的取值范围只能是"男"或"女"等。

(5)实体型。

实体型(Entity Type)是用实体名及其属性名集合来抽象和描述同类实体。如学生实体可抽象和描述为:学生(学号,姓名,年龄,性别,所在系)。

(6)实体集。

实体集(Entity Set)是同型实体的集合。如全体学生、全体职工。

(7)联系。

联系(Relationship)是现实世界中普遍存在的。在信息世界中,它反映实体内部和实体之间的联系,实体内部联系通常是指组成实体的各属性之间的联系。如出生年份和年龄,总成绩和各科成绩。

2. 实体型之间的联系

联系是现实世界中普遍存在的。实体之间具有复杂的联系,归纳起来有一对一联系、一对多联系和多对多联系三种。

实体之间的联系类型并不取决于实体本身,而是取决于现实世界的管理方法,或者说取决于语义,即同样两个实体,如果有不同的语义,则可以得到不同的联系类型。

(1)一对一联系。

如果实体集 E_1 中每个实体至多和实体集 E_2 中的一个实体有联系,反之亦然,那么实体集 E_1 和 E_2 的联系称为一对一联系,记为 $1:1$,如图 2.2(a)所示。如学校和现任校长之间、观众与座位之间的联系。

(2)一对多联系。

如果实体集 E_1 中每个实体可以与实体集 E_2 中任意一个(零个或多个)实体间有联系,而 E_2 中每个实体至多和 E_1 中一个实体有联系,那么称 E_1 对 E_2 的联系是一对多联系,记为 $1:n$,如图 2.2(b)所示。如学校和院系、城市与街道、班级和学生之间的联系。

(3)多对多联系。

如果实体集 E_1 中每个实体可以与实体集 E_2 中任意个(零个或多个)实体有联系,反之亦然,那么称 E_1 和 E_2 的联系是多对多联系,记为 $m:n$,如图 2.2(c)所示。如学生和课程、工厂与产品之间的联系。

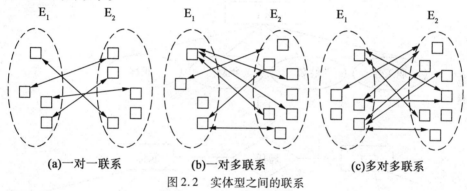

(a)一对一联系　　　　　(b)一对多联系　　　　　(c)多对多联系

图 2.2　实体型之间的联系

联系不仅在不同实体集之间存在,同一个实体集内部也可以存在联系,称为实体集的自身联系。例如,在同一部门中,职工与职工之间可有领导和被领导的关系,一位职工(领导)可领导其他多名职工,而一位职工只被另一位职工(领导)领导,实体集职工存在一个自身联系领导。实体集班级中班长和学生之间存在着同样的联系。

3. 实体－联系方法

为了更加直观地描述实体集的联系,常采用 E－R 模型。

在 E－R 模型中,用矩形框表示实体集,矩形框中写上实体名,用椭圆表示属性,椭圆中标上属性名,实体的主码用下画线表示。

实体集之间的联系用菱形表示,并用无向边与相关实体集连接,菱形中写上联系名,无向边上写上联系的类型($1:1$、$1:n$ 或 $m:n$)。

在设计 E－R 模型时,首先必须根据需求分析,确认实体集、联系和属性。一个企业(单位)有许多部门,就会有各种业务应用的要求,需求说明来自对它们的调查和分析。有关需求分析的方法将在第 7 章中介绍,这里只介绍 E－R 模型的设计方法。

设计 E－R 模型通常遵守以下三条设计原则:

（1）相对原则。

关系、实体、属性、联系等，是对同一对象抽象过程的不同解释和理解，即设计过程实际上是一个对象的抽象过程，不同的人或同一人在不同的情况下，抽象的结果可能不同。

（2）一致原则。

同一对象在不同的业务系统中的抽象结果要保持一致。业务系统是指建立系统的各子系统。

（3）简单原则。

为简化 E－R 模型，现实世界的事物能作为属性对待的，尽量归为属性处理。

属性和实体间并无一定的界限。如果一个事物满足以下两个条件之一，一般可作为属性对待：

（1）属性不再具有需要描述的性质，即属性在含义上是不可分的数据项。

（2）属性不能再与其他实体集具有联系，即 E－R 模型指定联系只能是实体集间的联系。例如，职工是一个实体集，可以有职工号、姓名、性别、职称等属性。属性职称如果没有需要进一步描述的特性，可以作为职工的一个属性。但如果涉及依据职工的职称进行相应的福利，如工资、住房标准和其他福利等，职称就要成为一个实体集，如图 2.3 所示。

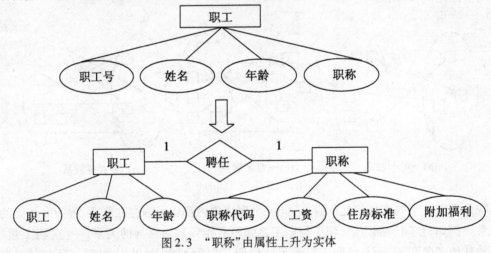

图 2.3　"职称"由属性上升为实体

综上所述，建立 E－R 图的过程如下：

（1）确定实体类型。

（2）确定联系类型。

（3）把实体类型和联系类型组合成 E－R 图。

（4）确定实体类型和联系类型的属性。

例 2.1　假设某学校的教学系统中规定一个学生可选多门课程，而一门课程又有多个学生选修，一个学生选修了某门课程只有一个成绩；一个教师可讲多门课程，一门课程至多只有一个教师讲授。根据语义可得到：

（1）确定实体类型，包括学生、课程和教师。

（2）确定联系类型，学生和课程之间存在多对多的联系，教师和课程之间存在一对多的联系。

（3）把实体类型和联系类型组合成 E－R 图。

（4）确定实体类型和联系类型的属性。成绩是在学生选修过程中产生的，因此属于联系的属性。

综上所述,得到的 E‑R 图如图2.4 所示。

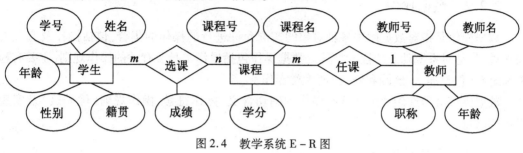

图2.4　教学系统 E‑R 图

2.1.2　逻辑模型

逻辑模型是按计算机系统的观点对数据进行建模,直接面向数据库的逻辑结构,与计算机系统和 DBMS 相关(DBMS 支持某种数据模型),有严格的形式化定义(层次、网状、关系和面向对象模型),以便于在计算机系统中实现。

逻辑模型主要包括网状模型、层次模型、关系模型、面向对象模型等,相关内容在2.3 节详细介绍。

2.1.3　物理模型

物理模型是对数据最底层的抽象,描述数据在系统内部的表示方式和存取方法,在磁盘或磁带上的存储方式和存取方法,表现为文件、记录、数据项等构成的数据库。

三种不同的范畴对应术语的比较见表2.1。

表2.1　三种不同的范畴对应术语的比较

概念世界范畴	信息世界范畴	机器世界范畴
所有客观对象	条理化的信息	数据库
实体集	实体记录集	文件
实体	实体记录	记录
特征	属性	字段或数据项
标识特征	标识属性	关键字

2.2　数据模型的组成要素

数据模型是严格定义的一组概念,即完整性规则的集合,描述了系统的静态特性、动态特性和完整性约束条件,以保证数据的正确、有效和相容。

数据模型由数据结构、数据操作和完整性约束三个要素组成。

2.2.1　数据结构

数据结构是所研究的对象类型的集合,是对系统静态特性的描述。

数据结构用于描述数据的静态特征,是所研究的对象类型的集合,是刻画一个数据模型最重要的方面。通常可以按数据结构的类型来命名数据模型,可分为网状模型、层次模型、关系模型和面向对象模型。

2.2.2　数据操作

数据操作是指对数据库中各种对象的实例允许进行的操作的集合,包括操作及有关的操作规则,是对系统动态特性的描述。数据操作包括操作本身及有关的操作规则,主要有检索和更新(包括插入、删除和修改)两大类操作。

数据模型必须准确地定义这些操作的确切含义、操作符号、操作规则(优先级)及实现操作的语言。

2.2.3　完整性约束

数据的约束条件是一组完整性规则的集合。完整性规则是在给定的数据模型中数据及其联系所具有的制约和依存规则,用以限定符合数据模型的数据库状态以及状态的变化,以保证数据的正确、有效和相容。例如,职工年龄小于60,学生不及格课程少于3门。

数据模型应该反映和规定本数据模型必须遵守的基本的通用的完整性约束条件。例如,在关系模型中,任何关系都必须满足实体完整性和参照完整性两个条件。此外,数据模型还应该提供定义完整性约束条件的机制,以反映具体应用所涉及的数据必须遵守特定的语义约束条件。

2.3　常用的几种数据模型

根据数据结构的不同,目前常用的几种数据模型可分为:层次模型、网状模型、关系模型和面向对象模型。

2.3.1　层次模型

在现实世界中,有许多事物是按层次组织起来的,例如,一个学校有若干个系,一个系有若干个班级和教研室,一个班级有若干名学生,一个教研室有若干名教师。层次模型适合行政机构、家族关系等一对多关系的描述。典型代表是 IBM 公司推出的 IMS 系统。

1. 层次数据模型的数据结构

层次数据模型按树型结构组织数据,它是以记录类型为节点,以节点间联系为边的有序树。层次模型必须满足三个条件:

(1)有且仅有一个节点无父节点,这样的节点称为根节点。

(2)非根节点都有且仅有一个父节点。

(3)上一层记录类型和下一层记录类型间的联系是 $1:n$ 联系。

在层次模型中,概念模型中的实体型反映为记录型。因此,图的节点表示为记录型(实体),节点之间的连线弧(或有向边)表示为记录型之间的联系。每个记录型可包含若干个字段,对应于描述实体的属性。

例 2.2　一个学校有若干个系,一个系有若干个班级和教研室,一个班级有若干名学生,一个教研室有若干名教师。用层次模型描述得到图 2.5 所示的模型,可见,层次模型是一棵倒置的树。

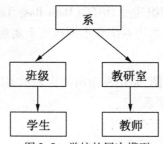

图 2.5　学校的层次模型

在图 2.5 中,系和班级、班级和学生、教研室和教师等都构成了双亲与子女关系,这是层次模型中最基本的数据关系。在层次模型中,一个节点可以有几个子节点,也可以没有子节点。在前一种情况下,这几个子节点称为兄弟节点,如图 2.5 中的班级和教研室;在后一种情况下,该节点称为叶节点,如图 2.5 中的学生和教师。

2. 层次模型的数据操作与完整性约束

层次模型的数据操作包括增加、修改、删除和查询等操作。详细内容参见数据结构课程的相关内容。

层次模型在数据操作过程中应遵守如下的完整性约束:

(1)在插入时,不能插入无双亲的子节点,如新来的教师若未分配教研室,则无法插入到数据库中。

(2)在删除时,若删除双亲节点,则其子女节点也会被一起删除。例如,若删除某个教研室,则它的所有教师也会被删除。

(3)在更新时,应更新所有相关的记录,以保证数据的一致性。

3. 层次模型的优缺点

层次模型由于具有树型结构的特点,使其具有鲜明的优缺点。层次模型的优点表现为:

(1)层次模型本身比较简单,易于理解。

(2)实体之间的联系是固定的,记录之间的联系通过指针实现,查询效率较高。

(3)提供了良好的完整性支持。

在层次模型中,子女节点是不能脱离其父节点而独立存在的,任何一个记录只有按其路径查看时才有实际意义。用户必须提供父节点才能查询子节点。因此,数据库开发人员必须熟悉所用模型的结构,在应用程序中才能明确指出查询的路径,才能实现查询。这种要求加重了用户的负担。

层次模型的缺点表现为:

(1)只能表示记录间的一对多联系,无法描述事物间复杂的联系,尤其是多对多的联系。

(2)结构严格、复杂,因此编程复杂。

(3)对插入和删除操作限制比较多。

(4)查询子女节点必须通过双亲节点,效率低。

2.3.2　网状模型

把层次模型的限制放开,允许一个节点可以有一个以上的父节点,就得到网状模型。具有代表性的网状 DBMS 是 CODASYL 系统或 DBTG 系统。1971 年 4 月,CODASYL(Conference On Data System Language)组织通过 DBTG(Data Base Task Group)报告(和其后的修改文件)规范的系统,大部分网状数据库系统在不同程度上实现了 DBTG 报告。

1.网状数据模型的数据结构

网状模型的数据结构为有向图,是用有向图结构表示实体及实体间联系的数据模型,它是以记录类型为节点,以节点间联系为边。

网状数据模型必须满足如下三个条件:

(1)允许一个以上的节点无双亲节点。

(2)一个节点可以有多于一个双亲节点,也可以有多于一个子女节点。

(3)有向图中的节点是记录类型,有向边表示从箭尾一端的记录类型到箭头一端的记录类型间的 $1:n$ 类型。将箭尾一端称为双亲节点,箭头一端称为子女节点。

在网状模型中,用系表示一对多的联系,网状模型的有向图即是系的集合。系由一个双亲记录型和一个或多个子女记录型构成。系中的双亲记录型称为首记录,子女记录型称为尾记录。系必须命名。

网状模型中子女节点与双亲节点的联系可以不唯一。因此,在网状模型中,每一个联系都必须命名,每一个联系都有与之相关的双亲记录和子女记录。图 2.6 给出了几个网状模型的例子。

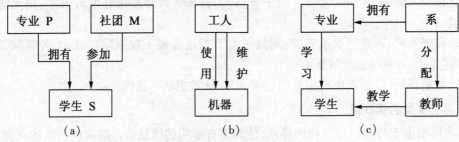

图 2.6　网状模型的例子

2.网状数据模型的操作与完整性约束

网状模型的数据操作包括增加、修改、删除和查询等操作。具体内容参见数据结构课程的相关内容。

基于网状数据模型的数据结构,其操作具有如下特点:

(1)允许插入无双亲的子节点。

(2)允许只删除双亲节点,其子节点仍存在。

(3)更新操作较简单,只需更新指定记录即可。

(4)查询操作可以有多种方法实现。

网状模型没有层次模型那样严格的完整性约束条件,但具体的某一个网状数据库系统应提供一定的完整性约束,并对数据操作加一些限制。

3.网状数据模型的优缺点

网状模型由于具有图形结构的特点,使其具有鲜明的优缺点。网状模型的优点表现为:

(1)能够更直接地描述现实世界,如一个节点可以有多个双亲。

(2)具有良好的性能,存取效率较高。

网状模型的缺点表现为:

(1)结构比较复杂,编程复杂,程序员必须熟悉数据库的逻辑结构,不利于用户掌握。

（2）其数据定义语言（Data Definition Language,DDL）、数据操作语言（Data Manipula-
tion Language,DML）复杂,用户不容易使用。

2.3.3　关系模型

关系数据模型的思想由 IBM 公司的 E. F. Codd 于 1970 年在他的一系列论文中提出,以
后的几年里陆续出现了以关系数据模型为基础的数据库管理系统,称为关系数据库管理系
统（RDBMS）,具有代表性的有 System R（IBM）、Ingres 和 QBE。现在广泛使用的 RDBMS 有
Oracle、Sybase、Informix、DB2、SQL Server、Access、Fox 系列数据库等。

1. 关系数据模型的数据结构

关系数据模型中数据的逻辑结构是一张二维表。二维表的表头称为关系模式,又称表
的框架（表结构）或记录类型,表示为表名称（关系模式）。

关系中的其他概念还包括:

关系（Relation）:一个关系对应通常说的一张二维表。

元组（Tuple）:表中的一行即为一个元组。

属性（Attribute）:表中的一列即为一个属性,给每一个属性起一个名称,即属性名。

主码（Key）:表中的某个属性组,它可以唯一确定一个元组。

域（Domain）:属性的取值范围。

分量（Component）:元组中的一个属性值。

关系模式（Relation Scheme）:对关系的描述。

关系数据模型（Relational Date Model）:是若干关系模式的集合。用二维表来表示实体
集,用外键表示实体间的联系,这样的数据模型称为关系数据模型。

关系数据库（Relational Database）:采用关系数据模型作为数据的组织方式的数据库,称
为关系数据库。

有关关系数据模型的相关概念将在第 3 章详细介绍。

2. 关系数据模型的操作与完整性约束

关系数据模型的数据操作包括增加、修改、删除和查询等操作。

关系的完整性规则包含以下三方面:

（1）实体完整性规则。

（2）参照完整性规则。

（3）用户自定义完整性。

有关关系数据模型的完整性将在第 3 章详细介绍。

3. 关系数据模型的优缺点

关系模型由于具有二维表格的特点,使其具有鲜明的优缺点。关系模型的优点表现为:

（1）建立在严格的数学概念基础上,有严格的设计理论。

（2）概念单一,结构简单、直观,易理解,语言表达简练。

（3）描述一致,实体和联系都用关系描述,查询操作结果也是一个关系,保证了数据操
作语言的一致性。

（4）利用公共属性连接,实体间的联系容易实现。

（5）由于存取路经对用户透明,隐蔽存取路径,数据独立性更高,安全保密性更好。

关系模型的缺点表现为：

（1）由于关系操作的存取路径对用户透明，导致查询效率往往不如非关系数据模型。

（2）为提高性能，必须对用户的查询请求进行优化，因而增加了开发 DBMS 的难度。

2.3.4　面向对象数据模型

面向对象数据模型（Object-Oriented Data Model，OO 数据模型）是面向对象程序设计方法与数据库技术相结合的产物，用以支持非传统应用领域对数据模型提出的新需求。它的基本目标是以更接近人类思维的方式描述客观世界的事物及其联系，且使描述问题的问题空间和解决问题的方法空间在结构上尽可能一致，以便对客观实体进行结构模拟和行为模拟。

在面向对象数据模型中，基本结构是对象（Object）而不是记录，一切事物、概念都可以看作对象。一个对象不仅包括描述它的数据，而且还包括对它进行操作的方法的定义。另外，面向对象的数据模型是一种可扩充的数据模型，用户可根据应用需要定义新的数据类型及相应的约束和操作，而且比传统的数据模型有更丰富的语义。因此，面向对象数据模型自 20 世纪 80 年代初提出后，受到了人们的广泛关注。

早期的面向对象的数据模型缺乏统一标准，推出的基于面向对象数据模型的面向对象数据库系统（Object-Oriented DataBase System，OODBS），其实现方法和功能也各有不同。这使面向对象数据模型的广泛应用受到了一定的限制。因此，进入 20 世纪 80 年代末期，人们对面向对象数据模型的通用性和标准化研究工作给予了足够的重视，使其逐步完善、日趋成熟。1989 年 1 月，美国 ANSI 所属的 ASC/X3/SPARC/DBSSG（数据库系统研究组）成立了面向对象数据库任务组（OODBTG），开展了有关面向对象数据库（Object-Oriented DataBase，OODB）标准化调查研究工作，定义了用于对象数据管理的参照数据模型。1991 年 8 月完成了 OODBTG 的最终报告，它对面向对象数据库管理系统的发展有重要影响。

一个面向对象数据模型是用面向对象观点来描述实现世界实体（对象）的逻辑组织、对象间限制和联系等的模型。它能完整地描述现实世界的数据结构，具有丰富的表达能力，但该模型相对比较复杂，涉及的知识比较多，因此面向对象数据库尚未达到关系数据库的普及程度。

数据模型的三要素：数据结构、数据操作和数据约束条件。下面将面向对象数据模型与关系数据模型作一简单比较。

（1）在关系数据模型中基本数据结构是表，这相当于面向对象数据模型中的类（当然，类中还包括方法），而关系中的数据元组相当于面向对象数据模型中的实例（当然，也应包括方法）。

（2）在关系数据模型中，对数据库的操作都归结为对关系的运算，而在面向对象数据模型中，对类层次结构的操作分为两部分：一部分是封装在类内的操作，即方法，另一部分是类间相互沟通的操作，即消息。

（3）关系数据模型中有域、实体和参照完整性约束，完整性约束条件可以用逻辑公式表示，称为完整性约束方法。在面向对象数据模型中，这些用于约束的公式可以用方法或消息表示，称为完整性约束消息。

（4）面向对象数据模型具有封装性、信息隐藏性、持久性、数据模型的可扩充性、继承性、代码共享和软件重用性等特性，并且有丰富的语义便于更自然地描述现实世界。因此，面向对象数据模型的研究受到人们的广泛关注，有着十分诱人的应用前景。

本章小结

数据模型是对现实世界进行抽象的工具,用于描述现实世界的数据、数据联系、数据语义和数据约束等方面内容。数据模型分成概念模型、逻辑模型和物理模型三类。概念模型的代表是实体联系模型,逻辑模型的代表是层次、网状、关系和面向对象模型。关系模型是当今的主流模型,面向对象模型是今后发展的方向。

习 题

一、选择题

1. 数据库的典型数据模型是_____。

  A. 层次模型、网状模型、关系模型

  B. 概念模型、实体模型、关系模型

  C. 对象模型、外部模型、内部模型

  D. 逻辑模型、概念模型、关系模型

2. 一个节点可以有多个双亲,节点之间可以有多种联系的模型是_____。

  A. 网状模型   B. 关系模型   C. 层次模型   D. 以上都有

3. 层次数据模型的基本数据结构是_____。

  A. 树   B. 图   C. 索引   D. 关系

4. 用二维表结构表示实体及实体间联系的数据模型称为_____。

  A. 网状模型   B. 层次模型   C. 关系模型   D. 面向对象模型

5. 关系数据模型的基本数据结构是_____。

  A. 树   B. 图   C. 索引   D. 关系

6. 下列所述数据模型概念,不正确的是_____。

  A. 不同记录型的集合   B. 各种记录型及其联系的集合

  C. E - R 图表示的实体联系模型   D. 数据库的概念模型

7. 关系数据模型是目前最重要的一种数据模型,它的三个要素分别是_____。

  A. 实体完整性、参照完整性、用户自定义完整性

  B. 数据结构、关系操作、完整性约束

  C. 数据增加、数据修改、数据查询

  D. 外模式、模式、内模式

二、判断题

1. 用二维表结构表示实体型的模型称为关系模型。(   )

2. 关系模型不能表示实体之间多对多联系。(   )

3. 任何一张二维表格都表示一个关系。(   )

4. 关系是元组的集合。(   )

三、填空题

1. 数据模型的三要素是指_____、_____和_____。实际数据库系统中所支持的主要数据模型是_____、_____和_____。

2. 数据模型中的_____是对数据系统的静态特征描述,包括数据结构和数据间联系的描述,_____是对数据库系统的动态特征描述,是一组定义在数据上的操作,包括操作的含义、操作符、运算规则及其语言等。

3. 用树型结构表示实体类型及实体间联系的数据模型称为_____模型,上一层的父节点和下一层的子节点之间的联系是_____的联系。

4. 用有向图结构表示实体类型及实体间联系的数据模型称为_____模型,数据之间的联系通常通过_____来实现。

5. 层次模型的上层实体和下层实体之间表现为_____联系。

6. _____是目前最常用也是最重要的一种数据模型。采用该模型作为数据的组织方式的数据库系统称为_____。

7. 关系的完整性约束条件包括三大类:_____、_____和_____。

四、名词解释

　　实体　实体集　实体型　属性　联系　关系　关系模式　关系模型

五、简答题

1. 试述网状、层次数据库的优缺点。

2. 试述层次模型的概念,举出三个层次模型的实例。

3. 试述关系数据库的特点。

4. 试述关系模型的完整性规则。

第 3 章

关系数据库

本章知识要点

本章介绍了关系数据的结构及形式化定义、关系操作、关系的完整性约束和关系代数的基本运算。本章重点是关系数据结构及形式化定义、关系的完整性约束和关系代数的基本运算。

3.1 关系数据的结构及形式化定义

在本书的 2.3.3 节中已经初步介绍了关系数据模型的基本概念、构成数据模型的三要素及关系的三类完整性约束,本章将从关系理论方面进一步详细介绍。关系模型只包含单一的数据结构——二维表。

3.1.1 关系

前面已经提到,关系数据结构非常简单,在关系数据模型中,现实世界中的实体及实体与实体之间的联系均用关系来表示。从逻辑或用户的观点来看,关系就是二维表,通常称为表,每个关系都有属于自己的名称,用以区分不同的关系表。

关系是元组的集合,因此关系的操作是集合的操作,即操作的对象是集合,操作的结果也是集合。由此看来,关系操作的基础是集合代数,我们从集合的角度给出关系数据结构的形式化定义。

1. 域

域是一组具有相同数据类型的值的集合。

例如,自然数、整数、{'男','女'}、大于 0 小于 100 的整数等,都可以是域。

2. 笛卡儿积

给定一组域 $D_1, D_2, \cdots, D_n$,这些域可以相同,则 $D_1, D_2, \cdots, D_n$ 上的笛卡儿积为

$$D_1 \times D_2 \times \cdots \times D_n = \{(d_1, d_2, \cdots, d_n) \mid d_i \in D_i, i = 1, 2, \cdots, n\}$$

其中每一个元素 $(d_1, d_2, \cdots, d_n)$ 称为一个 n 元组(n-Tuple)或简称为元组(Tuple)。一个元组中的每一个 d_i 称为该元组在的一个分量。

一个元组是组成该元组的各分量的有序集合(而绝不仅仅是各分量的集合)。

若 $D_i(i = 1, 2, \cdots, n)$ 为有限集,其基数(D_i 中元素的个数)为 $m_i(i = 1, 2, \cdots, n)$,则 $D_1 \times D_2 \times \cdots \times D_n$ 的基数 M 为

$$M = \prod_{i=1}^{n} m_i$$

笛卡儿积可以表示为一个二维表,表中的每行对应一个元组,表中的每列对应一个域。

例3.1　设有两组域分别是:

学生 = {李佳,刘明,王添}

导师 = {刘芳,张锐}

则:学生、课程上的笛卡儿积为

学生 × 导师 = {(李佳,刘芳),(李佳,张锐),(刘明,刘芳),(刘明,张锐),(王添,刘芳),(王添,张锐)}

将笛卡儿积表示为一张二维表,则学生和课程的笛卡儿积可表示为如下表3.1。

表 3.1　学生和课程的笛卡儿积

学　　生	导　　师
李佳	刘芳
李佳	张锐
刘明	刘芳
刘明	张锐
王添	刘芳
王添	张锐

其中每一行称为一个元组,如(李佳,刘芳),每一列称为一个属性,如学生、导师。一个元组中的一个值(如李佳)是在该域上的一个分量。

3. 关系

笛卡儿积 $D_1 \times D_2 \times \cdots \times D_n$ 的子集叫作在域 $D_1, D_2, \cdots, D_n$ 上的关系,又称为表,表示为 $R(D_1, D_2, \cdots, D_n)$ 这里 R 表示关系的名字,n 是关系的目或度。

一般来说,笛卡儿积是没有实际意义的,只有它的子集才有实际含义。例如表3.1的笛卡儿积中许多元组是没有意义的,因为每个学生的导师一般情况下只有一名。

关系是笛卡儿积的一个与现实一致的子集,所以关系也可以表示为一个二维表。二维表的表名称为关系名,二维表的每一行值对应于一个元组。

属性(Attribute):二维表的每一列对应一个域。由于域可以相同,为了加以区分,必须对每列取一个名字,称为属性。

目(Degree):通常含有 n 个属性的关系称为 n 元关系。n 称为这个关系的目或度(Degree)。

候选码(Candidate Key):若关系中的某一属性组的值能唯一地标识一个元组,则称该属性组为候选码。

在最简单的情况下,候选码只包含一个属性。在最极端的情况下,关系模式的所有属性组是这个关系模式的候选码,称为全码(All-Key)。

主码(Primary Key):若一个关系有多个候选码,则选定其中一个为主码,候选码的诸属性称为主属性(Prime Attribute)。不包含在任何候选码中的属性称为非码属性(Non-Key Attribute)。

3. 关系的性质

关系具有以下基本性质:

①每一分量必须是不可分的最小数据项,即每个属性都是不可再分解的,这是关系数据库对关系的最基本的限定。

②每列的数据类型是固定的,即每一列中的分量是同类型的数据,来自同一个值域。

③不同的列可以出自同一个值域,每一列称为属性,每个属性要给予不同的属性名。

④列的顺序是无关紧要的,即列的次序可以任意交换,但一定是整体交换,属性名和属性值必须作为整列同时交换。

⑤行的顺序是无关紧要的,即行的次序可以任意交换。

⑥元组不可以重复,即在一个关系中任意两个元组不能完全相同。

3.1.2　关系模式

关系可用二维表描述,它表示的是值;而关系模式是对关系的描述,是关系的型。关系模式是稳定的,而关系是变化的,关系是某一时刻关系模式的内容。关系模式常被简称为关系。

关系模式对关系的描述具体包括属性构成、属性来自的域、属性与域之间的映象关系及属性间的数据依赖关系。

关系模式可以形式化地表示为

$$R(U,D,DOM,F)$$

其中,R 是关系名;U 是组成该关系的属性名集合;D 是属性组 U 中属性所来自的域;DOM 是属性向域的映象集合;F 是属性间的数据依赖关系集合。

关系模式常简记为

$$R(U) 或 R(A_1,A_2,\cdots,A_n)$$

其中,R 为关系名;$A_i(i=1,2,\cdots,n)$ 为属性名。域名及属性向域的映象一般定义为属性的类型和长度。

例 3.2　用关系模式的形式化表示来描述 Student 关系:Student 中有如下属性:学号,姓名,性别,年龄,系别。共有 2 个域{number,varchar2}。每个属性对应的取值范围为 number(10),varchar2(10),varchar2 (2),number(2),varchar2(10)。

R:Student

U:{学号,姓名,性别,年龄,系别}

DOM:{学号 - number,姓名 - varchar2,性别 - varchar2,年龄 - number ,系别 - varchar2}

F:{学号→姓名,学号→性别,学号→年龄,学号→系别}

如果现实世界还强制规定,姓名不重复,则 F 中还要加入数据依赖{姓名→学号,姓名→性别,姓名→年龄,姓名→系别}

3.1.3　关系数据库

在关系模型中,实体及实体之间联系都是用关系来表示的。在一个给定的应用领域中,所有关系的集合构成一个关系数据库。关系数据库也有型和值之分,关系数据库的型称为关系数据库模式。一个关系数据库的型包括:若干域的定义及在这些域上定义的若干关系模式。关系数据库的值是这些关系模式在某一时刻对应的关系的集合,通常简称为关系数据库。

3.2　关系操作

关系模型是一种数据模型,数据模型有 3 要素:数据结构、数据操作、完整性约束。上一节我们介绍了关系模型的数据结构,这一节讲解关系操作。

3.2.1　基本的关系操作

关系模型中常用的关系操作包括:查询操作和更新操作两大部分,关系更新包括更改、插入和删除。关系的查询表达能力很强,是关系操作中最主要的部分。查询操作具体包括:并(Union)、交(Intersection)、差(Difference)、广义笛卡儿积(Extended Cartesian Product)、选择(Select)、投影(Project)、连接(Join)、除(Divide)等。

其中选择、投影、并、差、笛卡儿积是 5 种基本操作,其他操作可以用基本操作来定义和导出。

关系操作采用集合操作方式,即操作的对象和结果都是集合。这种操作方式也称为一次一个集合的方式。这和非关系模型的操作结果是一条记录有着重要区别。

3.2.2　关系数据语言的分类

早期的关系操作能力通常用代数方式或逻辑方式来表示,分别称为关系代数和关系演算。关系代数是用对关系的运算来表达查询。关系演算是用谓词来表达查询要求。关系演算和关系代数在表达能力上是完全等价的。

关系代数、关系演算都是抽象的查询语言,这些抽象的语言与具体的 RDBMS 中实现的实际语言并不完全一样。但它们能用作评估实际系统中查询语言能力的标准或基础。除了关系代数和关系演算语言外,还有具有关系代数和关系演算之间的语言 SQL(Structured Query Language),SQL 不仅具有丰富的查询功能,而且还具有数据定义和数据控制功能,是集查询、数据定义语言和数据控制语言于一体的关系数据语言。

SQL 充分体现了关系数据语言的特点和优点,是关系数据库的标准语言。

关系语言是一种高度非过程化的语言,用户不必请求数据管理员为它建立特殊的存取路径,存取路径的选择由关系数据库管理系统的优化机制来完成。

3.3　关系的完整性

3.3.1　关系的三类完整性约束

在关系数据模型中一般将数据完整性分为三类:

(1)实体完整性。

(2)参照完整性。

(3)用户定义完整性。

实体完整性和参照完整性是关系模型必须满足的完整性约束条件,被称为关系的两个不变性,应该由关系系统自动支持。

用户定义的完整性是应用领域需要遵循的约束条件,体现了具体领域中的语义约束。

3.3.2 实体完整性

实体完整性规则:若属性 A 是基本关系 R 的主码中的属性,则属性 A 不能取空值。要求每一个表中的主属性都不能为空值或者重复的值。

例 3.3 如下的关系(Sno 表示学号,Sname 表示姓名,Ssex 表示性别,Sage 表示年龄,Sdept 表示系别):

Student(Sno,Sname,Ssex,Sage,Sdept)

Sno 属性为主属性,不能取空值。

例 3.4 有关系成绩表 SC(Sno,Cno,Grade),Cno 表示课程号,Grade 表示成绩,则其中"Sno、Cno"为主码,则两个属性都不能取空值。

关系模型必须遵守实体完整性规则,因为:

(1)实体完整性规则是针对基本表的。一个基本表通常对应现实世界的一个实体或实体和实体之间的联系。

(2)现实世界中的实体和实体间的联系都是可区分的,即它们具有某种唯一性标识。

(3)关系模型中以主码作为唯一性标识。

(4)主码中的属性即主属性不能取空值。空值就是"不知道"或"无意义"的值。主属性取空值,就说明存在某个不可标识的实体,即存在不可区分的实体,这与第(2)点相矛盾,因此这个规则称为实体完整性。

3.3.3 参照完整性

现实世界中的实体之间往往存在某种联系,在关系模型中实体及实体间的联系都是用关系来描述的。这样就自然存在着关系与关系间的引用。先来看三个例子。

例 3.5 学生实体和专业实体可以用下面的关系表示,其中主码用下划线标识:

学生(<u>学号</u>,姓名,性别,专业号,年龄)

专业(<u>专业号</u>,专业名)

这两个关系之间存在着属性的引用,即学生关系引用了专业关系的主码"专业号"。显然,学生关系中的"专业号"值必须是确实存在的专业的专业号,即专业关系中有该专业的记录。这也就是说,学生关系中的某个属性的取值需要参照专业关系的属性取值。

这个例子说明了关系和关系之间存在着相互引用,相互约束的情况。下面先引入外码的概念,然后给出表达关系之间相互引用约束的参照完整性定义。

外码(Foreign Key):设 F 是基本关系 R 的一个或一组属性,但不是关系 R 的码。如果 F 与基本关系 S 的主码 Ks 相对应,则称 F 是基本关系 R 的外码,基本关系 R 称为参照关系(Referencing Relation),基本关系 S 称为被参照关系(Referenced Relation)或目标关系(Target Relation)。

如例 3.5 中学生关系中的专业号,不是学生的码,但是专业号是专业关系的码,所以专业号是学生关系的外码。

需要说明的是：

（1）关系 R 和 S 不一定是不同的关系。

（2）目标关系 S 的主码 Ks 和参照关系的外码 F 必须定义在同一个（或一组）域上。

（3）外码并不一定要与相应的主码同名。当外码与相应的主码属于不同关系时，往往取相同的名字，以便于识别。

参照完整性规则：若属性（或属性组 F）是基本关系 R 的外码，它与基本关系 S 的主码 Ks 相对应（基本关系 R 和 S 不一定是不同的关系），则对于 R 中每个元组在 F 上的值必须为：

（1）或者取空值（F 的每个属性值均为空值）。

（2）或者等于 S 中某个元组的主码值。

在关系系统中通过说明外码来实现参照完整性，而说明外码是通过说明引用的主码来实现的，也即通过说明外码，关系系统则可以自动支持关系的参照完整性。

例如，关系 SC(Sno,Cno,Grade) 中，Sno 和 Cno 是选修关系中的主属性，按照实体完整性和参照完整性规则，根据实际意义，它们只能取相应被参照关系中已经存在的主码值。又如，关系 Course(Cno,Cname,Cpno,Credit) 中，Cpno 属性的含义为课程的先修课程编号，作为外码参照 Course 的主属性 Cno。存在某些课程不需要先修课程，如高等数学等课，则外码 Cpno 可以取空值。

3.3.4　用户定义的完整性

用户定义的完整性是针对某一具体关系数据库的约束条件，反映某一具体应用所涉及的数据必须满足的语义要求，是一种与应用密切相关的数据完整性约束。例如：

（1）某个属性的值必须唯一。

（2）某个属性的取值必须在某个范围内。

（3）某些属性值之间应该满足一定的函数关系等。

类似以上的约束不是关系数据模型本身所要求的，而是为了满足应用方面的语义要求而提出的。在用户定义完整性中，最常见的是限定属性的取值范围，即对值域的约束，所以在用户定义完整性中最常见的是域完整性约束。

关系模型应提供定义和检验这类完整性的机制，而不要由应用程序承担这一功能。

3.4　关系代数

关系代数与任何关系数据库管理系统所提供的实际语言并不完全相同。关系代数是一种抽象的查询语言，但它是评估实际语言中查询能力的标准。关系代数中给出的功能在任何实际语言中都能直接或间接地实现。

关系代数是通过对关系的运算来表达查询的。它的运算对象是关系，运算结果也是关系。

关系代数的运算可分为两类：

（1）传统的集合运算：包括并、差、交和广义笛卡儿积，其运算符号分别为 ∪、−、∩ 和 ×。

（2）专门的关系运算：包括投影、选择、连接和除，其运算符分别为 π、σ、⋈和 ÷。

3.4.1　传统的集合运算

传统的集合运算是二目运算。设关系 R 和 S 的目都是 n（都有 n 个属性），且相应属性取自同一个域。

（1）并（Union）。

关系 R 和 S 的并运算可以表示为

$$R \cup S = \{t | t \in R \vee t \in S\}$$

其结果是将 R 的元组和 S 的元组合并成一个新的关系，新关系也是 n 目的。t 表示新生成的关系中的元组，该元组在新的关系中出现的顺序是无关紧要的，但必须消除重复元组。

（2）差（Difference）。

关系 R 和 S 的差运算可以表示为

$$R - S = \{t | t \in R \wedge t \notin S\}$$

其结果是一个包括在 R 中出现而在 S 中不出现的元组的新关系。差运算使用的关系也必须是在并运算上兼容的。同在算术运算中一样，减法是有顺序的，即 R－S 和 S－R 是不同的。R－S 也是一个 n 目关系。

（3）交（Intersection）。

关系 R 和 S 的交运算可以表示为

$$R \cap S = \{t | t \in R \wedge t \in S\}$$

其结果是一个包含同时出现在 R 和 S 中的元组的新关系。这些关系也必须是在并运算上兼容的。

（4）广义笛卡儿积（Extended Cartersian Product）。

广义笛卡儿积不要求参加运算的两个关系具有相同的目（自然也就不要求来自同样的域）。设 R 为 n 目关系，S 为 m 目关系，则 R 和 S 的广义笛卡儿积为

$$R \times S = \{\widehat{t_r t_s} | t_r \in R \wedge t_s \in S\}$$

$\widehat{t_r t_s}$ 表示由两个元组 t_r 和 t_s 前后有序连接而成的一个元组。即任取元组 t_r 和 t_s，当且仅当 t_r 属于 R 且 t_s 属于 S 时，t_r 和 t_s 的有序连接即为 R×S 的一个元组。

R 和 S 的广义笛卡儿积是一个 $n+m$ 目的关系。其中任何一个元组的前 n 列是关系 R 的一个元组，后 m 列是关系 S 的一个元组。若 R 有 t 个元组，S 有 q 个元组，则 R×S 有 $t \times q$ 个元组。

实际操作时，可从 R 的第一个元组开始，依次与 S 的每一个元组组合，然后对 R 的下一个元组进行同样的操作，直至 R 的最后一个元组也进行完同样的操作为止，即可得到 R×S 的全部元组。

例 3.6　设关系 R 和 S，表示为如表 3.2 所示的二维表。则 R 和 S 的并、差、交及广义笛卡儿积分别见表 3.3、3.4。

表 3.2　关系 R 和 S 的二维表形式

R

A1	A2	A3
a	b	c
l	m	n
x	y	z

S

A1	A2	A3
a	b	c
a	b	d
l	m	n

表 3.3　关系 R 与 S 的并、差、交

R∪S

A1	A2	A3
a	b	c
l	m	n
x	y	z
a	b	d

R−S

A1	A2	A3
x	y	z

R∩S

A1	A2	A3
a	b	c
l	m	n

表 3.4　关系 R 与 S 的广义笛卡儿积

R×S

R·A1	R·A2	R·A3	S·A1	S·A2	S·A3
a	b	c	a	b	c
a	b	c	a	b	d
a	b	c	l	m	n
l	m	n	a	b	c
l	m	n	a	b	d
l	m	n	l	m	n
x	y	z	a	b	c
x	y	z	a	b	d
x	y	z	l	m	n

3.4.2　专门的关系运算

专门的关系运算包括选择、投影、连接和除等,连接又包括等值连接和自然连接。投影和选择是一元操作,其他是二元操作。为方便起见,所有的例子均以下面的三个表作为参照。

设有如下的学生、课程、学生成绩关系表:Student、Course、SC 分别见表 3.5 ~ 3.7。

表 3.5　学生表 Student

学号(Sno)	姓名(Sname)	年龄(Sage)	性别(Ssex)	专业(Sdept)
20070001	李佳	21	女	MA
20070002	刘明	20	男	IS
20070003	王添	19	男	MA
20070004	张力	21	女	IS
20070005	张力	19	女	CS
20070006	张力	19	男	MA

表 3.6 课程表 Course

课程号(Cno)	课程名(Cname)	先序课(Cpno)	学分(Ccredit)
1	数据库	5	4
2	高等数学		2
3	信息系统	1	4
4	操作系统	6	3
5	数据结构	7	4
6	数据处理		2
7	C 语言	6	4

表 3.7 成绩表 SC

学号(Sno)	课程号(Cno)	成绩(Grade)
20070001	1	90
20070001	2	84
20070001	3	67
20070002	1	85
20070002	2	78
20070004	1	82
20070005	2	63
20050005	3	80
20050006	5	95

在介绍这些操作之前,先来看几个概念和变量说明。

设关系模式为 $R(A_1, A_2, \cdots, A_n)$,它的一个关系设为 R,$t \in R$ 表示 t 是 R 的一个元组,$t[A_i]$ 则表示元组 t 中相应于属性 A_i 的一个分量。若 $A = \{A_{i1}, A_{i2}, \cdots, A_{ik}\}$,其中 A_{i1},$A_{i2}, \cdots, A_{ik}$ 是 $A_1, A_2, \cdots, A_n$ 中的一部分,则 A 称为属性列或属性组。$t[A] = (t[A_{i1}]$,$t[A_{i2}], \cdots, t[A_{ik}])$ 表示元组 t 在属性列 A 上诸分量的集合。$\overline{A}$ 则表示 $\{A_1, A_2, \cdots, A_n\}$ 中去掉 $\{A_{i1}, A_{i2}, \cdots, A_{ik}\}$ 后剩余的属性组。

给定一个关系 R(X,Z),X 和 Z 为属性组。当 $t[X] = x$ 时,x 在 R 中的像集(Images Set)记为:$Zx = \{t[Z] | t \in R, t[X] = x\}$,它表示 R 中属性组 X 上值为 x 的诸元组在 Z 上分量的集合。

例 3.7 设关系 R(X,Z),见表 3.8。

表 3.8 关系 R

X	Z
a	c
l	n
l	z
a	d

则:a 在 R 中的像集 $Z_a = \{c, d\}$,l 在 R 中的像集 $Z_1 = \{n, z\}$。

（1）选择（Selection）。

选择运算是从指定的关系中选择符合查询条件的各个元组。选择运算是从行的角度进行的运算。

选择运算表示为

$$\sigma_F(R) = \{t \mid t \in R \wedge F(t) = '真'\}$$

其中，R 是关系名；σ 是选择运算符；F 是逻辑表达式。

例 3.8 查询计算机专业的全体学生。

$$\sigma_{专业 = '计算机'}(Student)$$

注意：因为专业属性在 Student 关系中位于第 3 列，所以可以将上述表达式表示成

$$\sigma_{3 = '计算机'}(Student)$$

例 3.9 查询选修了 1 号课并且成绩在 90 分以下的课程。

$$\sigma_{课程号 = 1 \wedge 成绩 < 90}(SC) \text{ 或 } \sigma_{1 = 1 \wedge 3 < 90}(SC)$$

（2）投影（Projection）。

投影运算是从指定的关系中选择出若干属性列组成新的关系。投影操作主要是从列的角度进行运算，但投影之后不仅取消了原关系中的某些列，而且还可能取消某些元组（避免重复行）。

投影运算表示为

$$\pi_A(R) = \{t[A] \mid t \in R\}$$

其中，R 是关系名；π 是选择运算符；A 是 R 中的属性列；各属性间用逗号间隔。

例 3.10 查询学生关系中都有哪些专业。

$$\pi_{专业}(Student) \text{ 或 } \pi_4(Student)$$

例 3.11 查询哪些学生都选修了哪些课程。

$$\pi_{学号, 课程号}(SC) \text{ 或 } \pi_{1,2}(SC)$$

（3）连接（Join）。

连接也称为 θ 连接，是从 R 和 S 的广义笛卡儿积 R×S 中选取（R 关系）在 A 属性组上的值与（S 关系）在 B 属性组上的值满足比较关系 θ 的元组。连接运算的含义是从两个关系的笛卡儿积中选取属性间满足一定条件的元组。连接条件为两个关系中对应属性的比较，不一定同名，但域一定相同。

连接运算可表示为

$$R \bowtie S = \{\widehat{t_r t_s} \mid t_r \in R \wedge t_s \in S \wedge t_r[A] \theta t_s[B]\}$$

或 $A \theta B$

其中，A 和 B 分别为 R 和 S 上度数相等且可比的属性组；θ 是比较运算符。

例 3.12 关系 R 和 S 见表 3.9。

表 3.9 关系 R 和 S

R

A1	A2
a	2
b	4
c	6

S

A1	A2	A3
a	5	m
a	2	n
b	3	o

则 $\underset{A_2 > A_3}{R \bowtie S}$ 的结果见表 3.10。

表 3.10　R 和 S 的连接(R. A2 > S. A3)

R. A1	A2	S. A1	A3	A4
b	4	a	2	n
b	4	b	3	o
c	6	a	2	n
c	6	b	3	o
c	6	a	5	m

两类常用的连接运算是等值连接和自然连接。

①等值连接。

在等连接条件中,当 θ 为" = "时,称为等值连接运算。

等值连接的含义:从关系 R 与 S 的广义笛卡儿积中选取 A、B 属性值相等的元组,可表示为

$$R \underset{A = B}{\bowtie} S = \{ \widehat{t_r t_s} \mid t_r \in R \wedge t_s \in S \wedge t \in t_r[A] = t_s[B] \}$$

例 3.13　关系 R 和 S 如例 3.12 所示,则 R 和 S 的等值连接结果见表 3.11。

表 3.11　R 和 S 的等值连接(R. A2 = S. A3)

R. A1	A2	S. A1	A3	A4
a	2	a	2	n

②自然连接。

自然连接是一种特殊的等值连接,在这种连接中,两个关系中进行比较的分量必须是相同的属性组,而且在结果中把重复的属性列去掉。自然连接过程一般是由参照关系的外码和被参照关系的主码来控制的,这样的属性通常也称为连接属性。

自然连接的含义:设 R 的属性集为{X,Y},S 的属性集为{Y,Z},R 与 S 的自然连接可表示为

$$R \bowtie S = \{ t \mid t = <X,Y,Z> \wedge t[X,Y] \in R \wedge t[Y,Z] \in S \wedge t_r[Y] = t_s[Y] \}$$

相当于在 R×S 中选取 R 和 S 的所有公共属性值都相等的元组,并在结果中去掉重复属性。

例 3.14　关系 R 和 S 如例 3.12 所示,则 R 和 S 的自然连接结果见表 3.12。

表 3.12　R 和 S 自然连接

A1	A2	A3	A4
a	2	5	m
a	2	2	n
b	4	3	o

自然连接与等值连接的区别：

（1）在作自然联接的两个关系中，要求值相等的属性名也必须相同；而在等值连接中，不要求值相等的属性名相同。

（2）在自然连接的结果中，去掉重复的属性名；而在等值连接的结果中，不去掉重复的属性名。

注意：若两个关系没有公共属性，则其自然连接就转化为笛卡儿积操作。

（4）除（Division）。

设给定关系 R(X,Y) 和 S(Y,Z)，其中 X、Y、Z 为属性组。R 中的 Y 与 S 中的 Y 可以有不同的属性名，但必须出自相同的域集。R 与 S 的除运算得到一个新的关系 P(x)，P 是 R 中满足下列条件元组在 X 属性列上的投影：元组在 X 上的像集 Yx 包含 S 在 Y 上的投影的集合，记作：$R \div S = \{ t_r[X] \mid t_r \in R \wedge \prod_y(S) \in Y_x \}$。其中 Yx 为 x 在 R 中的像集，$x = t_r[X]$。

例 3.15　设关系 R 见表 3.13，关系 S 见表 3.14，则 R／S 的结果见表 3.15。

表 3.13　关系 R

A	B	C
a1	b1	c2
a2	b3	c7
a3	b4	c6
a1	b2	c3
a4	b6	c6
a2	b2	c3
a1	b2	c1

表 3.14　关系 S

B	C	D
b1	c2	d1
b2	c1	d1
b2	c3	d2

表 3.15　关系 R/S

A
a1

具体过程为：在关系 R 中，A 可以取四个值{a1,a2,a3,a4}。其中：

a1 的像集为{(b1,c2),(b2,c3),(b2,c1)}；

a2 的像集为{(b3,c7),(b2,c3)}；

a3 的像集为{(b4,c6)}；

a4 的像集为{(b6,c6)}。

S 在(B,C)上的投影为{(b1,c2)，(b2,c3)，(b2,c1)}，显然只有 a1 的象集{(b1,c2),(b2,c3),(b2,c1)}包含 S 在(B,C)属性组上的投影{(b1,c2)，(b2,c3)，(b2,c1)}，所以 $R \div S = \{a1\}$。

除操作是同时从行和列角度进行运算。对于涉及全部、所有一类的查询，通常可以考虑除操作。

例 3.16　在关系 SC 中，查询至少选修 1 号课程和 2 号课程的学生的学号。

首先建立一个临时关系 T，见表 3.16。

然后求 $\pi_{学号,课程号}(SC) \div T$，则结果见表 3.17。

表 3.16　关系 T

课程号
1
2

表 3.17　结果

学号
20070001
20070002

以学生、课程、成绩关系为例,给出几个综合使用关系代数查询的例子。

例 3.17　查询成绩在 80 分以上的学生的姓名。

$$\pi_{\text{姓名}}(\sigma_{\text{成绩}>80}(\text{Student} \bowtie \text{SC}))$$

例 3.18　查询选修了"数据结构"课程的学生的姓名。

$$\pi_{\text{姓名}}(\sigma_{\text{课程名}='\text{数据结构}'}(\text{Student} \infty \text{SC} \bowtie \text{Course}))$$

或　　　　$$\pi_{\text{姓名}}(\sigma_{\text{课程名}='\text{数据结构}'}(\text{Course}) \bowtie \text{SC} \bowtie \pi_{\text{学号,姓名}}(\text{Student}))$$

例 3.19　查询选修了全部课程的学生的学号、姓名和专业。

$$\pi_{\text{学号,姓名,专业}}((\text{SC} \div \pi_{\text{课程号}}(\text{Course})) \bowtie \text{Student})$$

本章小结

本章首先介绍了关系数据库的基本理论,对关系数据结构及关系的三类完整性约束做详细的介绍;然后介绍了关系查询的基本语言—关系代数,并重点介绍了关系代数的几种运算。

学生应在本章熟练掌握关系数据模型中的几个基本概念:关系、关系模式、关系数据库。关系模式是型的描述,而关系是值的体现。二者经常都称为关系,要在上下文的语意中理解是型还是值。

本章还应重点掌握关系的三类完整性约束:实体完整性、参照完整性和用户定义的完整性,尤其是实体完整性和参照完整性,在今后的实际问题中一定会灵活运用。

本章的难点,也是重点则是关系代数的几种运算,其中基本的运算包括并、差、广义笛卡儿积、选择、投影 5 种,其中的交、连接和除运算可以用这 5 种来表示。引进它们虽然并不增加语言的能力,但可以简化表达。连接常用的两种形式:等值连接和自然连接,应重点掌握。最好能熟练应用到实际查询工作当中。

习　　题

1. 解释下列概念,并说明它们之间的联系与区别:
   (1)主码、候选码、外码。
   (2)关系、元组、属性、域。
   (3)关系模式、关系模型、关系数据库。
   (4)实体完整性规则、参照完整性规则。
   (5)笛卡儿积、等值连接、自然连接。
2. 关系模型的完整性规则有哪几类?
3. 在关系模型的参照完整性规则中,为什么外码的值可以为空? 在什么情况下才可以为空?
4. 常用的关系数据语言有哪几种?
5. 简述关系的性质。
6. 等值连接与自然连接的区别是什么?
7. 关系 R、S 见表 3.18。计算 R∪S、R∩S、R－S、R⊂S、R ⋈ S。
$$_{\text{R. A} < \text{S. B}}$$

表 3.18 　关系 R 和 S

R

A	B	C
1	2	3
4	1	6
3	2	4

S

A	B	C
2	7	1
4	1	6

8. 已知关系模式和关系实例见表 3.19。

学生关系模式:Student(sno,Sname,Age,Sox)。

选课关系模式:SC(Sno,Cno,Grade)。

课程关系模式:Course(Cno,Cnane,Teacher)。

表 3.19 　关系模式和关系实例 S、SC 和 C

S

Sno	Sname	Age	Sex
S1	Wang	20	M
S4	Wu	19	M
S2	Liu	21	F
S3	Chen	22	M
S8	Dong	18	F

SC

Sno	Cno	Grade
S1	C1	80
S3	C1	90
S1	C2	70
S3	C2	85
S3	C3	95
S4	C4	70
S8	C3	90

C

Cno	Cname	Teacher
C2	Math	Liu
C4	Physics	Zhang
C3	Chemistry	Wang
C1	Database	Li

用关系代数完成如下查询:

(1)查询选修 Liu 老师所授课程的学生姓名。

(2)查询 Wang 同学不学的课程的课程号。

(3)查询 Wang 同学的 Math 成绩。

(4)查询选修了 Database 的学生的姓名。

(5)查询被全部学生选修的课程号和课程名。

9. 已知关系 R 和 S,见表 3.20,求 R ÷ S(请写出求解过程)。

表 3.20 关系 R 和 S

R

A	B	C	D
a	b	c	d
a	b	e	f
a	b	h	k
b	d	e	f
b	d	d	l
c	k	c	d
c	k	e	f

S

C	D
c	d
e	f

第4章

关系数据库标准语言SQL

本章知识要点

本章介绍了 SQL 语言;基于 SQL 语言的数据定义、数据查询、数据更新和视图;嵌入式 SQL。本章重点掌握 SQL 语言在关系数据库中的应用。

4.1 SQL 语言概述

结构化查询语言 SQL 是一种介于关系代数与关系演算之间的语言,其功能包括查询、操纵、定义和控制四个方面,是一个通用功能极强的关系数据库标准语言。

自 SQL 成为国际标准语言以后,各个数据库厂家纷纷推出各自支持 SQL 软件或有 SQL 接口的软件。这就使大多数数据库均用 SQL 作为共同的数据库语言和标准接口,使不同数据库系统之间的互操作有了共同的基础。而且对数据库以外的领域也产生了很大影响,有不少软件产品将 SQL 语言的数据查询功能与图形功能、软件工程工具、软件开发工具、人工智能程序结合起来。SQL 已成为关系数据库领域中一个主流语言。

4.1.1 SQL 的产生与发展

SQL 的全称是结构化查询语言(Structured Query Language),是 1974 年由 Boyce 和 Chamberlin 提出的,1975 年至 1979 年 IBM 公司研制的 DBMS System R 实现了这种语言。由于它功能丰富、使用方式灵活、语言简洁易学等突出优点,在计算机工业界和计算机用户中备受欢迎。经过多年的发展,SQL 已经成为一种广泛使用的语言,用于创建、维护和查询关系。1986 年,美国国家标准局(ANSI)的数据库委员会批准了 SQL 作为关系数据库语言的美国标准。1987 年 6 月,国际标准化组织(ISO)将其采纳为国际标准。这个标准也称为 SQL – 86。随后在 1989 年经过较小的修改后成为 SQL – 89。1992 年又经过一次较大的修改形或 SQL – 92。SQL – 92 是由国际标准化组织(ISO)和 ANSI 合作共同提出的。1999 年起 ANSI 陆续公布增加了面向对象功能的新标准 SQL – 99 的 12 个标准文本。目前大多数数据库管理系统均支持 SQL – 92(SQL2),有少部分支持 SQL – 99。ANSI 在 2003 年做了更新,针对 SQL – 99 的一些问题进行了改进,支持 XML、Window 函数、Merge 语句等,称为 SQL:2003。2006 年发布了 SQL:2006,增强 XML 对数据处理的能力。目前最新版本为 SQL:2008。毫无疑问,将来还会做进一步的改良。

4.1.2 SQL 数据库的体系结构

SQL 数据库的体系结构基本上也是三级模式。SQL 术语与传统的关系模型术语不同。在 SQL 中,外模式对应于视图和部分基本表;模式对应于基本表,元组称为行,属性称为列,内模式对应于存储文件。

一个表可以是一个基本表,也可以是一个视图。基本表是实际存储在数据库中的表。视图是从基本表或其他视图中导出的表,它本身不独立存储在数据库中,也就是说,数据库中只存放视图的定义,而不存放视图的数据,视图是一个虚表。

用户可以用 SQL 语句对视图和基本表进行查询等操作。在用户看来,视图和基本表是相同的,都是关系(即表)。

4.1.3　SQL 的组成

根据功能的不同,SQL 语言可分为以下几个方面:

(1)数据操作语言(Data Manipulation Language,DML)。

该 SQL 语句允许用户提出查询、插入、删除和修改行。本章将介绍插入、删除和修改行的 DML 命令。

(2)数据定义语言(Data Definition Language,DDL)。

该 SQL 语句支持表的创建、删除和修改,支持视图和索引的创建和删除。完整性约束能够定义在表上,可以是在创建表时,也可以是在创建表之后定义约束。

(3)数据控制语言(Data Control Language,DCL)。

该 SQL 语句的目标是管理用户对数据库对象的访问。设计完数据库,并在创建对象以后使用 DCL,在保护系统免遭入侵的同时实现一个安全策略,以便向用户和应用程序提供适当级别的数据访问权限与数据库功能权限。

4.1.4　SQL 的特点

SQL 广泛地被采用说明了它的优点,使全部用户,包括应用程序员、DBA 管理员和终端用户受益非浅。

(1)综合统一。

①SQL 语言集数据定义语言 DDL、数据操作语言 DML、数据控制语言 DCL 功能于一体,语言风格统一,可以独立完成数据库生命周期中的全部活动,包括定义关系、录入数据以及建立数据库、查询、更新、维护、数据库重构、数据库安全性控制等一系列操作要求,这就为数据库应用系统开发提供了良好的环境。例如,用户在数据库投入运行后,还可根据需要随时、逐步地修改模式,并不影响数据库的运行,从而使系统具有良好的可扩充性。

②在关系模型中,实体和实体间的联系均用关系表示,这种数据结构的单一性使数据操作符统一,即对实体及实体间的联系的每一种操作(如查找、插入、删除、修改)都只需要一种操作符。

(2)高度非过程化。

非关系数据模型的数据操作语言是面向过程的语言,用其完成某项请求,必须指定存取路径(如早期的 FoxPro)。而用 SQL 语言进行数据操作,用户只需提出"做什么",而不必指明"怎么做",因此用户可以使用类似于英语的命令,轻松地和关系数据进行交互,不必编写复杂的计算机程序,也不需要知道数据存储在磁盘上的什么地方或怎样被存储,通常一条 SQL 语句可以完成过程语言多条语句的功能。

(3)面向集合的操作方式。

①非关系数据模型采用的是面向记录的操作方式,任何一个操作对象都是一条记录。例如,查询所有平均成绩在 80 分以上的学生姓名,用户必须说明完成该请求的具体处理过

程,即如何用循环结构按照某条路径一条一条地把满足条件的学生记录读出来。所有 SQL 语句接受集合作为输入,返回集合作为输出。SQL 的集合特性允许一条 SQL 语句的结果作为另一条 SQL 语句的输入。SQL 不要求用户指定对数据的存放方法,这不但大大减轻了用户负担,而且有利于提高数据的独立性。

②SQL 语言采用集合操作方式,不仅查找结果可以是元组的集合,而且一次插入、删除、更新操作的对象也可以是元组的集合。

(4)以同一种语法结构提供两种使用方式。

①SQL 语言既是自含式语言,又是嵌入式语言。在两种不同的使用方式下,SQL 语言的语法结构基本上是一致的。

②作为自含式语言,它能够独立地用于联机交互的使用方式,用户可以在终端键盘上直接键入 SQL 命令对数据库进行操作。

③作为嵌入式语言,SQL 语句能够嵌入到高级语言(如 VC、VB、Delphi、C、Java)程序中,供程序员设计程序时使用统一的语言。

(5)语言简捷,易学易用。

SQL 语言功能极强,但由于设计巧妙,语言十分简洁。它包含九个命令,具体功能分类见表4.1。

表 4.1 SQL 功能分类

SQL 的功能	动　词
数据查询 DQ	SELECT
数据定义 DD	CREATE、DROP、ALTER
数据操作 DM	INSERT、UPDATE、DELETE
数据控制 DC	GRANT,REVOKE

4.2 学生－课程数据库

本章中的 SQL 语句以 3.4 节中学生－课程数据库(表3.5~3.7)为例进行讲解,全部命令在 Oracle 10g 中调试通过。

学生－课程数据库包括三个表:

(1)学生表:Student (Sno,Sname,Sage,Ssex,Sdept)。其中学号 Sno(number 型,长度为12,主码);姓名 Sname(char 型,长度为20,非空唯一);年龄 Sage(number 型,长度为3);性别 Ssex(char 型,长度为2);所在系 Sdept(char 型,长度为10)。

(2)课程表:Course (Cno,Cname,Cpno,Ccredit)。其中课程号 Cno(number 型,长度为4,主码);课程名 Cname(char 型,长度为20);先行课 Cpno(number 型,长度为4,外码);学分 Ccredit(nember 型,长度为4);先行课参照 Course 表中 Cno 字段。

(3)学生选课表:SC(Sno,Cno,Grade)。其中学号 Sno(number 型,长度为12);课程号 Cno(number 型,长度为4);成绩 Grade(number 型,长度为3)。(Sno,Cno)为主码;Sno 为外码,参照 Student 表中 Sno 字段;Cno 为外码,参照 Course 表中 Cno 字段。

4.3 数据定义

关系数据库的基本对象是表、视图和索引等。因此,SQL 的数据定义功能包括定义表、定义视图和定义索引,由于视图是基于基本表的虚表,索引是依附于基本表的,因此 SQL 通常不提供修改视图定义和修改索引定义的操作。用户如果想修改视图定义或索引定义,只能先将它们删除掉,然后再重建。

4.3.1 基本表的创建、删除和修改

表由行和列组成。通常保存数据的表的集合被存储在数据库中,本书中表的集合存储在 Oracle 10g 中。

在 Oracle 10g 的 SQL * Plus 中,通过下面的 DDL 语句可以创建 4.2 节 Course 表的结构。

```
CREATE TABLE Course
(Cno number(4),
Cname char(20),
Cpno number(4),
Ccredit number(4));
```

这条 DDL 命令创建了一个名为 Cno 的列来存储多达 4 位数字的课程号,创建了一个名为 Cname 的列来存储多达 20 个字符的课程名称,创建了一个名为 Cpno 的列来存储多达 4 位数字的先行课号,创建了一个名为 Ccredit 的列来存储多达 4 位数字的学分。通过指定数据类型,可以防止用户在表中存储不正确的数据,在一定程度上保证了输入数据的正确性。

通过上面的例子初步了解创建表的 SQL 语句格式,要想创建表,最低限度要列举出用于该表的表名、列名和数据类型,当然,创建表的同时还可以定义与该表有关的完整性约束条件,在 Oracle 中还可以额外指定许多附加属性,如盘区大小、要使用哪个表空间等,这些附加属性在本书中不作详细介绍。

表和列的名称有下列要求:长度在 1～30 个字节之间;必须以字母开头;不能使用 Oracle 的保留字,如 number、table 等。定义表的各个属性时需要指明其数据类型及长度。不同的数据库系统支持的数据类型不完全相同,Oracle 主要支持的数据类型见表 4.2。

表 4.2 Oracle 主要支持的数据类型

数据类型	含 义
char(size[byte|char])	存储固定宽类型的数据,按需要在右边填充空格
varchar2(size[byte|char])	存储实际使用的数据量
number[(precision[,scale])]	存储零、正数和负数。Precision 指总位数,默认最小值为 28。scale 指小数点右边的位数,并默认为 0
date	用 1 s 的粒度来存储一个日期和时间

下面介绍定义表的一般语句格式。

(1)表的创建。

一般格式如下:

CREATE TABLE <表名>(<列名> <数据类型>[列级完整性约束条件]

　　　　[，<列名> <数据类型>［列级完整性约束条件］

　　　　［，<表级完整性约束条件>］)；

　　其中，<表名>是所要定义的基本表的名字，它可以由一个或多个属性(列)组成；<列名>是所要定义的列的名字，完整性约束条件表示表中数据需要满足的约束条件。[ ]表示该项为任选项。

　　完整性约束条件被存入系统的数据字典中，当用户操作表中数据时，由 DBMS 自动检查该操作是否违背这些完整性约束条件。如果完整性约束条件涉及该表的多个属性列，则必须定义在表级上；如果只涉及一个属性列，则既可以定义在列级，也可以定义在表级。在表中，可以指定许多种完整性约束，本小节将讨论在创建表的同时所能指定的几种完整性约束。

　　①主码约束。

　　关系 Course 需要满足"任何两门课程的课程号不应该相同而且不能为空"的约束。这个约束就是主码约束的一个实例。可以通过 SQL 中的 PRIMARY KEY 语句来定义主码约束，在定义表的同时，添加主码约束。

　　例4.1　建立一个课程表 Course，它由课程号 Cno、课程名 Cname、先行课程号 Ccpno、学分 Ccredit 四个属性组成。

CREATE TABLE Course

(Cno number(4) constraint pk_Course primary key,

Cname char(20)，

Cpno number(4)，

Ccredit number(4))；

　　在上面的例子中，定义了列级约束，将 Cno 声明为主码。此外，在主码的定义中还说明了如何通过添加 CONSTRAINT 来命名一个约束。这样，当违反了约束时，系统能够返回约束名，用于对错误进行定位；或者当要删除约束时，可以通过删除约束名来撤销这个约束。上面的主码约束定义在列级上，这个约束也可以定义在表级上，具体的定义见例4.2。

　　例4.2　对例4.1的约束改为表级约束。

CREATE TABLE Course

(Cno number(4)，

Cname char(20)，

Cpno number(4)，

Ccredit number(4)，

Constraint pk_Course primary key(Cno))；

　　②外码约束。

　　有时存储在某个关系中的信息会和存储在其他关系中的信息发生关联。当修改其中一个关系的数据时，需要检查其他关系，必要时还需要进行修改，以保持数据的一致性，这样，需要事先指定关系间的完整性约束，使得 DBMS 能够自动进行检查。涉及两个关系的最普通的完整性约束是外码约束。

　　假设除了课程 Course 关系外，还有一个选课关系 SC(Sno，Cno，Grade)，为了确保只有真正存在的课程才能被选修，关系 SC 中的 Cno 字段的值必须出现在关系 Course 的 Cno 字段中。这种约束就是外码约束，约束中要求参照关系的外码必须与被参照关系的主码相匹配，也就是说，字段的数目及数据类型要相同，但是字段名可以不同。下面的例子就是在定义表的同时，添加外码约束。

例 4.3 创建表的同时创建表级外码约束。

```
CREATE TABLE SC
(Sno number(12),
Cno number(4),
Grade number(3),
Constraint pk_SC primary key (Sno,Cno),
Constraint fk_c foreign key (Cno) references Course(Cno));
```

在这个表中定义了 2 个表级约束,其中 Constraint pk_SC primary key (Sno,Cno)为主码约束,Constraint fk_c foreign key (Cno) references Course(Cno)为外码约束,主码约束不能被改为列级约束,因为此约束涉及两个列,外码约束可以改为列级约束,具体实现见例 4.4。外码约束表示关系 SC 的每个 Cno 值必须出现在关系 Course 的主键 Cno 中或者为空。对于外码约束本身来说,外码值可以是被参照表的主码值或者为空,就本例来说,Cno 只能取 Course 表中的 Cno 值,因为 SC 表中的 Cno 字段还同时为 SC 表主码的一部分。

例 4.4 对例 4.3 的表级外码约束改为列级。

```
CREATE TABLE SC
(Sno number(12),
Cno number(4) Constraint fk_c references Course(Cno),
Grade number(3),
Constraint pk_SC primary key (Sno,Cno));
```

需要注意的是,外码约束也可以指向本关系,比如对于 Course 表中的 Cpno 字段,它可以参照 Course 表中的 Cno 字段。

例 4.5 对于 Course 表,每门课的先行课学 Cpno 是参照于主码 Cno 的外码。

```
CREATE TABLE Course
(Cno number(4) constraint pk_Course primary key,
Cname char(20),
Cpno number (4) constraint fk_cpno references Course (Cno),
Ccredit number(4));
```

或者把约束写在表级上,具体见例 4.6。

例 4.6 将例 4.5 的列级约束改为表级约束。

```
CREATE TABLE Course
(Cno number(4),
Cname char(20),
Cpno number (4),
Ccredit number(4),
constraint pk_Course primary key(Cno),
constraint fk_cpno foreign key (Cpno) references Course (Cno));
```

③CHECK 约束。

CHECK 约束检查一个或一组列值满足一个指定条件,如果插入或修改列值没有满足 CHECK 中的约定条件,数据库则抛出异常,拒绝插入或修改操作。

例 4.7 添加一个 CHECK 约束来保证每个学生的考试成绩在 0~100 之间。

```
CREATE TABLE SC
(Sno number(12),
```

Cno number(4),

Grade number(3) Constraint ck_g check(Grade > =0 AND Grade < =100),

Constraint pk_SC primary key (Sno,Cno),

Constraint fk_s foreign key (Sno) references Student(Sno),

Constraint fk_c foreign key (Cno) references Course(Cno));

④NOT NULL 约束。

在默认情况下,一个表中除了定义主码约束外的其他列外,均允许 NULL 作为一个有效值存储在表中。一个 NULL 代表未知的或者不存在的信息。但在有些情况下,管理员或者用户若不想让某一列取空值,则定义 NOT NULL 约束。

例 4.8 指定 Course 表 Cname 取值非空。

CREATE TABLE Course

(Cno number(4) constraint pk_Course primary key,

Cname char(20) not null,

Cpno number(4),

Ccredit number(4));

对于课程表 Course 的课程名列 Cname 不能取空值,可以这样理解,如果一门课程的课程名是未知的,那么这门课程不能被看作是一门有效的课程。例 4.8 定义了 Cname 属性列为非空的约束,NOT NULL 可以使用行内语法随同列定义一起声明,也可以在定义完基本表后使用 alter table Course modify Cname not null 命令添加此约束,但是不能用 alter table add constraint a Cname not null 命令添加此约束,其中 a 为约束名,主码约束、外码约束、CHECK约束、UNIQUE 约束都可以用 alter table add constraint 命令来实现约束的添加。

⑤UNIQUE 约束。

可以通过 SQL 中的 UNIQUE 语句指定 UNIQUE 约束,此约束保证同一表中指定列上没有重复值。它和 PRIMARY KEY 约束的不同在于 UNIQUE 约束的列可以取空值。

例 4.9 指定 Course 表 Cname 取值唯一。

CREATE TABLE Course

(Cno number(4) constraint pk_Course primary key,

Cname char(20) constraint u_cname unique,

Cpno number(4),

Ccredit number(4));

在例 4.9 建的表中无任何两行在 Cname 列中具有相同的值。NULL 值不被看作是相同的值,因此这个 Course 表能够有多个含有 NULL 的 Cname 的行,当然这在现实中有可能不符合语义,为了保证某一列(非主码)的值唯一且非空,通常用 UNIQUE 和 NOT NULL 两个约束来定义。

例 4.10 指定 Course 表 Cname 取值唯一而且非空。

CREATE TABLE Course

(Cno number(4) constraint pk_Course primary key,

Cname char(20) not null constraint u_cname unique,

Cpno number(4),

Ccredit number(4));

上面的例子在 Cname 列定义了两个约束,一个为 NOT NULL 的约束,一个为 UNIQUE约束,这样就保证了 Cname 列的值唯一非空。Oracle 10g 中允许列级约束定义多个约束。

⑥DEFAULT 约束。

使用 DEFAULT 约束时,如果用户在插入新行时没有对实施 DEFAILT 约束的列赋值,系统会将默认值赋给该列。默认值约束所提供的默认值可以为常量、函数、空值(NULL)等。需要注意的是,每列只能有一个默认约束;约束表达式不能参照表中的其他列和其他表、视图或存储过程。

例 4.11　建立一个"学生"表 Student,它由学号 Sno、姓名 Sname、性别 Ssex、年龄 Sage、所在系 Sdept 五个属性组成,要求性别的默认值为男。

```
CREATE TABLE Student
(Sno number(12),
Sname char(20),
Ssex char(2) default('男'),
Sage number(3),
Sdept char(10));
```

通过 CREATE 命令建表 Student 的同时,建立了 Ssex 的 DEFAULT 约束,也就是说,在向 Student 表中插入一条记录时,如果没有指定 Ssex 列的值,则"男"将作为 Ssex 列的值连同刚才指定插入其他列的值一同插入表中;如果在插入一条记录时指定了 Ssex 的值,则将指定的值插入表中,而不取默认值插入表中,同 NOT NULL 约束一样,建完表后需要对某列添加默认值,也用"alter table 表名 modify 列名 default(默认值)命令"来添加 DEFAULT 约束。

(2)表的修改。

在建立一个基本表之后,有时随着应用的变化,用户可能需要修改表的结构、约束等,这时就可以使用 ALTER TABLE 语句。使用 ALTER TABLE 语句,用户可以增加、删除或修改列,也可以增加或删除一个完整性约束,还可以为某个域设定缺省值。改变表的设计可能导致一些错误,假设存在一个表,这个表又作为被参照表被另外一个表参照,现在修改这个表的表名,会导致原来的约束仍然存在,但是原来的表已经不存在了,因为已经改为别的名了,所以用户在修改现有表的结构之前要格外小心。修改表的一般格式为:

ALTER TABLE ＜表名＞
[ADD ＜新列名＞＜数据类型＞[完整性约束]]
[DROP COLUMN ＜列名＞]
[ADD CONSTRAINT＜完整性约束名＞＜约束＞]
[DROP CONSTRAINT ＜完整性约束名＞]
[MODIFY＜列名＞ ＜数据类型＞＜数据类型＞];

其中,＜表名＞指定需要修改的基本表;ADD 子句用于增加新列和新的完整性约束条件;DROP 子句用于删除指定的完整性约束条件;MODIFY 子句用于修改原有的列定义。

①添加和删除表中的列。用 ALTER TABLE 语句向已有的表中添加新列。不论基本表中原来是否已有数据,新增加的列一律为空值。当添加单个列时,使用:

ALTER TABLE 表名 ADD 列名数据类型

例 4.12　向 Student 表增加"入学时间"列,其数据类型为日期型。

ALTER TABLE Student ADD S_entrance date;

当向一个表中添加多个列时,用括号围住一个由逗号分隔的列声明列表。列声明包括列名称、列类型及默认值。

例4.13　向 Student 表中加入"入学时间"、"生源地"两列。

ALTER TABLE Student ADD

(S_entrance date,

S_sourse char(20));

要想从表中删除一个列,可以使用 ALTER TABLE DROP COLUMN 语句。

例4.14　删除 Student 表中的"入学时间"列。

ALTER TABLE Student DROP COLUMN S_entrance;

要想删除多个列时,省略关键字 COLUMN,并用括号括住要删除的列,列和列之间用逗号隔开。

例4.15　删除 Student 表中"入学时间"、"生源地"两列。

ALTER TABLE Student DROP (S_entrance,S_sourse);

②修改列。

如果想对已经定义的表中的列进行修改,比如要修改列的类型、增加或减少数据的长度、重新命名一个列或者给一个列赋默认值,可以使用 ALTER TABLE MODIFY 语句来实现。同列的删除和修改一样,也涉及一个列和多个列的修改。对一个列修改,要同时指定列名和新特征。要修改多列,用括号括住要修改的列,指明列名和新特征,列之间用逗号分隔。

例4.16　将 Stuent 表中性别 Ssex 这一列由原来的 char(2)修改为 char(8),并赋默认值为"女"。

ALTER TABLE Student MODIFY Ssex char(8) DEFAULT('女');

③删除约束。

约束一旦建成就允许被删除,当禁用 UNIQUE 或 PRIMARY KEY 约束时需要小心,因为禁用这些约束可能导致它所生成的索引被删除。如果想删除一个已经存在的约束,可以使用 ALTER 语句。

例4.17　将例4.7中定义的 SC 表中的检查约束 ck_g 删除。

ALTER TABLE SC DROP CONSTRAINT ck_g;

例4.18　删除关于学生姓名必须取唯一值的约束。

ALTER TABLE Student DROP UNIQUE(Sname);

(4)表的删除。

当某个基本表不再需要时,可以用 DROP TABLE 语句删除它。一般格式为:

DROP TABLE ＜表名＞ [CASCADE CONSTRAINTS]

其中 cascade constraints 表示删除表的同时删除该表已经建立的约束条件。

例4.19　删除 Student 表。

DROP TABLE Student cascade constraints;

例4.19 如果不加 cascade constraints 则无法删除 student 表,因为 student 表中的某些学生的 sno 列被参照表 sc 的 sno 列所引用,如加 cascade constraints 则代表删除 student 表的同时删除 sc 关于 sno 列的外码约束。

基本表定义一旦删除,表中的数据及在此表上建立的索引就都将自动被删除掉,而建立在此表上的视图虽仍然保留,但已无法引用。对于一个被参照表则不能直接使用 DROP TABLE 语句删除,应该先删除外键约束。

4.3.2　索引的建立与删除

索引通过提供一种直接存取的方法来取代默认的全表扫描检索,通过使用索引可以提高数据检索速度,也可以快速地定位一条数据。

一般来说,建立与删除索引需要由表的创建者或者数据库管理员,或具有创建、删除索引权限的用户完成。

(1)建立索引。

要想创建一个索引,首先需要一个表。在 CREATE INDEX 语句中,告诉数据库创建的新索引的名称是什么,要在哪个表上建立索引,以及包含哪些列。

一般格式为:

CREATE [UNIQUE] INDEX <索引名>

ON <表名>(<列名>[<次序>][,<列名>[<次序>]]…);

其中,<表名>指定要创建索引的基本表的名字。索引可以建在该表的一列或多列上,各列名之间用逗号分隔。每个<列名>后面还可以用<次序>指定索引值的排列次序,包括ASC(升序)和 DESC(降序)两种,缺省值为 ASC。

UNIQUE 表明此索引的每一个索引值只对应唯一的数据记录。

在 Oracle 中,对一个表中的主键的字段不能建立唯一索引,因为创建主键约束时,系统已经自动生成一个唯一索引。

例 4.20　为 Course、SC 表建立索引。其中 Course 表按课程名升序建唯一索引,Sno、Cno 表按学号升序和课程号降序建唯一索引。

CREATE UNIQUE INDEX Coucname ON Course(Cname);

CREATE UNIQUE INDEX SCno ON SC(Sno ASC,Cno DESC);

(2)删除索引。

一般格式为:

DROP INDEX <索引名>;

例 4.21　删除 Course 表的 Cname 索引。

DROP INDEX Coucname;

索引一经建立,就由系统使用和维护,不需用户干预。建立索引是为了减少查询操作的时间,但如果数据增、删、改频繁,系统会花费许多时间来维护索引,这时可以删除一些不必要的索引。删除索引时,系统会同时从数据字典中删去有关该索引的描述。

4.4　数据查询

数据库查询是数据库操作的核心。SQL 语言提供了 SELECT 语句进行数据库的查询,其功能强大,使用灵活。

SELECT 语句的一般形式:

SELECT [ALL|DISTINCT] <目标列表达式>[,<目标列表达式>]...FROM <表名或视图名>[,<表名或视图名>]

[WHERE　<条件表达式>]

[GROUP BY　<列名 1>[HAVING　<条件表达式>]]

[ORDER BY <列名2> [ASC|DESC]];

整个 SELECT 语句的含义是,根据 WHERE 子句的条件表达式,从 FROM 子句指定的基本表或视图中找出满足条件的元组,再按 SELECT 子句中的目标列表达式选出元组中的属性值形成结果表。

每个查询都必须有一个 SELECT 子句和一个 FROM 子句,前者指定了在结果中保留的列,后者说明表的笛卡儿积。可选的 WHERE 子句说明在 FROM 子句指定的表上的选择条件。

如果有 GROUP 子句,则将结果按<列名1>的值进行分组,该属性列值相等的元组为一个组,每个组产生结果表中的一条记录,通常会在每组中作用集函数。如果 GROUP 子句带 HAVING 短语,则只有满足指定条件的元组才能输出。

如果有 ORDER 子句,则结果表还要按<列名2>的值的升序或降序排序。

这样一个查询直观地对应于一个常用的由选择、投影和笛卡儿积组成的关系代数表达式为

$$\pi A_1,\cdots,A_n(\sigma_F(R_1\times\cdots\times R_m))$$

其中,$R_1,\cdots,R_m$ 为关系;F 是选择条件;$A_1,\cdots,A_n$ 为属性。

这个句型是从关系代数表达式演变来的,但 WHERE 子句中的条件表达 F 要比关系代数中的公式更灵活,因此整个 SELECT 所能表达的语义要远比上述关系代数表达式复杂得多,SELECT 语句能表达所有的关系代数表达式。

条件表达式 F 可以使用以下操作符:

(1)算术比较运算符: >、< =、> =、< =、或!=。

(2)逻辑运算符:AND、OR、NOT。

(3)集合运算符:UNION、INTERSECT、EXCEPT。

(4)集合成员运算符:IN、NOT IN。

(5)谓词:EXISTS、ALL、SOME、UNIQUE。

(6)聚集函数:AVG、MIN、MAX、SUM、COUNT。

(7)F 中的运算对象还可以是另一个 SELECT 语句。

SELECT 语句能够进行单表查询、多表连接查询和嵌套查询。下面通过 SELECT 的基本应用、连接查询、嵌套查询、集合操作来学习 SQL 语句。

4.4.1　SELECT 的基本应用

本书通过单表查询介绍 SELECT 的基本使用。单表查询是相对多表查询而言的,是指从一个数据表中查询数据。

(1)查询表中的全部列。

选择表中的列,对应的是关系代数的投影运算。要查询表中的所有列,可以有两种方法:一种是在 SELECT 关键字后面列出所有列名;另一种是在 SELECT 关键字后面跟 * ,如果用 * 号指定,则列的显示顺序与其在基本表中的显示顺序相同。这种查询实际上是无条件地把表的全部信息都查询出来,也称为全表查询,这是最简单的一种查询命令。

例4.22　查找 Course 表中的全部信息。

SELECT * FROM Course;

或　SELECT Cno,Cname,Cpno,Ccredit FROM Course;

(2)查询表中的指定列。

在很多情况下,用户可能只关心表中某几列的值,只想让这部分的值显示出来,那么可以通过在 SELECT 子句中 <目标表达式> 指定要查询的属性列。<目标表达式> 中各个列的先后顺序可以与表中的顺序不同,也就是说,用户可以根据自己的需要改变列的显示顺序。

例 4.23 从 Course 表中查找课程名和课程号。

SELECT Cname, Cno

FROM Course

这时结果表中列的顺序与基本表中不同,是按查询要求先列出课程名属性,然后再列出课程号属性。

(3)查询经过计算的值。

SELECT 子句的 <目标列表达式> 不仅可以是表中的属性列,也可以是表达式,即可以将查询出来的属性列经过一定计算后列出的结果。

例 4.24 从 Student 表中查找学生姓名及出生日期。

SELECT Sname, 2012 – Sage

FROM Student;

本例中,<目标列表达式> 中第二项不是通常的列名,而是一个计算表达式,是用当前的年份(假设为 2012 年)减去学生的年龄,这样所得的即是学生的出生年份。执行结果为:

Sname	2012 – Sage
李佳	1991
刘明	1992
王添	1993
张力	1991
张力	1993
张力	1993

由于学号为 20050005 和 20050006 的两名同学姓名和年龄相同,因此查询结果出现重复行。

SQL 语句的 <目标列表达式> 不仅可以是算术表达式,还可以是字符串常量、函数等。

(4)指定列别名。

可能有这样的情况,对于查出来的列有时列名不能清晰地表达列的含义,或显示的是列的表达式,这时用户可以在列的后面(用空格分开)指定相应列的别名,如果别名中含有空格,则用双引号进行包含。指定别名的方法对于含算术表达式、常量、函数名的目标列表达式尤为有用。

例 4.25 查询学生的姓名和出生日期,出生日期用别名 Stu birthday 显示。

SELECT Sname, 2012 – Sage "Stu birthday"

FROM Student;

执行结果为:

Sname	Stu birthday
李佳	1991
刘明	1992
王添	1993
张力	1991

张力	1993
张力	1993

（5）DISTINCT 关键字。

DISTINCT 关键字可从 SELECT 语句的结果中除去重复的行。如果没有指定 DISTINCT，则默认为 ALL，那么将返回所有行，包括重复行。

例 4.26 查询所有课程的学分。

```
SELECT Ccredit
FROM Course;
```

或者为：

```
SELECT all Ccredit
FROM Course;
```

执行结果为：

```
Ccredit
– – –
4
2
4
3
4
2
4
```

该查询结果里包含了许多重复行。如果想去掉结果表中的重复行，通过指定 DISTINCT 短语可以做到。

例 4.27 查询所有课程一共有哪几种学分。

```
SELECT DISTINCT Ccredit
FROM Course;
```

执行结果为：

```
Credit
– – –
2
4
3
```

例 4.28 查询所有学生的姓名和年龄。

```
SELECT DISTINCT Sname,Sage
FROM Student;
```

DISTINCT 关键字是作用于用户所选择的元组，而不是仅仅作用于 DISTINCT 后面的一列，对于选择出的每个 <Sname,Sage> 行，如果有两个或多个同学有同样的名字和年龄，则在结果中只显示一次。

执行结果为：

Sname	Sage
– – –	– –
李佳	21
刘明	20

王添	19
张力	21
张力	19

（6）使用 WHERE 子句。

WHERE 子句后面跟的是条件的布尔组合，其结果是查询指定条件的元组。WHERE 子句常用的查询条件见表 4.3。

表 4.3　常用的查询条件

查询条件	谓　　词
比较	= 、> 、< 、> = 、< = 、< > 或！= 、！> 、！<
确定范围	BETWEEN AND、NOT BETWEEN AND
确定集合	IN、NOT IN
字符匹配	LIKE、NOT LIKE
空值	IS NULL、IS NOT NULL
多重条件	AND、OR

①比较。

例 4.29　查课程名为数据库的课程的情况。

SELECT *

FROM Course

WHERE Cname = '数据库';

例 4.30　查询所有年龄不等于 20 岁的学生姓名及其年龄。

SELECT Sname, Sage

FROM Student

WHERE Sage < > 20;

②确定范围。

使用 BETWEEN AND 操作符可以选中排列于两值（包括这两个值）之间的数据。这些数据可以是数字、文字或是日期。也就是说，通过 BETWEEN AND 确定一个范围，并且把这个范围内的数据库中的值输出。

例 4.31　查询年龄在 20 ~ 23 岁之间的学生的姓名和年龄。

SELECT Sname, Sage

FROM Student

WHERE Sage BETWEEN 20 AND 23;

查询的结果是 20 岁和 23 岁的闭区间范围内的同学姓名和年龄。与 BETWEEN AND 相对的谓词是 NOT BETWEEN AND，使用了 NOT 操作符的语句会将包括在两者范围内的数据排除在外。

例 4.32　查询年龄不在 20 ~ 23 岁之间的学生的姓名和年龄。（查询结果不包含 20 岁和 23 岁的学生的情况）。

SELECT Sname, Sage

FROM Student

WHERE Sage NOT BETWEEN 20 AND 23;

③确定集合。

当用户知道某列的准确值并想要返回其记录,则可以使用 IN 操作符。IN 指令可以让用户在一个或数个不连续的值的限制之内取出表中的值。

例 4.33　查询年龄为 18 或者 20 的学生的姓名和年龄。

SELECT Sname, Sage

FROM Student

WHERE Sage IN (18,20);

与 IN 相对的谓词是 NOT IN,用于查找属性值不属于指定集合的元组。

④字符匹配。

谓词 LIKE 可以用来进行模式的匹配。其一般语法格式为:

[NOT] LIKE '<模式>' [ESCAPE '<换码字符>']

其含义是查找指定的属性列值与 <模式> 相匹配的元组。模式可以包含常规字符和通配符字符。在模式匹配过程中,常规字符必须与字符串中指定的字符完全匹配,而且可使用字符串的任意片段匹配通配符。使用通配符可使 LIKE 运算符更加灵活。

通配符一般包括单个字符通配和多个字符通配:

% :包含零个或更多字符的任意字符串。WHERE Sname LIKE '%力%' 将查找处于学生名任意位置的包含“力”字的所有学生名。

_(下划线):任何单个字符。WHERE Sno LIKE '_5' 将查找以 5 结尾的所有 2 个字符长度的学生学号(如 15、25 等)。

通过模式的匹配,如果匹配到指定的模式,则 LIKE 返回 TRUE;否则,返回 FALSE。

由于数据存储方式的原因,使用包含 Char 数据模式的字符串比较可能无法通过 LIKE 比较。例如,Student 表中 Sname 属性的数据类型是 Char(6),存在姓名为 Dtt 的学生,但是通过 WHERE Sname LIKE '_tt'语句查不到记录,这是因为 Char 是定长的数据类型,在存储“Dtt”时,默认以空格补足后面的 3 位长度。

例 4.34　查所有姓张的学生的姓名和学号。

SELECT Sname, Sno

FROM Student

WHERE Sname LIKE '张%';

例 4.35　查学号中倒数第二个数字为 1 的学生姓名和学号。

SELECT Sname, Sno

FROM Student

WHERE Sno LIKE '%1_';

如果用户要查询的匹配字符串本身就含有%或_,比如要查名字为 DB_Design 开头的课程的学分,应如何实现呢?这时就要使用 ESCAPE '<换码字符>'短语,对通配符进行转义。

例 4.36　查询以 DB_Design 开头课程的课程号和学分。

SELECT Cno, Ccredit

FROM Course

WHERE Cname LIKE 'DB_Design%' ESCAPE '\';

ESCAPE '\'短语表示\为换码字符,这样匹配串中紧跟在\后面的字符“_”不再具有通配符的含义,而是取其本身含义,被转义为普通的“_”字符。

⑤涉及空值的查询。

因为空值表示缺少数据,所以空值和其他值没有可比性,即不能用等于、不等于、大于或小于和其他数值比较,测试空值只能用比较操作符 IS NULL 和 IS NOT NULL。

例 4.37　某些学生选修某门课程后没有参加考试,所以有选课记录,但没有考试成绩,下面来查找缺少成绩的学生的学号和相应的课程号。

```
SELECT Sno, Cno
FROM SC
WHERE Grade IS NULL;
```

注意这里的"IS"不能用等号代替。

例 4.38　查询成绩不为空的学生学号和课程号。

```
SELECT Sno, Cno
FROM SC
WHERE Grade IS NOT NULL;
```

⑥多重条件查询。

逻辑运算符 AND 和 OR 可在 WHERE 子句中把两个或多个条件连接起来。如果这两个运算符同时出现在同一个 WHERE 条件子句中,则 AND 的优先级高于 OR,但用户可以用括号改变优先级。

例 4.39　查询年龄在 20 岁以下的男同学姓名。

```
SELECT Sname
FROM Student
WHERE Ssex = '男'AND Sage < 20;
```

(7)ORDER BY 子句。

用户也可以用 ORDER BY 子句指定按照一个或多个属性列的升序(ASC)或降序(DE-SC)重新排列查询结果,其中升序 ASC 为缺省值。如果没有指定查询结果的显示顺序,DBMS 将按其最方便的顺序(通常是元组在表中的先后顺序)输出查询结果。

例 4.40　查询选修了 3 号课程的学生的学号及其成绩,查询结果按分数的降序排列。

```
SELECT Sno, Grade
FROM SC
WHERE Cno = 3 ORDER BY Grade DESC;
```

可能有些学生选修了 3 号课程后没有参加考试,即成绩列为空值。用 ORDER BY 子句对查询结果按成绩排序时,若按升序排,成绩为空值的元组将最后显示;若按降序排列,成绩为空值的元组将最先显示。

例 4.41　查询全体学生情况,查询结果按所在系升序排列,对同一系中的学生按姓名降序排列。

```
SELECT *
FROM Student
ORDER BY Sdept, Sname DESC;
```

(8)聚集函数。

除了简单地检索数据,还要经常进行某些数据的计算或汇总。就像在前面提到的,SQL 中允许使用数学表达式,为了进一步方便用户,方便检索,SQL 支持六种聚集函数,这些函数可以应用到任何一个表的任何列上。

COUNT（[DISTINCT|ALL] ＊）：统计元组个数。

COUNT（[DISTINCT|ALL] <列名>）：统计一列中值的个数。

SUM（[DISTINCT|ALL] <列名>）：计算一列值的总和（此列必须是数值型）。

AVG（[DISTINCT|ALL] <列名>）：计算一列值的平均值（此列必须是数值型）。

MAX（[DISTINCT|ALL] <列名>）：求一列值中的最大值。

MIN（[DISTINCT|ALL] <列名>）：求一列值中的最小值。

如果指定 DISTINCT 短语，则表示在计算时要取消指定列中的重复值。如果不指定 DISTINCT 短语或指定 ALL 短语（ALL 为缺省值），则表示不取消重复值。

例4.42　查询学生总人数。

SELECT COUNT(＊)

FROM Student;

例4.43　查询学生的平均年龄。

SELECT AVG(Sage)

FROM Student;

考虑下面的查询方式：

SELECT Sname,MAX(Sage)

FROM Student;

该查询不仅要查询具有最大年龄，还要有该年龄的学生的姓名。然而在 SQL 中，这种查询是非法的，如果在 SELECT 子句中要使用聚集函数，那么就只能使用聚集操作，除非查询包含 GROUP BY 子句（在后面的内容会讨论 GROUP BY 子句）。所以，在 SELECT 子句中不能同时使用 MAX(Sage)和 Sname，要想实现查找最大年龄的学生的姓名可以用下面的查询实现，这种查询是嵌套查询，在以后的内容中会讲到。

SELECT Sname,Sage

FROM Student

WHERE Sage = (SELECT MAX(Sage) FROM Student);

（9）GROUP BY 和 HAVING 子句。

GROUP BY 子句可以将查询结果表的各行按一列或多列取值相等的原则进行分组，也就是将聚集函数应用到关系中每个由多个分组组成的行上。

对查询结果分组的目的是为了细化聚集函数的作用对象。如果未对查询结果分组，聚集函数将作用于整个查询结果，即整个查询结果只有一个函数值，如例 4、42 和例 4、43；否则，聚集函数将作用于每组，即每组都有一个函数值。

当在用聚集函数时，一般都要用 GROUP BY 先进行分组，然后再进行聚集函数的运算。运算完后可能要用到 HAVING 子句进行判断，如判断聚集函数的值是否大于某一个值等。可以说，HAVING 和 WHERE 一样，都是筛选组的筛选器，只不过 WHERE 是用来筛选记录的。

例4.44　查询每个学生选修的课程数。

SELECT Sno, COUNT(Cno)

FROM SC

GROUP BY Sno;

该 SELECT 语句对 SC 表按 Sno 的取值进行分组，所有具有相同 Sno 值的元组为一组，然后对每组作集函数 COUNT，以求得该组的课程数。查询结果为：

```
Sno              COUNT(Cno)
－－－            －－－－－
20070001         3
20070002         2
20070004         1
20070005         2
20070006         1
```

例 4.45　查询平均分在 80 分以上的学生的学号及其选课数。

SELECT Sno,Count(Cno)

FROM SC

GROUP BY Sno

HAVING AVG(Grade) >80;

上面的例子是这样执行查询的,首先用 GROUP BY 子句对 Sno 进行分组,再用聚集函数 COUNT 对每组计数。如果某一组的平均分数大于 80 分,应将他的学生号选出来。HAVING 短语指定选择组的条件,只有满足条件(平均分大于 80 分)的组才会被选出来。

4.4.2　连接查询

前面所介绍的是 SELECT 的基本使用,都是基于一个表进行的。有些时候用户查询必须涉及多个表才能查出所需要的信息。如果一个查询需要对多个表进行操作,就称为连接查询。查询实际上是通过各个表之间共同列的关联性来查询数据的,这是关系数据库查询最主要的特征,连接操作给用户带来很大的灵活性。

连接可以在 SELECT 语句的 FROM 子句或 WHERE 子句中建立,不同的子句有不同的分类方式,用 WHERE 子句连接的查询一般分为等值连接、非等值连接、自然连接查询、外部连接和复合条件连接;用 FROM 子句连接的查询一般分为内连接、外连接和交叉连接。下面分别介绍这两种连接方式。

(1)WHERE 子句中的连接查询。

①等值连接和非等值连接。

连接查询的 WHERE 子句中用来连接两个表的条件称为连接条件或连接谓词,其一般格式为:

[<表名 1>.]<列名 1>　<比较运算符>　[<表名 2>.]<列名 2>

其中比较运算符主要有:=、>、<、>=、<=、!=。

此外,连接谓词还可以使用下面形式:

[<表名 1>.]<列名 1> BETWEEN [<表名 2>.]<列名 2> AND [<表名 2>.]<列名 3>

当连接运算符为"="时,称为等值连接。使用其他运算符称为非等值连接。

连接谓词中的列名称为连接字段。连接条件中的各连接字段类型必须是可比的,但不必是相同的。例如,若一个是字符型,另一个是整数型就不允许了,因为它们是不可比的类型。两者可以都是字符型或者数值型、日期型。

例 4.46　查询每个学生及其选修课程的情况。

SELECT *

FROM Student, SC

WHERE Student. Sno = SC. Sno;

学生情况存放在 Student 表中,学生选课情况存放在 SC 表中,所以本查询实际上同时涉及 Student 与 SC 两个表中的数据。这两个表之间的联系是通过两个表都具有的属性 Sno 实现的。要查询学生及其选修课程的情况,就必须将这两个表中学号相同的元组连接起来。这是一个等值连接。查询的结果要求显示两个表中所有的列。

连接运算有两种特殊情况:一种称为笛卡儿积连接,另一种称为自然连接。

笛卡儿积连接是不带连接谓词的连接。对于两个表的笛卡儿积,即既两表中元组的交叉乘积,也即其中一表中的每一元组都要与另一表中的每一元组作拼接,因此结果表往往很大。

例 4.47　Course 表和 SC 表作笛卡儿积连接。

SELECT *

FROM Course, SC;

假设 Course 表中有 5 条记录,SC 表中有 2 条记录,通过笛卡儿积计算后结果集中有 $5 \times 2 = 10$ 条记录,这个结果显然是没有什么实际意义的。

如果是按照两个表中的相同属性进行等值连接,且目标列中去掉了重复的属性列,但保留了所有不重复的属性列,则称之为自然连接。

例 4.48　自然连接 Course 和 SC 表。

SELECT Course. Cno, Cname, Cpno, Ccredit, Sno, Grade

FROM Course, SC

WHERE Course. Cno = SC. Cno;

在本例中,由于 Cname、Cpno、Credit、Sno 和 Grade 属性列在 Course 与 SC 表中是唯一的,因此引用时可以去掉表名前缀。而 Cno 在两个表都出现了,因此引用时必须加上表名前缀。该查询的执行结果不再出现 SC. Cno 列。

②自身连接。

连接操作不仅可以在两个表之间进行,也可以是一个表与其自己进行连接,这种连接称为表的自身连接。

例 4.49　查询每一门课的间接先修课(即先修课的先修课)。

先来分析一下,题目要求查询每一门课程的先修课的先修课,在"课程"表即 Course 关系中,只有每门课的直接先修课信息,而没有先修课的先修课,要得到这个信息,必须先对一门课找到其先修课,再按此先修课的课程号查找它的先修课程,这相当于将 Course 表与其自身连接后,取第一个副本的课程号与第二个副本的先修课号作为目标列中的属性。具体写 SQL 语句时,为清楚起见,可以为 Course 表取两个别名,一个是 FIRST,另一个是 SECOND,也可以在考虑问题时就把 Course 表想成是两个完全一样的表,一个是 FIRST 表,另一个是 SECOND 表。如下所示:

完成该查询的 SQL 语句为:

SELECT FIRST. Cno, SECOND. Cpno

FROM Course FIRST, Course SECOND

WHERE FIRST. Cpno = SECOND. Cno;

在 FROM 子句中为 Course 表定义了两个不同的别名,这样就可以在 SELECT 子句和 WHERE 子句中的属性名前分别用这两个别名加以区分。结果表如下:

```
Cno          Cpno
- - -        - - -
1            7
3            5
5            6
```

③外部连接。

在通常的连接操作中,只有满足连接条件的元组才能作为结果输出,上面曾经举例查询选课课程的学生情况,那么结果集中只有选了课的学生信息,没有选课的学生不会出现在结果集中,原因在于他们没有选课,在 SC 表中没有相应的元组。但是有时想以 Student 表为主体列出每个学生的基本情况及其选课情况,若某个学生没有选课,则只输出其基本情况信息,其选课信息为空值即可,这时就需要使用外连接(Outer Join)。外连接的运算符通常为" ∗ ",有的关系数据库中也用" + "。在 Oracle 中用" + "作为外连接运算符,那么这个 SQL 语句如下:

例 4.50　以 Student 表为主体列出每个学生的基本情况及其选课情况。

SELECT Student. Sno, Sname, Ssex, Sage, Sdept, Cno, Grade

FROM Student, SC

WHERE Student. Sno = SC. Sno(+);

上例中外连接符" + "出现在连接运算符的右边,称其为左外连接。相应的,如果外连接符出现在连接运算符的左边,则称为右外连接。

④复合条件连接。

在上面各个连接查询中,WHERE 子句中只有一个条件,即用于连接两个表的谓词。WHERE 子句中有多个条件的连接操作,称为复合条件连接。

例 4.51　查询选修 2 号课程且成绩在 90 分以上的所有学生。

SELECT Student. Sno, Sname

FROM Student, SC

WHERE Student. Sno = SC. Sno AND SC. Cno = 2 AND SC. Grade > 90;

连接操作除了可以是两表连接,一个表与其自身连接外,还可以是两个以上的表进行连接,后者通常称为多表连接。

例 4.52　查询每个学生及其选修的课程名及其成绩。

SELECT Student. Sno, Sname, Course. Cname, SC. Grade

FROM Student, SC, Course

WHERE Student. Sno = SC. Sno AND SC. Cno = Course. Cno;

表之间的连接是通过相等的字段值连接起来的查询,这种查询称为等值连接查询。

(2)FROM 子句中的连接查询。

SQL - 92 标准所定义的 FROM 子句的连接语法格式为:

FROM join_table join_type join_table

　　　[ON (join_condition)]

其中,join_table 指出参与连接操作的表名,连接可以对同一个表操作,也可以对多表操作,对同一个表操作的连接又称为自连接。

join_type 指出的连接类型可分为三种:内连接、外连接和交叉连接。

①内连接。

内连接(Inner Join)使用比较运算符进行表间某(些)列数据的比较操作,并列出这些表中与连接条件相匹配的数据行。根据所使用的比较方式不同,内连接又分为等值连接、自然连接和不等连接三种。

等值连接:在连接条件中使用等于号(=)运算符比较被连接列的列值,其查询结果中列出被连接表中的所有列,包括其中的重复列。

不等连接:在连接条件使用除等于运算符以外的其他比较运算符比较被连接列的列值。这些运算符包括 >、> =、< =、<、! >、! <和< >。

自然连接:在连接条件中使用等于(=)运算符比较被连接列的列值,但它使用选择列表指出查询结果集合中所包括的列,并删除连接表中的重复列。

例4.53 使用等值连接查询选修了课程的学生全部信息。

```
SELECT *
FROM Student INNER JOIN Sc
ON Student. Sno = Sc. Sno;
```

使用自然连接应为:

```
SELECT Student. * ,Cno,Grade
FROM Student INNER JOIN Sc
ON Student. Sno = Sc. Sno;
```

②外连接。

外连接分为左外连接(Left Outer Join 或 Left Join)、右外连接(Right Outer Join 或 Right Join)和全外连接(Full Outer Join 或 Full Join)三种。

内连接时,返回查询结果集合中的仅是符合查询条件(WHERE 搜索条件或 HAVING 条件)和连接条件的行。而采用外连接时,它返回到查询结果集合中的不仅包含符合连接条件的行,而且还包括左表(左外连接时)、右表(右外连接时)或两个边接表(全外连接)中的所有数据行。

例4.54 使用左外连接将 Student 和 Sc 表中的信息连接起来。

```
SELECT *
FROM Student LEFT JOIN Sc
ON Student. Sno = Sc. Sno;
```

③交叉连接。

交叉连接(Cross Join)没有 ON 子句,它返回连接表中所有数据行的笛卡儿积,其结果集合中的数据行数等于第一个表中符合查询条件的数据行数乘以第二个表中符合查询条件的数据行数。

连接操作中的 ON (join_condition) 子句指出连接条件,它由被连接表中的列和比较运算符、逻辑运算符等构成。

例如,Student 表中有6 条记录,而 Course 表中有7 条记录,则下列交叉连接检索到的记录数将等于 6×7 =42 行。

```
SELECT *
FROM Student CROSS JOIN Course;
```

综上,两个表进行连接时,既可以用 FROM 子句实现,也可以用 WHERE 子句实现,查询结果是相同的。似乎 FROM 子句连接方式更能直接被理解,WHERE 子句主要连接的是搜索条件。

4.4.3　嵌套查询

SQL 最强大的功能就是嵌套查询。嵌套查询是将其他查询嵌套在另一个查询里面的查询,嵌套在查询中的查询称为子查询。当然,子查询本身也可以是嵌套查询,这样就可以形成更深层次的查询。

嵌套查询使得可以用一系列简单查询构成复杂的查询,从而明显地增强 SQL 的查询能力。以层层嵌套的方式来构造程序正是 SQL 中"结构化"的含义所在。

子查询通常出现在 WHERE 子句中,有时也出现在 FROM 子句中,还会出现在 HAVING 短语中。例如,查询选修了 2 号课的学生姓名。

```
SELECT Sname                    /*外层查询或父查询*/
FROM Student
WHERE Sno IN
    (SELECT Sno                 /*内层查询或子查询*/
    FROM SC
    WHERE Cno = 2);
```

在这个例子中,下层查询 SELECT Sno FROM SC WHERE Cno = 2 是嵌套在上层查询的 WHERE 条件中的。上层的查询又称为外层查询或父查询或主查询,下层查询又称为内层查询或子查询。

SQL 语言允许多层嵌套查询,即一个子查询中还可以嵌套其他子查询。需要特别指出的是,子查询的 SELECT 语句中不能使用 ORDER BY 子句,ORDER BY 子句永远只能对最终查询结果排序。

子查询都在其父查询处理前求解,它的执行不依赖于父查询的任何条件,这类查询称为不相关子查询。每个子查询仅执行一次,子查询的结果集为父查询的 WHERE 条件所用。

但在有的查询中,子查询的执行依赖于父查询的某个条件,子查询不只执行一次。这类子查询的查询条件往往依赖于其父查询的某属性值,称为相关子查询。例如,查找年龄高于其同系学生的平均值的所有学生的学号、姓名。

```
SELECT Sno,Sname
FROM Student S1
WHERE Sage >
    (ELECT AVG(Sage)
    FROM Student S2
    WHERE S1. Sdept = S2. Sdept);
```

相关子查询的过程:首先执行一遍父查询,然后对于父查询的每一行分别执行一遍子查询,而且每次执行子查询时都会引用父查询的某个条件。对于上面的例子,因为父查询和子查询都用到了 Student 表,所以给它们取了别名为 S1、S2。具体的执行过程:首先选择 S1 表中的一条学生记录,假设选择的这条记录的学生所在系为数学系(MA),然后执行子查询,执行子查询时需要引用父查询中取的那条记录的 Sdept 属性值,即 MA,使 Sdept = 'MA',求出数学系学生的平均年龄,如果所选记录的学生年龄大于平均年龄,就将其放入结果集;选择第二条记录,同样在子查询中引用第二条记录系这个字段的值,求出平均值,确定是否放入结果集;直到取完 S1 中的所有记录,这个查询完成。

下面介绍在嵌套查询中可以使用的运算符和谓词能用。

（1）比较子查询。

如果确切知道子查询返回的是单值，可以用 =、>、>=、<、<=、<> 比较运算符连接子查询和主查询。

例 4.55　查询与李明同年龄的学生信息。

假设学生的姓名是唯一的，因为李明的年龄是确定的，只有一个值，所以子查询返回单值，因此主查询与单值子查询之间用比较运算符进行连接，可以用比较子查询。

```
SELECT  *
FROM Student
WHERE. Sage =
    (SELECT Sage
    FROM Student
    WHERE Sname ='李明');
```

上面的例子还可以用连接查询来实现：

```
SELECT S1. *
FROM Student S1 , Student S2
WHERE S1. Sage = S2. Sage AND S2. Sname ='李明';
```

显然，使用嵌套查询的效率好于直接查询。

（2）含有 IN 的子查询。

带有 IN 谓词的子查询指的是父查询与子查询用谓词 IN 连接，判断某个属性列值是否在子查询的结果中。在嵌套查询中，子查询的结果往往是一个集合，所以使用 IN 是嵌套查询中最常用的连接词。

例 4.56　查询所有选修了 1 号课程的学生的学号和姓名。

```
SELECT Sno,Sname
FROM Student
WHERE Sno IN
    (SELECT Sno
    FROM SC
    WHERE Cno =1);
```

本例的执行过程是先执行子查询：

```
SELECT Sno
FROM SC
WHERE Cno = 1
```

得到子查询的结果是：

```
Sno
－ － － －
20070001
20070002
20070004
```

再执行父查询：

```
SELECT Sno,Sname
FROM Student
WHERE Sno IN（20070001,20070002,20070003）
```

由上例以知,SQL 语句先执行子查询,子查询中选修 1 号课程的学生的学号 Sno 构成了一个集合,然后执行父查询,从 Student 表中取一条学生记录,其 Sno 值如果在子查询结果集中,则这条记录放入结果集中,再从 Student 表中取下一条记录,比较、确定是否放入结果集中,直到取遍 Student 的所有记录。

上面的例子也可以用连接查询来实现:

SELECT Student. Sno,Sname

FROM Student,SC

WHERE Student. Sno = SC. Sno AND Cno = 1;

（3）含有 BETWEEN AND 的子查询。

[NOT]BETWEEN…AND 也可以作为嵌套查询的连接词。子查询可以跟在 BETWEEN 后面,也可以跟在 AND 后面。

例 4.57　查找从 19 岁到 Student 表中年龄最大之间的学生学号和姓名。

SELECT Sno,Sname

FROM Student

WHERE Sage BETWEEN 19 AND

（SELECT MAX（Sage）

FROM Student ）;

（4）含有 ALL 和 ANY 的子查询。

当子查询返回多值时,可以用 ANY 或 ALL 谓词来连接主查询,但需要注意的是,在 ALL 或 ANY 前要加上比较运算符。ALL 表示所有,ANY 表示某一个,假设要表示比较值 S 比子查询返回集 R 中的每个都大时,可以这样表示:S > ALL;要表示比较值 S 比子查询返回集 R 中的某一个大时,可以这样表示:S > ANY。各种比较运算符的含义见表4.4。

表4.4　各种比较运算符的含义

运算符	含　义
> ANY	大于子查询结果中的某个值
< ANY	小于子查询结果中的某个值
> = ANY	大于等于子查询结果中的某个值
< = ANY	小于等于子查询结果中的某个值
= ANY	等于子查询结果中的某个值
! = ANY	或 < > ANY 不等于子查询结果中的某个值
> ALL	大于子查询结果中的所有值
< ALL	小于子查询结果中的所有值
> = ALL	大于等于子查询结果中的所有值
< = ALL	小于等于子查询结果中的所有值
= ALL	等于子查询结果中的所有值（通常没有实际意义）
! = ALL	或 < > ALL 不等于子查询结果中的任何一个值

注意:ALL 和 ANY 谓词和 IN 谓词有等价关系:< > ALL 等价于 NOT IN,= ANY 等价于 IN,但是 < > ANY 不等价于 NOT IN。

例 4.58　查询年龄比数学系最小的学生还小的学生学号和姓名。

SELECT Sno,Sname FROM Student

WHERE Sage < ALL

(SELECT Sage FROM Student

WHERE Sdept = 'MA');

上面的查询可以用含有聚集函数的嵌套查询来实现：

SELECT Sno,Sname FROM Student

WHERE Sage <

(SELECT MIN(Sage) FROM Student

WHERE Sdept = 'MA');

实现同一个查询可以有多种方法，当然，不同的方法其执行效率可能会有差别，甚至会差别很大。所以要根据所学的知识，确定用哪种方法更优。

（5）含有 EXISTS 的子查询。

使用 EXISTS 关键字引入一个子查询时，就相当于进行一次存在测试。外部查询的 WHERE 子句测试子查询返回的行是否存在。带有 EXISTS 谓词的子查询实际上不产生任何数据，它只返回逻辑真值"true"或逻辑假值"false"。

使用 EXISTS 引入的子查询有以下几方面特点：

（1）EXISTS 关键字前面没有列名、常量或其他表达式。

（2）EXISTS 引入的子查询的选择列表通常几乎都是由星号（ * ）组成。由于只是测试是否存在符合子查询中指定条件的行，所以不必列出列名。

（3）使用存在量词 EXISTS 后，若内层查询结果非空，则外层的 WHERE 子句返回真值，否则返回假值。

（6）所有使用 IN、ANY、ALL 修饰的比较运算符的查询都可以通过 EXISTS 表示。但是存在一些使用 EXISTS 表示的查询不能以任何其他方法表示。NOT EXISTS 的作用与 EX-ISTS 正相反。如果子查询没有返回行，则满足 NOT EXISTS 中的 WHERE 子句。

例 4.59　查询所有选修了 1 号课程的学生姓名。

查询所有选修了 1 号课程的学生姓名涉及 Student 关系和 SC 关系，可以在 Student 关系中依次取每个元组的 Sno 值，用此 Student. Sno 值去检查 SC 关系，若 SC 中存在这样的元组，使 SC. Sno 值等于用来检查的 Student. Sno 值，并且其 SC. Cno = 1，则取此 Student. Sname 送入结果关系。用含有 EXISTS 谓词写成的嵌套查询就是：

SELECT Sname

FROM Student

WHERE EXISTS

　　(SELECT *

　　FROM SC

　　WHERE Sno = Student. Sno AND Cno = 1);

这是一个含有 EXISTS 的相关子查询，它的处理过程是：首先取外层查询中 Student 表的第一个元组，根据它与内层查询相关的属性值（即 Sno 值）处理内层查询，若 WHERE 子句返回值为真（即内层查询结果非空），则取此元组放入结果表；然后再检查 Student 表的下一个元组；重复这一过程，直至 Student 表全部检查完毕为止。

本例中的查询也可以用含有 IN 或者 = ANY 的嵌套查询来实现：

SELECT Sname

FROM Student

```
WHERE Sno IN
    (SELECT Sno
    FROM SC
    WHERE Cno = 1);
```

或

```
SELECT Sname
FROM Student
WHERE Sno = ANY
    (SELECT Sno
    FROM SC
    WHERE Cno = 1);
```

以上语句的执行结果都是一样的,含有 EXISTS 的是一个相关子查询,其余两个是不相关子查询,由于带 EXISTS 量词的相关子查询只关心内层查询是否有返回值,并不需要查具体值,因此其效率并不一定低于不相关子查询,甚至有时是最高效的方法。

例 4.60 查询所有未选修 1 号课程的学生姓名。

```
SELECT Sname
FROM Student
WHERE NOT EXISTS
    (SELECT *
    FROM SC
    WHERE Sno = Student. Sno AND Cno = 1);
```

SQL 语言中没有全称量词 ∨(For all)。因此必须利用谓词演算将一个带有全称量词的谓词转换为等价的带有存在量词的谓词。

例 4.61 查询选修了全部课程的学生姓名。

由于没有全称量词,因此将题目的意思转换成等价的存在量词的形式:查询这样的学生姓名,没有一门课程是他不选的。该查询涉及三个关系,存放学生姓名的 Student 表,存放所有课程信息的 Course 表,存放学生选课信息的 SC 表。其 SQL 语句为:

```
SELECT Sname
FROM Student
WHERE NOT EXISTS
    (SELECT *
    FROM Course
    WHERE NOT EXISTS
        (SELECT *
        FROM SC
        WHERE Sno = Student Sno AND Cno = Course. Cno);
```

SQL 语言中没有蕴涵(Implication)逻辑运算,因此必须利用谓词演算将一个逻辑蕴涵的谓词转换为等价的带有存在量词的谓词。

例 4.62 查询至少选修了学生 20070002 选修的全部课程的学生号码。

本题的查询要求可以作如下解释:查询这样的学生,凡是 20070002 选修的课,他都选修了。换句话说,若有一个学号为 x 的学生,对所有的课程 y,只要学号为 20070002 的学生选修了课程 y,则 x 也选修了 y,那么就将他的学号选出来。它所表达的语义为:不存在这样的

课程 y,学生 20070002 选修了 y,而学生 x 没有选。用 SQL 语言可表示如下:

```
SELECT DISTINCT Sno
FROM SC SCX
WHERE NOT EXISTS
    (SELECT *
    FROM SC SCY
    WHERE SCY. Sno = 20070002 AND
        NOT EXISTS
            (SELECT *
            FROM SC SCZ
            WHERE SCZ. Sno = SCX. Sno AND SCZ. Cno = SCY. Cno) ;
```

4.4.4　集合查询

SQL 提供三种集合操作符,它们扩展了前面讨论的基本查询形式。既然查询的结果是多行的集合,那么考虑使用像并、交和差这样的操作符就很自然了。SQL 提供的这些集合操作包括并操作(UNION)、交操作(INTERSECT)和差操作(EXCEPT)。值得注意的是,尽管 SQL - 92 标准包括这些操作,但许多 DBMS 目前只支持 UNION。在 Oracle 中支持这三种操作,其中 EXCEPT 用 MINUS 关键字表示。

使用 UNION 将多个查询结果合并起来,形成一个完整的查询结果时,系统会自动去掉重复的元组。需要注意的是,参加 UNION 操作的各数据项数目必须相同,对应项的数据类型也必须相同。

例 4.63　查询选修 1 号课程或者选修 2 号课程的学生学号。

```
SELECT Sno
FROM SC
WHERE Cno = 1
UNION
SELECT Sno
FROM SC
WHERE Cno = 2
```

考虑下面的查询:

例 4.64　查询选修 1 号课程和 2 号课程的学生姓名。

```
SELECT Sname
FROM SC,Student
WHERE Cno = 1 AND Student. Sno = SC. Sno
INTERSECT
SELECT Sname
FROM SC,Student
WHERE Cno = 2 AND Student. Sno = SC. Sno
```

该查询实际上有一个小的缺陷,如果有两个学生同名(假设都叫张力),其中一个人选修了 1 号课程,另一个选修了 2 号课程,那么即使没有一个叫张力的学生两门课都选修,也会返回张力的名字。所以该查询实际上找出了满足如下条件的:"叫这个名字的某个学生选修 1 号课程,同时叫同一名字的学生(可能是另一个不同的学生)选修 2 号课程"的学生的姓名。出现这个问题的原因是使用 Sname 来标识学生,可是 Sname 字段不是 Student 的主码。如果前面的查询中选择的是学生的学号,那么就没有上面所说的缺陷了。

例 4.65　查询选修 1 号课程但是没有选修 2 号课程的学生学号。

```
SELECT Sno
FROM SC
WHERE Cno = 1
MINUS
SELECT Sno
FROM SC
WHERE Cno = 2
```

集合并、集合交和集合差操作,也可以用其他方法来实现。具体实现方法因查询不同而不同。例 4.63 也可以用如下 SQL 语句表达:

```
SELECT Sno
FROM SC
WHERE Cno = 1 or Cno = 2;
```

例 4.65 也可以用如下 SQL 语句表示:

```
SELECT Sno
FROM SC
WHERE Cno = 1 AND
    Sno NOT IN
      ( SELECT Sno
        FROM SC
        WHERE Cno = 2);
```

4.5　数据更新

SQL 中数据更新包括插入数据、修改数据和删除数据三种语句。

4.5.1　插入数据

(1)插入单个元组。

插入单个元组的 INSERT 语句的格式为:

```
INSERT
INTO  <表名> [ ( <属性列 1> [ , <属性列 2>…) ]
VALUES ( <常量 1> [ , <常量 2>]…)
```

如果某些属性列在 INTO 子句中没有出现,则新记录在这些列上将取空值。但必须注意的是,在表定义时说明了 NOT NULL 的属性列不能取空值,否则会出错。

如果 INTO 子句中没有指明任何列名,则新插入的记录必须在每个属性列上均有值。

例 4.66　将一个课程记录(课程号为 10;课程名为网络技术;先行课为 5;学分为 2)插入 Course 表中。

```
INSERT
INTO Course
VALUES (10, '网络技术', 5, 2);
```

例4.67　插入一条选课记录(1001,10)。

INSERT

INTO SC(Sno, Cno)

VALUES (1001, 10);

新插入的记录在 Grade 列上取空值。

(2)INSERT 与子查询相结合。

子查询不仅可以嵌套在 SELECT 语句中,也可以嵌套在 INSERT 语句中,把子查询的结果插入到指定的表中,这样的一条 INSERT 语句可以一次插入多条元组。

插入子查询结果的 INSERT 语句的格式为:

INSERT

INTO ＜表名＞ [(＜属性列 1 ＞ [, ＜属性列 2 ＞…)]

(子查询);

例4.68　对每门课程求学生的平均分数,并把结果存入数据库。

首先要在数据库中建立一个有两个属性列的新表,其中一列存课程号,另一列存放每门课程的平均分数。

CREATE TABLE AvgGrade

　　(Cno NUMBER(4);

　　AvgGrade NUMBER(3));

然后对数据库的 SC 表按 Cno 分组求平均分数,再把课程号和平均分数存入新表中。

INSERT

INTO AvgGrade(Cno, AvgGrade)

　　(SELECT Cno, AVG(Grade)

　　FROM SC GROUP BY Cno);

4.5.2　修改数据

修改操作又称为更新操作,其语句的一般格式为:

UPDATE　＜表名＞

SET　＜列名＞ = ＜表达式＞[, ＜列名＞ = ＜表达式＞]…

[WHERE　＜条件＞];

UPDATE 的功能是更新表中的数据。必须提供表名以及 SET 表达式,即用 ＜表达式＞的值取代相应的属性列值,在后面可以加 WHERE 以限制更新的记录范围。

(1)修改元组。

例4.69　将学号为 1001 的学生的年龄改为 20 岁。

UPDATE Student

SET Sage = 20

WHERE Sno = 1001;

同样,可以使用 UPDATE 更新多个字段的值。假设上面的查询改为将学号为 1001 的学生的年龄改为 20 岁,姓名改为 Mike。则 SQL 语句为:

UPDATE Student

SET Sage = 20, Sname = 'Mike'

WHERE Sno = 1001;

上面的 UPDATE 语句通过 WHERE 指定一个条件,否则,UPDATE 将更新表中的所有记录的值。

例 4.70 将所有学生的年龄增加 1 岁。

UPDATE Student

SET Sage = Sage + 1;

(2)UPDATE 与子查询的结合。

修改子查询结果的 UPDATE 语句的格式为:

UPDATE ＜表名＞

SET ＜列名＞ ＝ ＜表达式＞［,＜列名＞ ＝ ＜表达式＞］

［WHERE ＜带有子查询的条件表达式＞］

本语句执行时,将修改使＜带有子查询的条件表达式＞为真的所有元组。

例 4.71 将数学系有成绩学生的分数更新为原分数的 1.2 倍。

UPDATE SC

SET Grade ＝ Grade * 1.2

WHERE Sno IN

　　(SELECT Sno

　　FROM Student

　　WHERE Sdept ＝ ′MA′)

例 4.72 将数学系全体学生的成绩置零。

UPDATE SC

SET Grade = 0

WHERE ′MA′ = (SELECT Sdept

FROM Student

WHERE Student. Sno = SC. Sno);

上面的例子也可以用如下 SQL 语句表示:

UPDATE SC

SET Grade = 0

WHERE Sno IN

(SELECT Sno

FROM Student

WHERE Sdept = ′MA′);

4.5.3　删除数据

DELETE 语句的功能是从指定表中删除满足 WHERE 子句条件的所有元组。如果省略 WHERE 子句,则表示删除表中全部元组,但表的定义仍在数据字典中。DELETE 语句删除的是表中的数据,而不是关于表的定义。DELETE 语句的一般格式为:

DELETE

FROM ＜表名＞

［WHERE ＜条件＞］;

(1)删除元组的值。

例 4.73 删除性别是男的学生记录。

DELETE

FROM Student

WHERE Ssex = '男';

上面的 SQL 语句删除了 Student 表中的一些记录。

例 4.74　删除的学生选课记录。

DELETE

FROM SC;

这条 DELETE 语句将使 SC 成为空表,它删除了 SC 的所有元组。

(2)带子查询的删除语句。

子查询同样也可以嵌套在 DELETE 语句中,用以构造执行删除操作的条件,具体的格式为:

DELETE FROM ＜表名＞

［WHERE ＜带有子查询的条件表达式＞］

本语句将删除所有使＜带有子查询的条件表达式＞为真的所有元组。

例 4.75　删除数学系选课学生的选课记录。

DELETE Sc

WHERE Sno IN

　　(SELECT Sno

　　FROM Student

　　WHERE Sdept = 'MA');

或:

DELETE

FROM SC

WHERE 'MA' =

　　(SELETE Sdept

　　FROM Student

　　WHERE Student. Sno = SC. Sno);

4.6　视　　图

　　视图是基于一个表或多个表或视图的逻辑表,本身不包含数据,是一个虚表,在数据库中只存储视图的定义,而没有存储对应的数据,视图只在刚刚打开的一瞬间,通过定义从基表中搜集数据,并展现给用户。通过视图可以对表里面的数据进行查询和修改。视图基于的表称为基表。通过创建视图可以提取数据在逻辑上的集合或组合。

　　视图和查询都是用由 SQL 语句组成,这是它们相同之处,但是视图和查询有着本质上的区别:视图存储为数据库设计的一部分,而查询则不是;更新限制的要求不同,视图来自于表,所以通过视图可以间接地对表进行更新,但是有很多限制;通过 SQL 语句,可以对一个表进行排序,而视图则不行。

　　为什么有了表还要引入视图呢? 这是因为视图具有以下几个优点:

　　(1)能分割数据,简化观点。可以通过 SELECT 和 WHERE 来定义视图,从而可以分割数据基表中某些对于用户不关心的数据,使用户把注意力集中到所关心的数据列,进一步简化浏览数据工作。

（2）为数据提供一定的逻辑独立性。如果为某一个基表定义一个视图，即使以后基本表的内容发生了改变，也不会影响视图定义所得到的数据。

（3）提供自动的安全保护功能。视图能像基本表一样授予或撤销访问许可权。

（4）视图可以间接地对表进行更新，因此视图的更新就是表的更新。

4.6.1 创建视图

SQL 语言用 CREATE VIEW 命令建立视图，其一般格式为：

CREATE VIEW ＜视图名＞[（＜列名＞[，＜列名＞]…）]

AS ＜子查询＞

[WITH CHECK OPTION]；

其中，子查询可以是任意复杂的 SELECT 语句，但通常不允许含有 ORDER BY 子句和 DISTINCT 短语。

WITH CHECK OPTION 表示对视图进行 UPDATE、INSERT 和 DELETE 操作时，要保证更新、插入或删除的行满足视图定义中的谓词条件（即子查询中的条件表达式）。

如果 CREATE VIEW 语句仅指定了视图名，省略了组成视图的各个属性列名，则隐含该视图由子查询中 SELECT 子句目标列中的诸字段组成。但在下列三种情况下必须明确指定组成视图的所有列名：

（1）其中某个目标列不是单纯的属性名，而是集函数或列表达式。

（2）多表连接时选出了几个同名列作为视图的字段。

（3）需要在视图中为某个列启用新的更合适的名字。

需要说明的是，组成视图的属性列名必须依照上面的原则，或者全部省略或者全部指定，没有第三种选择。

例 4.76 建立数学系学生的视图。

CREATE VIEW MA_Student

AS

SELECT Sno，Sname，Sage

FROM Student

WHERE Sdept = 'MA'；

实际上，DBMS 执行 CREATE VIEW 语句的结果只是把对视图的定义存入数据字典，并不执行其中的 SELECT 语句。只是在对视图查询时，才按视图的定义从基本表中将数据查出。

例 4.77 建立数学系学生的视图，并要求进行修改和插入操作时仍需要保证该视图只有数学系的学生。

CREATE VIEW MA_Student

AS

SELECT Sno，Sname，Sage

FROM Student

WHERE Sdept = 'MA'

WITH CHECK OPTION；

由于在定义 MA_Student 视图时加上了 WITH CHECK OPTION 子句，以后对该视图进行插入、修改和删除操作时，DBMS 会自动加上 Sdept = 'MA' 的条件。

视图不仅可以建立在单个基本表上，也可以建立在多个基本表上，还可以建立在一个或多个已定义好的视图上，或同时建立在基本表与视图上。

例 4.78　建立数学系选修了 1 号课程的学生的视图。

CREATE VIEW MA_S1(Sno, Sname, Grade)

AS

SELECT Student. Sno, Sname, Grade

FROM Student, SC

WHERE Sdept = 'MA' AND

Student. Sno = SC. Sno AND　SC. Cno = 1;

例 4.79　建立数学系选修了 1 号课程且成绩在 90 分以上的学生的视图。

CREATE VIEW MA_S2

AS

SELECT Sno, Sname, Grade

FROM MA_S1

WHERE Grade > = 90;

这里的视图 MA_S2 就是建立在视图 MA_S1 之上的。

定义基本表时，为了减少数据库中的冗余数据，表中只存放基本数据，由基本数据经过各种计算派生出的数据一般是不存储的。但由于视图中的数据并不实际存储，所以定义视图时可以根据应用的需要，设置一些派生属性列。这些派生属性由于在基本表中并不实际存在，所以有时也称它们为虚拟列。带虚拟列的视图称为带表达式的视图。

例 4.80　定义一个反映学生出生年份的视图。

CREATE VIEW BT_S(Sno, Sname, Sbirth)

AS SELECT Sno, Sname, 2012 − Sage

FROM Student;

由于 BT_S 视图中的出生年份值是通过一个表达式计算得到的，不是单纯的属性名，所以定义视图时必须明确定义该视图的各个属性列名。BT_S 视图是一个带表达式的视图。

可以用带有集函数和 GROUP BY 子句的查询来定义视图。这种视图称为分组视图。

例 4.81　将学生的学号及他的平均成绩定义为一个视图。

假设 SC 表中"成绩"列 Grade 为数字型，否则无法求平均值。

CREAT VIEW S_G(Sno, Gavg)

AS SELECT Sno, AVG(Grade)

FROM SC

GROUP BY Sno;

例 4.82　将 Student 表中所有女生记录定义为一个视图。

CREATE VIEW F_Student(Sno, name, sex, age, dept)

AS SELECT ∗

FROM Student

WHERE Ssex = '女';

这里视图 F_Student 是由子查询"SELECT ∗"建立的。该视图一旦建立后，Student 表就构成了视图定义的一部分，如果以后修改了基本表 Student 的结构，则 Student 表与 F_Student 视图的映象关系受到破坏，因而该视图就不能正确工作。为了避免出现这类问题，可以采用下列两种方法：

（1）建立视图时明确指明属性列名，而不是简单地用 SELECT ＊。即：

CREATE VIEW F_Student（Sno，name，sex，age，dept）

AS SELECT Sno，Sname，Ssex，Sage，Sdept

FROM Student

WHERE Ssex ='女'；

这样，如果为 Student 表增加新列后，原视图仍能正常工作，只是新增的列不在视图中而已。

（2）在修改基本表之后删除原来的视图，然后重建视图。这是最保险的方法。

4.6.2 删除视图

语句的格式为：

DROP VIEW ＜视图名＞；

一个视图被删除后，由此视图导出的其他视图也将失效，用户应该使用 DROP VIEW 语句将它们一一删除。

例 4.83 删除视图 MA_S1。

DROP VIEW MA_S1；

执行此语句后，MA_S1 视图的定义将从数据字典中删除。由 MA_S1 视图导出的 MA_S2 视图的定义虽然仍在数据字典中，但该视图已无法使用，因此应该同时删除。

4.6.3 查询视图

视图定义后，用户就可以像对基本表进行查询一样对视图进行查询了。DBMS 执行对视图的查询时，首先进行有效性检查，检查查询涉及的表、视图等是否在数据库中存在，如果存在，则从数据字典中取出查询涉及的视图的定义，把定义中的子查询和用户对视图的查询结合起来，转换成对基本表的查询，然后再执行这个经过修正的查询。将对视图的查询转换为对基本表的查询的过程称为视图的消解（View Resolution）。

例 4.84 在数学系学生的视图中找出年龄小于 20 岁的学生。

SELECT Sno，Sage

FROM MA_Student

WHERE Sage ＜20；

DBMS 执行此查询时，将其与 MA_Student 视图定义中的子查询结合起来，转换成对基本表 Student 的查询，修正后的查询语句为：

SELECT Sno，Sage

FROM Student

WHERE Sdept ='MA' AND Sage ＜20；

视图是定义在基本上的虚表，它可以和其他基本表一起使用，实现连接查询或嵌套查询。也就是说，在关系数据库的三级模式结构中，外模式不仅包括视图，而且还可以包括一些基本表。

例 4.85 查询数学系选修了 1 号课程的学生。

SELECT Sno，Sname

FROM MA_Student，SC

WHERE MA_Student. Sno = SC. Sno AND SC. Cno = 1；

本查询涉及虚表 MA_Student 和基本表 SC,通过这两个表的连接来完成用户请求。

4.6.4　更新视图

更新视图包括插入(INSERT)、删除(DELETE)和修改(UPDATE)三类操作。由于视图是不实际存储数据的虚表,因此对视图的更新最终要转换为对基本表的更新。

为防止用户通过视图对数据进行增、删、改时,无意或故意操作不属于视图范围内的基本表数据,可在定义视图时加上 WITH CHECK OPTION 子句,这样在视图上增、删、改数据时,DBMS 会进一步检查视图定义中的条件,若不满足条件,则拒绝执行该操作。

例 4.86　将数学系学生视图 MA_Student 中学号为 20070001 的学生姓名改为刘玲。

```
UPDATE MA_Student
SET Sname = '刘玲'
WHERE Sno = 20070001;
```

与查询视图类似,DBMS 执行此语句时,首先进行有效性检查,检查所涉及的表、视图等是否在数据库中存在,如果存在,则从数据字典中取出该语句涉及的视图的定义,把定义中的子查询和用户对视图的更新操作结合起来,转换成对基本表的更新,然后再执行这个经过修正的更新操作。转换后的更新语句为:

```
UPDATE Student
SET Sname = '刘玲'
WHERE Sno = 1001 AND Sdept = 'MA';
```

例 4.87　向数学系学生视图 MA_Student 中插入一个新的学生记录,其中学号为 20070007,姓名为赵新,年龄为 20 岁。

```
INSERT
INTO MA_Student
VALUES(2007007, '赵新', 20);
```

DBMS 将其转换为对基本表的更新:

```
INSERT
INTO Student(Sno,Sname,Sage,Sdept)
VALUES(20070007, '赵新', 20, 'MA');
```

这里系统自动将系名"MA"放入在 VALUES 子句中。

例 4.88　删除数学系学生视图 MA_Student 中学号为 20070001。

```
DELETE
FROM MA_Student
WHERE Sno = 20070001
```

DBMS 将其转换为对基本表的更新:

```
DELETE
FROM Student
WHERE Sno = 20070001 AND Sdept = 'MA';
```

若一个视图是从单个的基表导出的,并且只是去掉了基表的某些行和列,且保留了基表的主码,这样的视图被称为行列子集视图。SQL-92 中对可更新视图的支持非常有限,主要就是上述的行列子集视图。SQL-92 中对可更新视图的要求如下:

(1)视图定义必须是一个简单的 SELECT 语句,不能带连接、集合操作。即 SELECT 语句的 FROM 子句中不能出现多个表,也不能有 JOIN、EXCEPT、UNION、INTERSECT。

（2）视图定义的 SELECT 子句中不能有 DISTINCT。

（3）SELECT 子句中的各列必须来自于基表（视图）的列，不能是表达式。

（4）视图所基于的基表（或视图）必须是可更新的。

（5）视图定义的 SELECT 子句的子查询的 FROM 子句不能有视图所基于的基表（或视图）。

（6）视图定义的 SELECT 语句中不能含有 GROUP BY 子句。

（7）视图定义的 SELECT 语句中不能含有 HAVING 子句。

根据 SQL – 92 的定义，一个视图要么是可更新的，要么是不可更新的，二者必居其一。SQL – 92 也不允许视图中某些列可以更新，某些列不可以更新。

Oracle 允许用"WITH READ ONLY"子句显式地指定视图是只读的。若视图不带上述子句，则 Oracle 遵照 SQL 标准提出了以下限制：

（1）不能有集合操作（UNION、UNION ALL、INTERSECT、MINUS）。

（2）不能有 DISTINCT。

（3）不能有聚集函数（如 AVG、COUNT、MAX、MIN 等）和分析函数。

（4）不能有 GROUP BY、ORDER BY、CONNECT BY、START WITH。

（5）SELECT 列表中不能出现 collection expression。

（6）SELECT 列表中不能有子查询。

（7）一般不能是 JOIN 查询。

（8）SELECT 列表中若出现系统的伪列或表达式，则更新语句不能修改这些列。

（9）可更新的连接视图要满足一些额外的条件。

4.6.5 视图的特点

（1）视图的简单性。

简单性是指看到的就是需要的。视图不仅可以简化用户对数据的理解，也可以简化它们的操作。那些被经常使用的查询可以被定义为视图，从而使得用户不必为以后的操作每次指定全部的条件。

（2）视图的安全性。

有了视图机制，就可以在设计数据库应用系统时对不同的用户定义不同的视图，使机密数据不出现在不应看到这些数据的用户视图上，这样就由视图的机制自动提供了对机密数据的安全保护功能。视图的安全性可以防止未授权用户查看特定的行或列，使用户只能看到表中特定行的方法如下：

①在表中增加一个标志用户名的列。

②建立视图，是用户只能看到标有自己用户名的行。

③把视图授权给其他用户。

（3）数据逻辑的独立性。

视图可以使应用程序和数据库表在一定程度上独立。如果没有视图，应用一定是建立在表上的。有了视图之后，程序可以建立在视图之上，从而程序与数据库表被视图分割开来。视图可以在以下几个方面使程序与数据独立：前面已经介绍过数据的物理独立性与逻辑独立性的概念。数据的物理独立性是指用户和用户程序不依赖于数据库的物理结构。数据的逻辑独立性是指当数据库重构造时，如增加新的关系或对原有关系增加新的字段等，用户和用户程序不会受影响。在关系数据库中,数据库的重构造往往是不可避免的。重构数据库最常见的是将一个表"垂直"地分成多个表。

例如:将学生关系 Student(Sno,Sname,Ssex,Sage,Sdept)分为 SX(Sno,Sname,Sage)和 SY(Sno,Ssex,Sdept)两个关系。这时原表 Student 为 SX 表和 SY 表自然连接的结果。

如建立一个视图 Student:

CREATE VIEW Student(Sno,Sname,Ssex,Sage,Sdept)

AS

SELECT SX.Sno,SX.Sname,SY.Ssex,SX.Sage,SY.Sdept

FROM SX,SY

WHERE SX.Sno = SY.Sno;

这样尽管数据库的逻辑结构改变了,但应用程序不必修改,因为新建立的视图定义了用户原来的关系,使用户的外模式保持不变,用户的应用程序通过视图仍然能够查找数据。当然,视图只能在一定程度上提供数据的逻辑独立性,比如由于对视图的更新是有条件的,因此应用程序中修改数据的语句可能仍会因基本表结构的改变而改变。

本章小结

SQL 是关系数据库的标准语言,具有数据定义、数据查询、数据更新、数据控制四大功能。数据库的管理与各类数据库应用系统的开发通过 SQL 语言来实现。SQL 语言的数据查询功能是丰富而复杂的。这些技术是程序员编程的有力工具,读者需要通过大量练习才能真正牢固地掌握它,面对各种数据操作,都能立即正确写出相应的代码。

习　　题

一、选择题

1. SQl 语言是_____的语言,易学习。

　　A. 过程化　　　　　　　　　　　　B. 非过程化

　　C. 格式化　　　　　　　　　　　　D. 导航化

2. SQL 语言是_____。

　　A. 层次数据库语言　　　　　　　　B. 网络数据库语言

　　C. 关系数据库语言　　　　　　　　D. 非数据库语言

3. SQL 语言具有的功能是_____。

　　A. 关系规范化　　　　　　　　　　B. 数据定义、数据操作、数据控制和数据查询

　　C. 数据库系统设计　　　　　　　　D. 能绘制 E – R 图

4. SQL 语言具有两种使用方式,分别称为交互式 SQL 和_____。

　　A. 提示式 SQL　　　　　　　　　　B. 多用户 SQL

　　C. 嵌入式 SQL　　　　　　　　　　D. 解释式 SQL

5. 下面列出的关于视图的条目中,不正确的是_____。

　　A. 视图是外模式　　　　　　　　　B. 使用视图可以加快查询语句的执行速度

　　C. 视图是虚表　　　　　　　　　　D. 使用视图可以简化查询语句的编写

6. SQL 语言中实现数据库检索的语句是_____。

    A. SELECT   B. INSERT

    C. UPDATE   D. DELETE

7. 在 SQL 语言查询语句中,SELECT 子句实现关系代数的_____。

    A. 投影运算   B. 选择运算

    C. 连接运算   D. 交运算

8. 在 SQL 语言查询语句中,WHERE 子句实现关系代数的_____。

    A. 投影运算   B. 选择运算

    C. 连接运算   D. 交运算

9. 为在查询结果中去掉重复元组,要使用保留字_____。

    A. UNIQUE   B. COUNT

    C. DISTINCT   D. UNION

10. 假设学生关系 S(S#,SNAME,SEX),课程关系 C(C#,CNAME),学生选课关系 SC(S#,C#,GRADE)。要查询选修"Computer"课的男生姓名,将涉及关系_____。

    A. S   B. S、SC

    C. C、SC   D. S、C、SC

11. 有关系 S(S#,SNAME,SEX)、C(C#,CNAME)、SC(S#,C#,GRADE)。其中 S#是学生号,SNAME 是学生姓名,SEX 是性别,C#是课程号,CNAME 是课程名称。要查询选修"数据库"课的全体男生姓名的 SQL 语句是 SELECT SNAME FROM S,C,SC WHERE 子句。这里的 WHERE 子句的内容是_____。

    A. S. S# = SC. S# AND C. C# = SC. C# AND SEX =′男′ AND CNAME =′数据库′

    B. S. S# = SC. S# AND C. C# = SC. C# AND SEX IN′男′AND CNAME IN′数据库′

    C. SEX ′男′ AND CNAME ′ 数据库′

    D. S. SEX =′男′ AND CNAME =′ 数据库′

12. 有关系 S(S#,SNAME,SAGE)、C(C#,CNAME)、SC(S#,C#,GRADE)。其中 S#是学生号,SNAME 是学生姓名,SAGE 是学生年龄,C#是课程号,CNAME 是课程名称。要查询选修"ACCESS"课的年龄不小于 20 的全体学生姓名的 SQL 语句是 SELECT SNAME FROM S,C,SC WHERE 子句。这里的 WHERE 子句的内容是_____。

    A. S. S# = SC. S# AND C. C# = SC. C# AND SAGE > =20 AND CNAME =′ACCESS′

    B. S. S# = SC. S# AND C. C# = SC. C# AND SAGE IN > =20 AND CNAME IN ′ACCESS′

    C. SAGE IN > =20 AND CNAME IN ′ACCESS′

    D. SAGE > =20 AND CNAME =′ ACCESS′

13. 在 SQL 语言中,子查询是_____。

    A. 返回单表中数据子集的查询语言   B. 选取多表中字段子集的查询语句

    C. 选取单表中字段子集的查询语句   D. 嵌入到另一个查询语句之中的查询语句

14. 下列聚合函数中不忽略空值(NULL)的是_____。

    A. SUN(列名)   B. MAX(列名)

    C. AVG(列名)   D. COUNT(*)

15. 设有一个关系:DEPT(DNO,DNAME),如果要找出倒数第三个字母为 W,并且至少包含四个字母的 DNAME,则查询条件子句应写成 WHERE DNAME LIKE _____。

A.'_ _W _%'
B.'_ W _ %'
C.'_ W _ _'
D.' _ %W _ _'

16. SQL 语言集数据查询、数据操作、数据定义和数据控制功能于一体,其中,CREATE、DROP、ALTER 语句实现的是_____。

A. 数据查询
B. 数据操作
C. 数据定义
D. 数据控制

17. 若用如下的 SQL 语句创建一个 student 表,则可插入至表中的是_____。

CREATE TABLE student (NO CHAR(4) NOT NULL,

NAME CHAR(8) NOT NULL,

SEX CHAR(2),

AGE NUMBER(2));

A. ('1031','曾华',男,23)

B. ('1031','曾华',NULL,NULL)

C. (NULL,'曾华','男','23')

D. ('1031',NULL,'男',23)

18. 下列语句中修改表结构的是_____。

A. ALTER
B. CREATE
C. UPDATE
D. INSERT

19. SQL 语言中,删除一个表的命令是_____。

A. CLEAR TABLE
B. DROP TABLE
C. DELETE TABLE
D. REMOVE TABLE

20. 若要在基本表 S 中增加一列 CN(课程名),可用_____。

A. ADD TABLE S(CN CHAR(8))

B. ADD TABLE S ALTER(CN CHAR(8))

C. ALTER TABLE S ADD(CN CHAR(8))

D. ALTER TABLE S (ADD CN CHAR(8))

21. 设关系数据库中一个表 S 的结构为 S(SN,CN,grade),其中 SN 为学生名,CN 为课程名,二者均为字符型;grade 为成绩,数值型,取值范围 0~100。若要把"张二的化学成绩 80分"插入 S 中,则可用_____。

A. ADD INTO S VALUES('张二','化学','80')

B. INSERT INTO S VALUES('张二','化学','80')

C. ADD INTO S VALUES('张二','化学',80)

D. INSERT INTO S VALUES('张二','化学',80)

22. 设关系数据库中一个表 S 的结构为:S(SN,CN,grade),其中 SN 为学生名,CN 为课程名,二者均为字符型;grade 为成绩,数值型,取值范围 0~100。若要更正王二的化学成绩为85 分,则可用_____。

A. UPDATE S SET grade = 85 WHERE SN = '王二' AND CN = '化学'

B. UPDATE S SET grade = '85' WHERE SN = '王二' AND CN = '化学'

    C. UPDATE grade = 85 WHERE SN = ′王二′ AND CN = ′化学′

    D. UPDATE grade = ′85′ WHERE SN = ′王二′ AND CN = ′化学′

23. 在视图上不能完成的操作是_____。

    A. 更新视图   B. 查询

    C. 在视图上定义新的表   D. 在视图上定义新的视图

24. 在 SQL 语言中视图 VIEW 是数据库的_____。

    A. 外模式   B. 模式

    C. 内模式   D. 存储模式

25. SQL 语言集数据查询、数据操作、数据定义和数据控制功能于一体,语句 INSERT、DE-LETE、UPDATE 实现的是_____。

    A. 数据查询   B. 数据操作

    C. 数据定义   D. 数据控制

二、填空题

1. SQL 的中文全称是_____。

2. SQL 语言除了具有数据查询和数据操作功能之外,还具有_____和_____的功能,它是一个综合性的功能强大的语言。

3. 在关系数据库标准语言 SQL 中,实现数据检索的语句命令是_____。

4. 在 SQL 语言的结构中,_____有对应的物理存储,而_____没有对应的物理存储。

5. 视图是从_____中导出的表,数据库中实际存放的是视图的_____。

三、简答题

1. 试述 SQL 语言的特点。

2. 什么是基本表? 什么是视图? 两者的区别和联系是什么?

3. 试述视图的优点。

4. 设有以下三种关系,

    A(A# ANAME WQTY CITY),

    B(B# BNAME PRICE),AB(A# B# QTY)

    其中各属性含义如下:A#(商店代号)、ANAME(商店名)、WQTY(店员人数)、CITY(所在城市)、B#(商品号)、BNAME(商品名称)、PRICE(价格)、QTY(商品数量)。试用 SQL 语言写出下列查询。

    (1)找出店员为人数不超过 100 人或者在长沙市的所有商店的代号和商店名。

    (2)找出供应书包的商店名 。

5. 有三个表即学生表 S、课程表 C 和学生选课表 SC,它们结构如下:

    S(S#,SN,SEX,AGE,DEPT)

    C(C#,CN)

    SC(S#,C#,GRADE)

    其中:S#为学号;SN 为姓名;SEX 为姓名;AGE 为年龄;DEPT 为系别;C#为课程号;CN 为课程名;GRADE 为成绩。

    (1)检索所有比"王华"年龄大的学生姓名、年龄和性别。

    (2)检索选修课程"C2"的学生中成绩最高的学生的学号。

（3）检索学生姓名及其所选修课程的课程号和成绩。

（4）检索选修四门以上课程的学生总成绩（不统计不及格的课程），并要求按总成绩的降序排列出来。

6. 设有关系模式：

SB（SN，SNAME，CITY），SB 表示供应商，SN 为供应商代号，SNAME 为供应商名字，CITY 为供应商所在城市，主关键字为 SN。

PB（PN，PNAME，COLOR，WEIGHT），PB 表示零件，PN 为零件代号，PNAME 为零件名字，COLOR 为零件颜色，WEIGHT 为零件质量，主关键字为 PN。

JB（JN，JNAME，CITY），JB 表示工程，JN 为工程编号，JNAME 为工程名字，CITY 为工程所在城市，主关键字为 JN。

SPJB（SN，PN，JN，QTY），SPJB 表示供应关系，QTY 表示提供的零件数量。

（1）查询所有工程的全部细节。

（2）查询所在城市为上海的所有工程的全部细节。

（3）查询重量最小的零件代号。

（4）查询为工程 J1 提供零件的供应商代号。

（5）查询为工种 J1 提供零件 P1 的供应商代号。

（6）查询由供应商 S1 提供零件的工程名称。

（7）查询供应商 S1 提供的零件的颜色。

（8）查询为工程 J1 和 J2 提供零件的供应商代号。

（9）查询为工程 J1 提供红色零件的供应商代号。

（10）取为所在城市为上海的工程提供零件的供应商代号。

（11）查询为所在城市为上海或北京的工程提供红色零件的供应商代号。

（12）查询供应商与工程所在城市相同的供应商提供的零件代号。

（13）查询上海的供应商提供给上海的任一工程的零件的代号。

（14）查询至少由一个和工程不在同一城市的供应商提供零件的工程代号。

（15）查询上海供应商不提供任何零件的工程的代号。

（16）查询这样一些供应商代号，它们能够提供至少一种由红零件的供应商提供的零件

（17）查询由供应商 S1 提供零件的工程的代号。

（18）查询所有这样的一些 < CITY，CITY > 二元组，使得第 1 个城市的供应商为第 2 个城市的工程提供零件。

（19）查询所有这样的三元组 < CITY，PN，CITY >，使得第 1 个城市的供应商为第 2 个城市的工程提供指定的零件。

（20）重复 19 题，但不检索两个 CITY 值相同的三元组。

7. 有两个数据库文件"客户"和"订单"如下：

客户（客户号，公司名，城市，地址，电话）

订单（订单号，客户号，订货日期，预付订金，运输方式，发货日期）

现用 SQL 语句进行以下查询：

（1）查询在上海所有客户的公司名、地址和电话。

（2）查询订单中每笔订货的公司名、订货日期、预付的订金和发货日期。

（3）查询预付金降序排列输出每笔订单的订单号、客户名和预付的订金。

（4）列出预付金最多订单号、该笔订货的公司名和预付的金额。

（5）列出所有预付定金的总金额。

（6）从订单表中分组列出订货的公司名及该公司所订货物的有关信息。

8. 设有如下关系表 R：R(NO,NAME,SEX,AGE,CLASS)写出实现下列功能的 SQL 语句。

　（1）插入一个记录(25,'李明',21,'95031')。

　（2）插入 95031 班学号为 30、姓名为"郑和"的学生记录。

　（3）将学号为 10 的学生姓名改为"王华"。

　（4）将所有"95101"班号改为"95091"。

　（5）删除学号为 20 的学生记录。

　（6）删除姓"王"的学生记录。

9. 已知三个关系 R、S 和 T,R(A,B,C)、S(A、D、E)、T(D,F)。试用 SQL 语句实现如下操作：

　（1）将 R、S 和 T 三个关系按关联属性建立一个视图 RST。

　（2）对视图 RST 按属性 A 分组后,求属性 C 和 E 的平均值。

10. 设职工 – 社团数据库有三个基本表：

　职工(职工号,姓名,年龄,性别)；

　社会团体(编号,名称,负责人,活动地点)；

　参加(职工号,编号,参加日期)。

　其中：

　①职工表的主关键字为职工号。

　②社会团体表的主关键字为编号;外关键字为负责人,被参照表为职工表,对应属性为职工号。

　③参加表的职工号和编号为主关键字;职工号为外关键字,其被参照表为职工表,对应属性为职工号;编号为外关键字,其被参照表为社会团体表,对应属性为编号。试用 SQL 语句表达下列操作：

　（1）定义职工表、社会团体表和参加表,并说明其主关键字和参照关系。

　（2）建立下列两个视图。

　社团负责人(编号,名称,负责人职工号,负责人姓名,负责人性别)。

　参加人员情况(职工号,姓名,社团编号,社团名称,参加日期)。

　（3）查找参加唱歌队或篮球队的职工号和姓名。

　（4）查找没有参加任何团体的职工情况。

　（5）查找参加了全部社会团体的职工情况。

　（6）查找参加了职工号为"1001"的职工所参加的全部社会团体的职工号。

　（7）求每个社会团体的参加人数。

　（8）求参加人数最多的社会团体的名称和参加人数。

　（9）求参加人数超过 100 人的社会团体的名称和负责人。

第 5 章

数据库安全与保护

本章知识要点

本章介绍了数据库安全性控制的一般方法;数据库完整性约束条件和完整性控制方法;数据库并发控制和数据库恢复技术。本章重点为数据库安全性的存取控制、事务的概念和并发控制各种协议、恢复的实现技术和恢复策略。

5.1 数据库的安全性

随着计算机技术的飞速发展,数据库的应用十分广泛,深入到各个领域,但随之而来产生了数据的安全问题,包括各种应用系统的数据库中大量数据的安全问题、敏感数据的防窃取和防篡改问题等,越来越引起人们的高度重视。数据库系统作为信息的聚集体,是计算机信息系统的核心部件,其安全性至关重要,关系到企业兴衰、国家安危。

数据库的安全性是确定数据库系统的性能指标之一。

5.1.1 数据库系统的安全概述

数据库系统的安全除依赖自身内部的安全机制外,还与外部网络环境、应用环境、从业人员素质等因素息息相关,因此,从广义上讲,数据库系统的安全框架可以划分为三个层次:网络系统层次、宿主操作系统层次和数据库管理系统层次。这三个层次构筑成数据库系统的安全体系,与数据安全的关系是逐步紧密的,防范的重要性也逐层加强,从外到内、由表及里保证数据的安全。

1. 网络系统层次

从广义上讲,数据库的安全首先依赖于网络系统。随着 Internet 的发展普及,越来越多的公司将其核心业务向互联网转移,各种基于网络的数据库应用系统如雨后春笋般涌现出来,面向网络用户提供各种信息服务。网络系统是数据库应用的外部环境和基础,数据库系统要发挥其强大作用离不开网络系统的支持,数据库系统的用户(如异地用户、分布式用户)也要通过网络才能访问数据库的数据。网络系统的安全是数据库安全的第一道屏障,外部入侵首先就是从入侵网络系统开始的。

从技术角度讲,网络系统层次的安全防范技术有很多种,大致可以分为防火墙、入侵检测、协作式入侵检测技术等。

2. 宿主操作系统层次

操作系统是大型数据库系统的运行平台,为数据库系统提供一定程度的安全保护。目前操作系统平台大多数集中在 Windows NT 和 Unix。主要安全技术有操作系统安全策略、安全管理策略、数据安全等方面。

操作系统安全策略用于配置本地计算机的安全设置,包括密码策略、账户锁定策略、审核策略、IP安全策略、用户权利指派、加密数据的恢复代理以及其他安全选项。具体可以体现在用户账户、口令、访问权限、审计等方面。其中用户账户是用户访问系统的"身份证",只有合法用户才有账户。用户的口令为用户访问系统提供身份验证,访问权限规定了用户的权限。审计用来对用户的行为进行跟踪和记录,便于系统管理员分析系统的访问情况以及事后的追查使用。

安全管理策略是指网络管理员对系统实施安全管理所采取的方法及策略。针对不同的操作系统、网络环境需要采取的安全管理策略一般也不尽相同,其核心是保证服务器的安全和分配好各类用户的权限。

3. 数据库管理系统层次

数据库系统的安全性在很大程度上依赖于数据库管理系统。如果数据库管理系统安全机制非常强大,则数据库系统的安全性能就较好。目前市场上流行的是关系式数据库管理系统,某些产品安全性功能很弱,这就导致数据库系统的安全性存在一定的威胁。

综上所述,计算机系统安全性指为计算机系统建立和采取的各种安全保护措施,以保护计算机系统中的硬件、软件及数据,防止其因偶然或恶意的原因使系统遭到破坏,数据遭到更改或泄露等。

在一般计算机系统中,安全措施是一级一级层层设置的,有如图5.1所示的模型。在该安全模型中,系统首先根据输入的用户标识进行用户身份鉴定,准许合法用户进入计算机系统。对于已进入系统的用户DBMS还要进行存取控制,只允许用户执行合法操作。操作系统也提供一层安全保护措施。最后,数据还可以以密码形式存储到数据库中。

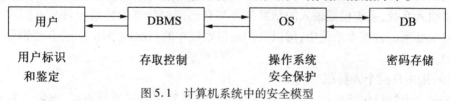

图 5.1 计算机系统中的安全模型

5.1.2 数据库的安全性控制

在数据库系统的应用过程中,可能存在着一些非法使用数据库的情况,如用户编写一段合法的程序绕过DBMS及其授权机制,通过操作系统直接存取、修改或备份数据库中的数据;或者直接编写应用程序执行非授权操作;或者通过多次合法查询数据库从中推导出一些保密数据。

例如,某数据库应用系统禁止用户查询单个人的工资,但允许查任意一组人的平均工资。用户甲想了解张三的工资,于是他先查询包括张三在内的一组人的平均工资,然后查用自己替换张三后这组人的平均工资,从而推导出张三的工资。

数据库的安全性措施可以解决上述问题。数据库的安全性是指保护数据库以防止不合法的使用所造成的数据泄露、更改或破坏。系统安全保护措施是否有效是数据库系统的主要性能指标之一。

数据库系统的安全措施是建立在计算机系统基础之上的,通常有五个方面:用户标识和鉴别;存取控制;定义视图;审计;数据加密。

5.1.3　用户标识和鉴别

用户标识和鉴别(Identification & Authentication)规定只有在 DBMS 成功注册了的人员才是该数据库的用户,才能访问数据库。注册时,每个用户都有一个与其他用户不同的用户标识符。任何数据库用户要访问数据库时,都须声明自己的用户标识符。系统首先要检查有无该用户标识符的用户存在。若不存在,自然就拒绝该用户进入系统;即使存在,系统还要进一步核实该声明者是否确实是具有此用户标识符的用户。只有通过核实的人才能进入系统。这个核实工作就称为用户鉴别。鉴别的方法多种多样,一般有:

(1)口令(Password)。

口令是最广泛使用的用户鉴别方法。所谓口令就是注册时 DBMS 给予每个用户的一个字符串。系统在内部存储一个用户标识符和口令的对应表,用户必须记住自己的口令。只有当用户标识符和口令符合对应关系时,系统才确认此用户,才允许该用户真正进入系统。

用户必须保管好自己的口令,不能遗忘、泄露给他人。系统也必须保管好用户标识符和口令的对应表,不允许除 DBA 以外的任何人访问此表(有高级安全要求的系统,甚至 DBA 都不能访问此表)。口令不能是一个别人能容易猜出的特殊字符串。用户在终端输入口令时,口令不能在终端显示,并且应允许用户输错若干次。为了安全,隔一段时间后,用户还必须更换自己的口令。采用上述方法,一个口令多次使用后,比较容易被人窃取,因此可以采取较复杂的方法。

例如,用户和系统共同确定一个计算过程(每个用户不必相同),鉴别时,系统向用户提供一个随机数,用户根据确定的计算过程对此随机数(和口令的规定组合)进行计算,并把计算结果输入系统,系统根据输入的结果是否与自己同时计算的结果相符来鉴别用户。在有更高安全要求的数据库系统中,可以采用通信系统中的三次握手体系、公开密钥等方法来鉴别用户。

(2)利用用户的个人特征。

用户的个人特征包括指纹、签名、声波纹等。这些鉴别方法效果不错,但需要特殊的鉴别装置。

(3)磁卡。

磁卡是使用较广的鉴别手段。磁卡上记录有某用户的用户标识符。使用时,用户需显示自己的磁卡,输入设置自动读入该用户的用户标识符,然后请求用户输入口令,从而鉴别用户。如果采用智能磁卡,还可把约定的复杂计算过程存放在磁卡上,结合口令和系统提供的随机数自动计算结果并把结果输入到系统中,安全性更高。

5.1.4　存取控制

存取控制是指对于通过用户标识和鉴别获得上机权的用户,还要根据预先定义好的用户权限进行存取控制,保证用户只能存取自己有权存取的数据。存取控制,控制的是操作权力(创建、撤销、查询、增加、删除、修改的权力),因此,存取控制主要包括定义存取权限和检查存取权限两部分内容。

(1)定义存取权限。

在数据库系统中,为了保证用户只能访问自己有权存取的数据,必须预先对每个用户定义存取权限。所谓用户权限是指不同的用户对于不同的数据对象允许执行的操作权限,它由数据对象和操作类型两部分组成。

（2）检查存取权限。

对于通过鉴定获得上机权的用户（即合法用户），系统根据自己存取权限定义对自己各种操作请求进行控制，确保自己只执行合法操作。

定义存取权限和检查存取权限机制一起组成了数据库的安全子系统。

数据库管理系统中常用存取控制方法有两种，即自主存取控制（Discretionary Access Control，DAC）和强制存取控制（Mandatory Access Control，MAC）。

自主存取控制的特点为：

（1）同一用户对于不同的数据对象有不同的存取权限；

（2）不同的用户对同一对象也有不同的权限；

（3）用户还可将其拥有的存取权限转授给其他用户。

强制存取控制的特点为：

（1）每一个数据对象即客体被标以一定的密级；

（2）每一个用户即主体也被授予某一个级别的许可证；

（3）对于任意一个对象，只有具有合法许可证的用户才可以存取。

1. 自主存取控制

自主存取控制通过 SQL 的 GRANT 语句和 REVOKE 语句实现的。其中 GRANT 命令用于定义用户存取权限，规定用户可以在哪些数据库对象上进行哪些类型的操作；REVOKE 用于将已经授予用户的权限收回。

存取权限由两部分组成：数据对象和操作类型。数据对象主要有数据库、基本表、属性列和视图，不同的数据对象所授予不同的操作类型。

对数据库可以授予用户建立基本表的权限。该权限最初是属于 DBA。得到此授权的普通用户有权建立基本表。

对基本表可以授予用户六种权限：查询（SELECT）、插入（INSERT）、修改（UPDATE）、删除（DELETE）、更新表（ALTER）和创建建索引（INDEX）。若一次把这六种权限同时授出，只需用 ALL PRIVILEGES 即可。建立某基本表的用户（称为该表的属主：OWNER），当然拥有对该表进行一切操作的权限。

对属性列和视图可以授予用户四种权限：查询（SELECT）、插入（INSERT）、修改（UP-DATE）及删除（DELETE），也可以是这四种权限的总和（ALL PRIVILEGES，PRIVILEGES 在 Oracle 中可以省略）。

不同操作对象允许执行的操作权限见表 5.1。

表 5.1　不同操作对象允许执行的操作权限

类　　型	对象类型	操作权限
数据库	DATABASE	CREATE TABLE
基本表	TABLE	SELECT、INSERT、UPDATE、DELETE ALTER、INDEX、ALL PRIVILEGES
视图	TABLE	SELECT、INSERT、UPDATE、DELETE、ALL PRIVILEGES
属性	TABLE	SELECT、INSERT、UPDATE、DELETE、ALL PRIVILEGES

接受权限的可以是一个用户,也可以是多个用户。如果授予全体用户,则可用 PUBLIC 代表所有用户。

在数据库系统中预先定义着不同类型的用户,按其访问权力可分为三类:一般数据库用户、具有创建表权力的用户和具有 DBA 特权的用户。

(1)一般数据库用户是具有 CONNECT 特权的用户,该类用户可以进入数据库系统,但只能根据授权才能查询或更新数据库中的部分数据,也可以创建视图或定义数据别名。

(2)具有创建表权力的用户是具有 RESOURCE 特权的用户。该类用户除具有一般数据库用户所具有的权力外,还有以下特权:

①可以在此数据库内创建表、索引和聚簇。

②可以授予其他数据库用户对其所创建的表的各种访问权,还可收回授出的访问权。

③有权跟踪审计(Audit)自己所创建的数据对象。

(3)具有 DBA 特权的用户是可支配这个数据库的所有资源的用户。DBA 除拥有 RESOURCE 所拥有的权力外,还有以下特权:

①可访问数据库中任何数据。

②为数据库用户注册以及撤销注册的权力。

③授予及收回数据库用户对数据库的访问权。

④有权控制这个数据库的跟踪审查。

不同类型的用户权限与可执行的操作对照表见表 5.2。

表 5.2　不同类型的用户权限与可执行的操作对照表

拥有的特权	可否执行的操作			
	CREATE USER	CREATE SCHEMA	CREATE TABLE	登录数据库,执行数据查询和操纵
DBA	可以	可以	可以	可以
RESOURCE	不可以	不可以	可以	可以
CONNECT	不可以	不可以	不可以	可以,但必须拥有相应权限

2. 注册用户

在系统初始化结束后,DBA 应立即利用口令进入系统。然后 DBA 为用户进行注册。只有在数据库系统中注册的用户,才是此数据库系统的合法用户。在 SQL 语言中,DBA 可用 GRANT 命令为用户注册,命令格式:

GRANT ＜特权类型＞ TO ＜用户标识符＞[IDENTIFIED BY ＜口令＞]

其中＜特权类型＞有三种:CONNECT、RESOURCE 和 DBA。

对于新用户,则命令中必须有口令选项。已存在数据库的用户,只是增加特权类型,不必再有口令。

例 5.1　把创建新用户 WANG,并授权 WANG 为 RESOURCE 用户,口令为 wang1234。

GRANT RESOURCE TO WANG IDENTIFIED BY wang1234;

上述命令也可用如下代码实现:

CREATE USER WANG IDENTIFIED BY wang1234;

GRANT RESOURCE TO WANG;

对于新创建的用户,如果不授予权限,则无法进行任何操作。

例 5.2　再把例 5.1 中用户 WANG 注册为 DBA(此时不必有口令项)。

GRANT DBA TO WANG;

已经注册的用户,DBA 有权撤销。撤销注册的命令是 REVOKE。命令格式:

REVOKE ＜特权类型清单＞ FROM ＜用户标识符＞

执行此命令后,＜用户标识符＞所具有的＜特权类型清单＞即被撤销。若此用户的所有＜特权类型＞都被撤销,则他就成为不合法用户了。

例 5.3　撤销用户 WANG 所拥有的 DBA 特权。

REVOKE DBA FROM WANG;

3. 一般授权

一般授权是指授予某用户对某个数据对象进行某种操作的权利。在 SQL 语言中,DBA 及拥有权限的用户可用 GRANT 语句向用户授权。

GRANT 语句的格式:

GRANT ＜权限清单＞ ON ［＜对象类型＞ ＜对象名＞］TO ＜用户标识符清单＞ ［WITH GRANT OPTION］;

其中,＜对象类型＞＜对象名＞规定了数据对象(＜对象类型＞在 Oracle 中可省略), 如 TABLE Student(基本表 Student);＜权限清单＞规定了可以对［＜对象类型＞＜对象名＞］所执行的操作,如 SELECT、UPDATE 等;＜用户标识符清单＞规定了得到权力的用户标识符。如果是对所有用户授权,则用 PUBLIC 代表所有的用户。如果在 GRANT 语句中选择了 WITH GRANT OPTION 子句,则获得规定权限的用户不仅自己可以执行这些操作,还获得了用 GRANT 语句把这些权限授予其他用户的权限;如果在 GRANT 语句中未选择此子句, 则获得规定权限的用户仅仅只能自己执行这些操作,不能传播这些权限。

例 5.4　基本表 Student 的创建者把查询表 Student 的权限授予用户 U1,同时授予 U1 传播此权限的权限;把基本 SC 的查询权限授予所有用户。

GRANT SELECT ON Student TO U1 WITH GRANT OPTION;

GRANT SELECT ON SC TO PUBLIC;

例 5.5　基本表 Student 的创建者把修改属性 Sno 的权限和查询 Student 表的权限授予用户 U2 和 U3,但不得传播。

GRANT SELECT ON Student TO U2,U3;

GRANT UPDATE (Sno) ON Student TO U2,U3;

例 5.6　把对基本表 Course 和基本表 SC 的全部操作权限授予用户 U1 和 U2,但不得扩散。

GRANT ALL ON Course TO U1,U2;

GRANT ALL ON SC TO U1,U2;

可见,GRANT 语句既可以一次向一个用户授权,也可一次向多个用户授权。授予对属性列操作的权限时,还须明确指出属性名。

关于在数据库(DATABASE)中创建表的权限(CREATE TABLE)必须与对 TABLE 对象的权限分开授出。因为一条 GRANT 语句中要么是针对 DATABASE 数据对象的权力,要么是针对 TABLE 的权力,两者不能混在同一语句中。

执行一条 GRANT 语句时,系统将把授权的结果存入数据字典。用户提出操作请求时,系统首先检查用户的权限。仅当用户确有该操作权限时,系统才执行此操作。否则,系统将拒绝用户该操作的请求。

4. 收回权限

用一般授权格式 GRANT 授出的权限,可以由授权者及 DBA 用对应格式的 REVOKE 语句收回。REVOKE 语句的格式为:

REVOKE ＜权限清单＞[ON ＜对象类型＞＜对象名＞] FROM ＜用户标识符清单＞

本语句将把 FROM 子句指定的所有用户,[对 ON 子句指定的数据对象]所具有的＜权限清单＞全部收回。

(1)只有使用 GRANT 授出了权限的用户(及 DBA),才能使用本语句收回自己授出去的权限。

(2)若＜用户标识符清单＞中,有些用户还把所授出的权限授予其他用户(因为当授权时,带有 WITH GRANT OPTION 子句),则间接收到此权限的用户也自动被收回了这些权限。

(3)本语句仅仅收回请求执行此语句用户的权限。若＜用户标识符清单＞中,有些用户还从其他未剥夺此权限的用户处得到了同样的权限,则他们从其他用户处得到的同样权限并不能由本语句收回,即他们还具有这些权限。但是,从本语句发布者处所得到的这些权限确实已收回了。

例 5.7   把用户 U3 修改学生学号的权限收回。

REVOKE UPDATE ON Student FROM U3;

注意:对于按列授予的权限只能从整个表而不能按列 REVOKE。

例 5.8   收回所有用户对表 SC 的查询权限。

REVOKE SELECT ON SC FROM PUBLIC;

例 5.9   把用户 U2 对 SC 表的 INSERT 权限收回。

REVOKE INSERT ON SC FROM U2;

5. 数据库角色

在数据库系统中为了方便用户权限管理,通过设置数据库角色来实现。需要 DBA 权限用户或者具有 create role 权限的用户完成。

数据库角色是被命名的一组与数据库操作相关的权限。角色是权限的集合,可以为一组具有相同权限的用户创建一个角色,用来简化授权的过程。

(1)角色的创建。

可以通过 CREATE ROLE 命令创建角色。格式如下:

CREATE ROLE ＜角色名＞;

创建的角色存储在数据字典中。

(2)给角色授权。

角色是权限的集合,因此必须为角色进行授权。对角色授权通过 GRANT 命令完成,格式如下:

GRANT ＜权限＞[,＜权限＞]… ON 对象名 TO ＜角色＞[,＜角色＞]…

(3)将一个角色授予其他的角色或用户。

角色是为了方便用户权限管理,需要把角色授予给用户,即把角色所拥有的所有权限赋予被授权的用户。格式如下:

GRANT ＜角色 1＞［，＜角色 2＞］… TO ＜角色 3＞［，＜用户 1＞］…［WITH ADMIN OPTION］

如果使用 WITH ADMIN OPTION 为某个用户授予系统权限,那么对于被这个用户授予相同权限的所有用户来说,取消该用户的系统权限并不会级联取消这些用户的相同权限。也就是说系统权限无级联,即 A 授予 B 权限,B 授予 C 权限,如果 A 收回 B 的权限,C 的权限不受影响。

(4)角色权限的收回。

数据库系统可以给角色授予权限,也可以将角色拥有的权限收回。角色权限的收回通过 REVOKE 命令完成,格式如下:

REVOKE ＜权限＞［，＜权限＞］…ON ＜对象名＞ FROM ＜角色＞［，＜角色＞］…

例 5.10 通过角色来实现一组权限授予一个用户。

(1)创建角色 R1:CREATE ROLE R1;

(2)授予权限: GRANT SELECT,UPDATE,INSERT ON Student TO R1;

(3)授予角色给其他用户: GRANT R1 TO 王平,张明,赵玲;

(4)权限的收回: REVOKE R1 FROM 王平;

例 5.11 角色的权限修改,为角色 R1 增加权限。

GRANT DELETE ON Student TO R1;

例 5.12 角色的权限修改,撤销 R1 对 Student 的查询权限。

REVOKE SELECT ON Student FROM R1;

6.强制存取控制

自主存取控制能够通过授权机制有效地控制对敏感数据的存取。但是由于用户对数据的存取权限是“自主”的,用户可以自由地决定将数据的存取权限授予何人、决定是否也将“授权”的权限授予别人。在这种授权机制下,可能存在数据的“无意泄露”。例如,甲将自己权限范围内的某些数据存取权限授权给乙,甲的意图是只允许乙本人操纵这些数据。但甲的这种安全性要求并不能得到保证,因为乙一旦获得对数据的权限,就可以将数据备份,获得自身权限内的副本,并在不征得甲同意的前提下传播副本。造成这个问题的根本原因就在于,这种机制仅仅通过对数据的存取权限来进行安全控制,而数据本身并无安全性标记。要解决这一问题,就需要对系统控制下的所有主客体实施强制存取控制策略。

主体是系统中的活动实体,既包括 DBMS 所管理的实际用户,也包括代表用户的各进程。客体是系统中的被动实体,是受主体操纵的,包括文件、基本表、索引、视图等。对于主体和客体,DBMS 为它们每个实例(值)指派一个密级标记。密级标记的值域是有等级规定的几个值,如绝密、机密、秘密、公开等。当某一合法用户(进程)要求存取某数据时,MAC 机制将对比该用户与此数据的密级标记,以决定是否同意此次操作。系统不同,对比的规则也不尽相同。例如,可有下列对比规则:

(1)仅当主体的密级大于等于客体的密级时,该主体才能读取相应的客体;

(2)仅当主体的密级小于等于客体的密级时,该主体才能写相应的数据。

规则(1)很直观,即低级别的主体不能存取高级别的客体。规则(2)就不那么直观了,它禁止高密级的主体更新低密级的客体,从而防止敏感数据的泄漏。违反这个规则,相当于允许信息从较高级别流动到较低级别,这违背了多级安全性的基本原则。例如,一个绝密级用户可能复制了一个绝密级的客体,然后作为一个公开级的新客体写回,这样,这个客体在整个系统中都变为可见的了。

在 MAC 中,数据及数据的密级标记、用户和用户的密级标记都是不可分的整体。用户只能对与他的密级值相匹配的数据进行允许的操作。因此,MAC 比单纯的自主存取控制方法有着更高的安全性。

5.1.5　视图机制

为不同的用户定义不同的视图,也可达到访问控制的目的。在视图中,只定义该用户能访问的数据,使用户无法访问他无权访问的数据,从而达到对数据的安全保护的目的。

例如,每个车间的统计员只能查询本车间职工的情况,可为他们分别定义只包含本车间职工记录的视图;为保密职工工资情况,可定义一个不包含工资属性的视图,供一般查询使用。

例 5.13　建立计算机系学生的视图,并定义操作权限和授权。

CREATE VIEW CS_Student

AS SELECT ＊ FROM Student WHERE Sdept ='CS';

定义操作权限和授权:

GRANT SELECT ON CS_Student TO 王平;

GRANT INSERT ON CS_Student TO 张明;

5.1.6　审计

任何安全措施都不是绝对可靠的,最严重的问题往往在最安全的地方出现。因此,安全工作者除了要使系统在一定代价内尽量可靠外,还必须考虑能发现越权或企图越权的行为,这就是跟踪审计的目的。

跟踪审计仅是一种监视措施,它把用户对数据的所有操作都自动记录到审计日志中。事后可利用审计日志中的记录,分析出现问题的原因。在未产生问题时,也可以利用审计日志分析有无潜在的问题。而审计内容一般包含本次操作的有关值(如操作类型、操作者、操作时间、数据对象、操作前值和操作后值等),也可增加一些内容。

审计追踪技术使用专用文件或数据库自动记录用户对数据库的所有操作,利用这些信息就能找出非法存取数据的人。

审计追踪很费时间和空间,一般 DBMS 只作为一种可选的特性,可灵活地打开或关闭审计功能。审计功能一般用于安全性要求较高的部门。在实际 DBMS 中,审计往往是一个可选项,由 DBA 决定是否采用、何时采用。

例 5.14　对修改 SC 表结构和修改 SC 数据的操作进行审计。

AUDIT ALTER,UPDATE ON SC;

例 5.15　取消对 SC 表的一切审计。

NOAUDIT ALL ON SC;

5.1.7　数据加密

数据是存储在介质上的,数据还经常通过通信线路传输。非法用户既可在介质上窃取数据,也可在通信线路上窃听到数据,有时,跟踪审计的日志文件中也找不到敌手的踪影。对敏感的数据进行加密储存是防止数据泄露的有效手段。原始的数据(称为明文,Plain

Text)在加密密钥的作用下,通过加密系统加密成密文(Cipher Text)。明文是用户都看得懂的数据,一旦失窃,后果严重。对高度机密性数据,通过采用数据加密技术后,以密码形式存储和传输,这样即使数据被窃取,看到的也是无法辨识的二进制代码。

用户正常检索数据时,首先要提供密码钥匙,经系统译码后,才能得到可识别的数据。

目前很多数据产品都提供了数据加密例行程序,可根据用户要求自动对数据进行加密处理,另外有一些数据库产品虽本身未提供加密程序,但允许用户用其他厂商的加密程序来加密数据。

解密程序本身一定要具有一定的安全性保护措施。

加密与解密很费时,会占用大量系统资源,因此一般作为数据库存系统的可选功能,允许用户自由选择。

5.2　数据库的完整性

数据库的完整性是指数据的正确性和相容性。DBMS 必须提供一种功能来保证数据库中数据的完整性,称为完整性检查,即系统用一定的机制来检查数据库中的数据是否满足规定的条件。

数据库的完整性由各种各样的完整性约束来保证,因此可以说数据库完整性设计就是数据库完整性约束的设计。数据库完整性约束可以通过 DBMS 或应用程序来实现,基于DBMS 的完整性约束作为模式的一部分存入数据库中。数据库完整性对于数据库应用系统非常关键,其作用主要体现在以下几个方面:

(1)数据库完整性约束能够防止合法用户使用数据库时向数据库中添加不合语义的数据。

(2)利用基于 DBMS 的完整性控制机制来实现业务规则,易于定义,容易理解,而且可以降低应用程序的复杂性,提高应用程序的运行效率。同时,基于 DBMS 的完整性控制机制是集中管理的,因此比应用程序更容易实现数据库的完整性。

(3)合理的数据库完整性设计,能够同时兼顾数据库的完整性和系统的效能。比如装载大量数据时,只要在装载之前临时使基于 DBMS 的数据库完整性约束失效,此后再使其生效,既能保证不影响数据装载的效率,又能保证数据库的完整性。

(4)在应用软件的功能测试中,完善的数据库完整性有助于尽早发现应用软件的错误。

为维护数据库的完整性,DBMS 必须:

(1)提供定义完整性约束条件的机制。

(2)提供完整性检查的方法。

(3)定义违约处理规则。

数据的安全性和完整性是两个不同的概念。数据的安全性是防止数据库被恶意破坏和非法存取,而数据的完整性是为了防止错误信息的输入,保证数据库中的数据符合应用环境的语义要求。安全性措施的防范对象是非法用户和非法操作,而完整性措施的防范对象是不合语义的数据。

数据库的完整性也是确定数据库管理系统的性能指标之一。

5.2.1　完整性约束条件

数据库上的大部分语义完整性约束是由数据库应用确定的。这类完整性约束分为状态约束和变迁约束两类。

（1）状态约束。

在某一时刻数据库中的所有数据实例构成了数据库的一个状态。数据库的状态约束也称静态约束，是所有数据库状态必须满足的约束。每当数据库被修改时，数据库管理系统都要进行状态约束的检查，以保证状态约束始终被满足。

（2）变迁约束。

数据库变迁约束也称动态约束，是指数据库从一个状态向另一个状态转化过程中必须遵循的约束条件，如职工年龄在更改时只能增长、职工工资在调整时新值不得少于旧值等。变迁约束既不作用于修改前的状态，又不作用于修改后的状态，而是规定了状态变迁时必须遵循的规则。由于其动态特性，变迁约束很难实施。

完整性约束条件涉及三类作用对象，即属性级、元组级和关系级。其中对属性级的约束主要指对其取值类型、范围、精度、排序等的约束条件；对元组级的约束是指对记录中各个字段间的联系的约束；对关系级的约束是指对若干记录间、关系集合上以及关系之间的联系的约束。

约束又分为列级约束和表级约束。如果约束只对一列起作用，则应定义为列级约束；如果约束对多列起作用，则应定义为表级约束。

综上所述，完整性约束分为以下几类：

（1）静态属性级约束：是对属性值域的说明。

（2）静态元组级约束：是对元组中各个属性值之间关系的约束。

（3）静态关系级约束：是一个关系中各个元组之间或者若干个关系之间常常存在的各种联系的约束。

（4）动态属性级约束：是修改定义或属性值时应该满足的约束条件。

（5）动态元组约束：是指修改某个元组的值时要参照该元组的原有值，并且新值和原有值间应当满足某种约束条件。

（6）动态关系级约束：就是加在关系变化前后状态上的限制条件。

完整性约束条件分类见表5.3。

表5.3　完整性约束条件分类

状态　　　粒度	列　级	元组级	关系级
静态	列定义 类型、长度 格式 值域 空值	元组级应满足的条件	实体完整性约束 参照完整性约束 函数依赖约束 统计约束
动态	改变列定义或列值	元组新旧值之间应 满足的约束条件	关系新旧状态间 应满足的约束

5.2.2 完整性控制

在关系数据库系统中,数据完整性分为三类:实体完整性(Entity Integrity)、参照完整性(Referential Integrity)、用户定义的完整性(User-defined Integrity)。

1. 实体完整性

实体完整性规定表的每一行在表中是唯一的实体。表中定义的 PRIMARY KEY 就是实体完整性的体现。表有唯一的主码约束,表的主码可以设置为一个或多个列。NOT NULL 约束和唯一性约束的组合将保证主码唯一地标识每一行。创建主码约束使用 CREATE TABLE 语句与表一起创建,如果表已经创建了,可以使用 ALTER TABLE 语句添加。

例 5.16 将 Student 表中的 Sno 属性定义为码。

(1) 在列级定义主码

```
CREATE TABLE Student(
    Sno CHAR(9) PRIMARY KEY,
  Sname CHAR(20) NOT NULL,
  Ssex CHAR(2) ,
  Sage SMALLINT,
  Sdept CHAR(20)
  );
```

(2) 在表级定义主码

```
CREATE TABLE Student(
    Sno CHAR(9) ,
    Sname CHAR(20) NOT NULL,
    Ssex CHAR(2) ,
    Sage SMALLINT,
    Sdept CHAR(20) ,
    PRIMARY KEY (Sno)
);
```

例 5.17 将 SC 表中的 Sno,Cno 属性组定义为码。

```
CREATE TABLE SC(
    Sno CHAR(9) NOT NULL,
    Cno CHAR(4) NOT NULL,
    Grade SMALLINT,
    PRIMARY KEY (Sno,Cno)
);
```

例 5.18 利用 alter 语句向 SC 表中添加主码(Sno,Cno)。

```
Alter table sc add primary key(sno,cno);
Alter table sc add constraint p_sc primary key(sno,cno);
```

例 5.19 利用 alter 语句删除 SC 表中主码(Sno,Cno)。

```
Alter table sc drop primary key(sno,cno) cascade;
Alter table sc drop constraint p_sc;
```

2. 参照完整性

参照完整性是指一个表的主码与另一个表的外码的数据应对应一致。它确保了有外码的表中对应其他表的主码的行存在,保证了表之间的数据的一致性,防止数据丢失或无意义的数据在数据库中扩散。参照完整性建立在外码和主码之间或外码和唯一性码之间的关系上。CREATE TABLE 语句可以在建表时用 FOREIGN KEY 子句定义哪些列为外码列,用 REFERENCES 子句指明这些外码相应于哪个表的主码。

RDBMS 实现参照完整性时需要考虑以下四方面:

(1)外码是否可以接受空值的问题。

在学生 – 选课数据库中,Student 关系为被参照关系,其主码为 Sno,SC 为参照关系,外码为 Sno。若 SC 的 Sno 为空值,则表明尚不存在的某个学生,或者某个不知学号的学生,选修了某门课程,其成绩记录在 Grade 中,与学校的应用环境是不相符的,因此 SC 的 Sno 列不能取空值。

(2)在被参照关系中删除元组时的问题。

在被参照关系中删除元组时出现违约操作的情形:删除被参照关系的某个元组(Student)或者参照关系有若干元组(SC)的外码值与被删除的被参照关系的主码值相同。

对应在被参照关系中删除元组时的违约反应有三种:

①级联删除(Cascades):将参照关系中外码值与被参照关系中要删除元组主码值相对应的元组一起删除。

②受限删除(Restricted):当参照关系中没有任何元组的外码值与要删除的被参照关系的元组的主码值相对应时,系统才执行删除操作,否则拒绝此删除操作。

③置空值删除(Nullifis):删除被参照关系的元组,并将参照关系中与被参照关系中被删除元组主码值相等的外码值置为空值。

这三种处理方法,哪一种是正确的,要依应用环境的语义来定。

例 5.20　要删除 Student 关系中 Sno = 1001 的元组,而 SC 关系中有 4 个元组的 Sno 都等于 1001。

级联删除:将 SC 关系中所有 4 个 Sno = 1001 的元组一起删除。如果参照关系同时又是另一个关系的被参照关系,则这种删除操作会继续级联下去。

受限删除:系统将拒绝执行此删除操作。

置空值删除:将 SC 关系中所有 Sno = 1001 的元组的 Sno 值置为空值。

在学生选课数据库中,显然第一种方法和第二种方法都是对的,第三种方法不符合应用环境语义。

(3)在参照关系中插入元组时的问题。

在参照关系中插入元组时出现违约操作的情形是指需要在参照关系中插入元组,而被参照关系不存在相应的元组。

违约反应可以有如下两种:

①受限插入。

仅当被参照关系中存在相应的元组,其主码值与参照关系插入元组的外码值相同时,系统才执行插入操作,否则拒绝此操作。

②递归插入。

首先向被参照关系中插入相应的元组,其主码值等于参照关系插入元组的外码值,然后向参照关系插入元组。

例 5.21　向 SC 关系插入(1001,1,90)元组,而 Student 关系中尚没有 Sno = 1001 的学生则:

受限插入:系统将拒绝向 SC 关系插入(1001,1,90)元组。

递归插入:系统将首先向 Student 关系插入 Sno = 1001 的元组,然后向 SC 关系插入(1001,1,90)元组。

(4)修改被参照关系中主码的问题。

修改被参照关系中的主码也会影响参照完整性。例如,要修改被参照关系中某些元组的主码值,而参照关系中有些元组的外码值正好等于被参照关系要修改的主码值。由于修改的关系是被参照关系,违约反应与删除类似。

①级联修改。修改被参照关系中主码值时,用相同的方法修改参照关系中相应的外码值。

②受限修改。拒绝此修改操作。只当参照关系中没有任何元组的外码值等于被参照关系中某个元组的主码值时,这个元组的主码值才能被修改。

③置空值修改。修改被参照关系中主码值,同时将参照关系中相应的外码值置为空值。

例 5.22　将 Student 关系中 Sno = 1001 的元组中 Sno 值改为 2123。而 SC 关系中有 4 个元组的 Sno = 1001。

①级联修改。将 SC 关系中 4 个 Sno = 1001 元组中的 Sno 值也改为 2123。如果参照关系同时又是另一个关系的被参照关系,则这种修改操作会继续级联下去。

②受限修改。只有 SC 中没有任何元组的 Sno = 1001 时,才能修改 Student 表中 Sno = 1001 的元组的 Sno 值改为 2123。

③置空值修改:将 Student 表中 Sno = 1001 的元组的 Sno 值改为 2123。而将 SC 表中所有 Sno = 1001 的元组的 Sno 值置为空值。

显然,在学生选课数据库中只有第一种方法是正确的。

例 5.23　定义 SC 中的参照完整性,关系 SC 中一个元组表示一个学生选修的某门课程的成绩,(Sno,Cno)是主码。Sno,Cno 分别参照引用 Student 表的主码和 Course 表的主码。

```
CREATE TABLE SC (
        Sno CHAR(9) NOT NULL,
        Cno CHAR(4) NOT NULL,
        Grade SMALLINT,
        PRIMARY KEY (Sno, Cno),
        FOREIGN KEY (Sno) REFERENCES Student(Sno),
        FOREIGN KEY (Cno) REFERENCES Course(Cno) );
```

3. 用户定义的完整性

不同的关系数据库系统根据其应用环境的不同,往往还需要一些特殊的约束条件。用户定义的完整性即是针对某个特定关系数据库的约束条件,它反映某一具体应用所涉及的数据必须满足的语义要求。数据库系统提供了定义和检验这类完整性的机制,以便用统一的系统方法来处理它们,而不是用应用程序来承担这一功能。类型包括缺省约束(Default Constraints)、检查约束(Check Constraints)和唯一约束(Unique Constraints)等。

例 5.24　在定义 SC 表时,说明 Sno、Cno、Grade 属性不允许取空值。

```
CREATE TABLE SC(
        Sno CHAR(9) NOT NULL,
    Cno CHAR(4) NOT NULL,
    Grade SMALLINT NOT NULL,
    PRIMARY KEY (Sno, Cno));
```

例 5.25   将 student 表中 sname 属性设置为非空。

Alter table student modify sname not null;

或者 Alter table student modify sname constraint a not null;

例 5.26   将 student 表中 sname 属性非空约束删除。

Alter table table_name drop constraint a;

例 5.27   建立部门表 DEPT,要求部门名称 Dname 列取值唯一,部门编号 Deptno 列为主码。

```
CREATE TABLE DEPT (
        Deptno NUMERIC(2),
    Dname CHAR(9) UNIQUE
    );
```

或者

```
CREATE TABLE DEPT(
        Deptno NUMERIC(2),
    Dname CHAR(9) ,
    Constraint u_name unique(dname)
    );
```

例 5.28   Student 表的 Ssex 只允许取"男"或"女"。

```
CREATE TABLE Student(
    Sno CHAR(9) PRIMARY KEY,
    Sname CHAR(8) NOT NULL,
    Ssex CHAR(2) CHECK (Ssex IN ('男','女')) ,
    Sage SMALLINT,
    Sdept CHAR(20)
    );
```

5.3   数据库并发控制

数据库是一个共享资源,可以提供多个用户使用。这些用户程序可以一个一个地串行执行,即每个时刻只有一个用户程序运行,执行对数据库的存取,其他用户程序必须等到这个用户程序结束以后方能对数据库存取。但是如果一个用户程序涉及大量数据的输入/输出交换,则数据库系统的大部分时间处于闲置状态。因此,为了充分利用数据库资源,发挥数据库共享资源的特点,应该允许多个用户并行地存取数据库。但这样就会产生多个用户程序并发存取同一数据的情况,若对并发操作不加控制就可能会存取和存储不正确的数据,破坏数据库的一致性,因此数据库管理系统必须提供并发控制机制。

并发控制机制的好坏是衡量一个数据库管理系统性能的重要标志之一。

5.3.1　并发控制概述

并发控制是以事务(Transaction)为单位进行的。

1.事务

事务是数据库的逻辑工作单位,它是用户定义的一组操作序列。一个事务可以是一组 SQL 语句、一条 SQL 语句或整个程序。

设想网上购物的一次交易,其付款过程至少包括以下几步数据库操作:更新客户所购商品的库存信息;保存客户付款信息——可能包括与银行系统的交互;生成订单并且保存到数据库中;更新用户相关信息。

例如,购物数量等正常的情况下,这些操作将顺利进行,最终交易成功,与交易相关的所有数据库信息也成功地更新。但是如果在这一系列过程中任何一个环节出了差错,如在更新商品库存信息时发生异常、该顾客银行账户存款不足等,都将导致交易失败。一旦交易失败,数据库中所有信息都必须保持交易前的状态不变,比如最后一步更新用户信息时出错而导致交易失败,那么必须保证这笔失败的交易不影响数据库的状态——库存信息没有被更新、用户也没有付款,订单也没有生成,否则,数据库的信息将会一片混乱而不可预测。数据库事务正是用来保证这种情况下交易的平稳性和可预测性的技术。

(1)事务的工作原理图。

事务确保数据的一致性和可恢复性。事务的工作原理如图 5.2 所示。

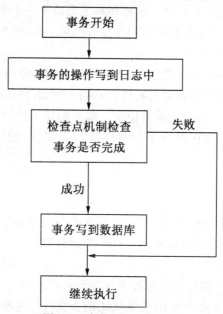

图 5.2　事务的工作原理图

事务开始之后,事务所有的操作都陆续写到事务日志中。写到日志中的操作,一般有两种:一种是针对数据的操作,另一种是针对任务的操作。针对数据的操作,如插入、删除和修改,这是典型的事务操作,这些操作的对象是大量的数据。有些操作是针对任务的,例如,创建索引,这些任务操作在事务日志中记录一个标志,用于表示执行这种操作。当取消这种事务时,系统自动执行这种操作的反操作,保证系统的一致性。

事务具有四种属性:原子性、一致性、隔离性和持久性。事务也称为事物的 ACID 特性。

(1)原子性(Atomicity)。

事务的原子性保证事务包含的一组更新操作是原子不可分的,也就是说,这些操作是一个整体,对数据库而言要么全做要么全不做,不能部分地完成。这一性质即使在系统崩溃之后仍能得到保证,在系统崩溃之后将进行数据库恢复,用来恢复和撤销系统崩溃时处于活动状态的事务对数据库的影响,从而保证事务的原子性。系统对磁盘上的任何实际数据的修改之前都会将修改操作信息本身的信息记录到磁盘上。当发生崩溃时,系统能根据这些操作记录当时该事务处于何种状态,以此确定是撤销该事务所出的所有修改操作,还是将修改的操作重新执行。

(2)一致性(Consistency)。

一致性要求事务执行完成后,将数据库从一个一致状态转变到另一个一致状态。它是一种以一致性规则为基础的逻辑属性,例如在转账的操作中,各账户金额必须平衡,这一条规则对于程序员而言是一个强制的规定。由此可见,一致性与原子性是密切相关的。事务的一致性属性要求事务在并发执行的情况下事务的原子性仍然满足。它在逻辑上不是独立的,它由事务的隔离性来表示。

(3)隔离性(Isolation)。

隔离性意味着一个事务的执行不能被其他事务干扰,即一个事务内部的操作及使用的数据对并发的其他事务是隔离的,并发执行的各个事务之间不能互相干扰。它要求即使有多个事务并发执行,看上去每个成功事务按串行调度执行一样。这一性质的另一种称法为可串行性,也就是说,系统允许的任何交错操作调度等价于一个串行调度。串行调度的意思是每次调度一个事务,在一个事务的所有操作没有结束之前,另外的事务操作不能开始。

(4)持久性(Durability)。

系统提供的持久性保证要求一旦事务提交,那么对数据库所做的修改将是持久的,无论发生何种机器和系统故障都不应该对其有任何影响。例如,自动柜员机(ATM)在向客户支付一笔钱时,就不用担心丢失客户的取款记录。事务的持久性保证事务对数据库的影响是持久的,即使系统崩溃。正如在讲原子性时所提到的那样,系统通过做记录来提供这一保证。

用于事务控制的命令:

(1)COMMIT 命令。

COMMIT 命令是一条事务命令,用于保存数据库中由事务引起的改变。COMMIT 命令保存自上一条 COMMIT 或 ROLLBACK 命令以来的所有事务。

(2)ROLLBACK 命令。

ROLLBACK 命令是用于撤销那些还没有保存到数据库中由事务的事务控制,该命令只能用于撤销上一条 COMMIT 命令或 ROLLBACK 命令执行后的事务。

2. 并发操作与数据的不一致性

多事务执行方式通常有以下三种情况:

(1)事务串行执行(Serialize Concurrency)。

每个时刻只有一个事务运行,其他事务必须等到这个事务结束以后才能运行。事务串行执行的缺点是不能充分利用系统资源,发挥数据库共享资源的特点。

（2）交叉并发方式（Interleaved Concurrency）。

事务的并行执行是这些并行事务的执行操作轮流交叉运行。交叉并发方式是单处理机系统中的并发方式，能够减少处理机的空闲时间，提高系统的效率。

（3）同时并发方式（Simultaneous Concurrency）：多处理机系统中，每个处理机可以运行一个事务，多个处理机可以同时运行多个事务，实现多个事务真正的并行运行。

同时并发方式是最理想的并发方式，但受限于硬件环境，是更复杂的并发方式机制。

事务同时并发执行带来的问题，如可能会存取不正确的数据，破坏事务的隔离性，从而导致数据库中的数据的不一致性。

例 5.29　现在某银行有一个取款事务和一个支票转账事务操作同一个银行账户的情形，首先假设两个事务顺序执行，而不是并发执行，在该系统中的一个活动序列如下。

（1）银行客户在银行前台请求取款 100 元，出纳员先查询账户信息，得知存款余额为 1 000元。

（2）出纳员判断存款余额大于取款额，支付给客户 100 元，并将账户上的存款余额改为 900 元。

（3）出纳员处理一张转账支票，该支票向此账户汇入 100 元，出纳员先查询账户信息，得知存款余额为 900 元。

（4）出纳员将存款余额改为 1 000 元。

如果顺序地执行这两个事务，不会出现任何问题。如果两个事务分别由两个出纳员同时执行，那么可能就会出现并发的问题，下面分别来介绍。

（1）丢失修改。

设时间用 T 表示，那么这两个并行的事务，可能是如表 5.3 所示的一个操作序列。在表 5.4 中，取款事务读取余额为 1 000 元进行运算，转账事务读取同一数据余额为 1 000，转账事务汇入 100 元把余额改为 1 100 元，并提交修改。下一时刻取款事务对余额为 1 000 进行修改后将余额改为 900 元并写回数据库，从而造成了转账事务对数据库的修改丢失。

在并发操作情况下，对取款、转账两个事务操作序列的调度是随机的。如果按照以上的时间次序并发执行，则由于支票转账事务对存款余额所做的更新被取款事务的执行所覆盖，所以客户会损失 100 元。这种情况称为数据库的不一致性，是由于取款事务和转账事务并发操作引起的。

表 5.3　丢失修改

时间	取款事务	转账事务
T1	开始事务	
T2		开始事务
T3	查询账户余额为 1 000 元	
T4		查询账户余额为 1 000 元
T5		汇入 100 元，把余额改为 1 100 元
T6		提交事务
T7	取出 100 元，把余额改为 900 元	
T8	提交事务	

并发操作带来的数据库不一致性可以分为三类:丢失修改、读脏数据和不可重复读。上例的问题称为丢失修改。

当两个或多个事务选择同一数据,并且基于最初选定的值更新该数据时,会发生丢失修改问题。原因在于每个事务都不知道其他事务的存在,使得最后的更新将重写由其他事务所做的更新,这将导致数据丢失。

(2)读脏数据。

一个事务读取了另一个未提交的并行事务写的数据,或当第二个事务选择其他事务正在更新的行时,会发生读脏数据的问题。第二个事务正在读取的数据还没有确认并且可能由更新此行的事务所更改。换句话说,当事务1修改某一数据,并将其写回磁盘,事务2读取同一数据后,事务1由于某种原因被撤销,这时事务1已修改过的数据恢复原值,事务2读到的数据就与数据库中的数据不一致,是不正确的数据,称为读脏数据。

在例5.29中,取款事务和支票转账事务操作可能出现表5.4所示的操作序列,取款事务读取余额为1 000元,将余额改为900元,下一时刻转账事务读取余额为900元,接下来由于某种原因取款事务被撤销,恢复余额为1 000元;转账事务汇入100元后,在余额为900元(脏数据)的前提下把余额改为1 000元,并提交修改,从而造成数据库的读脏数据。

表5.5　读脏数据

时间	取款事务	转账事务
T1	开始事务	
T2		开始事务
T3	查询账户余额为1 000元	
T4	取出100元把余额改为900元	
T5		查询账户余额为900元(读脏数据)
T6	撤销事务余额恢复为1 000元	
T7	汇入100元把余额改为1 000元	
T8		提交事务
T9	提交事务	

由于支票转账事务查询了取款事务未提交的更新数据,并且在这个查询结果的基础上进行了更新操作,取款事务最后被撤销,会导致银行客户损失100元。

(3)不可重复读(Nonrepeatable Read)。

一个事务重新读取前面读取过的数据,发现该数据已经被另一个已提交的事务修改过。即事务1读取某一数据后,事务2对其做了修改,当事务1再次读数据时,得到的与第一次不同的值。这种情形称为不可重复读。

例5.29可能出现表5.5所示的情形,取款事务读取余额为1 000元进行运算,转账事务读取同一数据,取款事务对其进行修改后将余额改为900元并写回数据库。转账事务为了对读取值校对重读账户余额,账户余额已为 900,与第一次读取值不一致。

表 5.5　不可重复读

时间	取款事务	转账事务
T1	开始事务	
T2		开始事务
T3	查询账户余额为 1 000 元	
T4		查询账户余额为 1 000 元
T5	取出 100 元,把余额改为 900 元	
T6	提交事务	
T7		查询账户余额为 900 元
T8		余额到底是 1 000 元还是 900 元?

表 5.5 所示,支票转账事务两次查询账户的存款余额,但得到了不同的查询结果,这使得银行出纳员无法相信查询结果,因为查询结果是不确定的,随时可能被其他事务改变。

不可重复读还可能出现在下列情形中,如果一个事务在提交查询结果之前,另一个事务可以更改该结果,就会发生这种情况。这句话也可以这样解释,事务 1 按一定条件从数据库中读取某些数据记录后未提交查询结果,事务 2 删除了其中部分记录,事务 1 再次按相同条件读取数据时,发现某些记录神秘地消失了;或者事务 1 按一定条件从数据库中读取某些数据记录后未提交查询结果,事务 2 插入了一些记录,当事务 1 再次按相同条件读取数据时,发现多了一些记录。不可重复读的其他情形见表 5.6。

表 5.6　不可重复读的其他情形

时间	取款事务	转账事务
T1	开始事务	
T2		开始事务
T3		统计注册用户总数为 10 000 人
T4	注册一个新用户	
T5	提交事务	
T6		统计注册用户总数为 10 001 人
T7		到底哪一个统计数据有效?

在表 5.6 中,统计事务无法相信查询的结果,因为查询结果是不确定的,随时可能被其他事务改变。

产生上述三类数据不一致性的主要原因是并发操作破坏了事务的隔离性。并发控制就是要用正确的方式调度并发操作,使一个用户事务的执行不受其他事务的干扰,从而避免造成数据的不一致性。

5.3.2　可串行性

计算机系统对并行事务中并行操作的调度是随机的,但是不同的调度可能会产生不同的结果,如何确定哪个结果是正确的,成为当务之急。

可以确定,如果一个事务在运行过程中没有其他事务在同时运行,即受到其他事务的干扰,那么就可以认为该事务的运行结果是正常的或者预想的,因此将所有事务串行起来的调度策略是正确的调度策略。虽然以不同的顺序串行执行事务也可能会产生不同的结果,但由于不会将数据库置于不一致状态,因此都可以认为是正确的。由此可以得到如下结论:几个事务的并行执行是正确的,当且仅当其结果与按某一次序串行地执行它们的结果相同。这种并行调度策略为可串行化(Serializable)的调度。

可串行性(Serializability)是并行事务正确性的唯一准则。

例 5.30　现在有两个事务,分别包含下列操作:事务 1:读 B;A = B + 10;写回 A。事务 2:读 A;B = A + 10;写回 B,见表 5.7。

表 5.7　事物的操作调度

时间	(a)串行执行		(b)串行执行		(c)交叉调度		(d)交叉调度	
	事务 1	事务 2	事务 1	事务 2	事务 1	事务 2	事务 1	事务 2
T1	Y = B = 2 A = Y + 1 写回 A(=3)		X = A = 3 B = X + 1 写回 B(=3)		Y = B = 2	X = A = 2	Y = B = 2	
T2		X = A = 3 B = X + 1 写回 B(=4)		Y = B = 3 A = Y + 1 写回 A(=4)	A = Y + 1 写回 A(=3)	B = X + 1 写回 B(=3)	A = Y + 1 写回 A(=3)	X = A = 3 B = X + 1 写回 B(=4)

假设 A 的初值为 2,B 的初值为 2。表 5.8 给出了对这两个事务的四种不同的调度策略,(a)和(b)为两种不同的串行调度策略,虽然执行结果不同,但它们都是正确的调度。(c)中两个事务是交错执行的,由于执行结果与(a)、(b)的结果都不同,所以是错误的调度。(d)中的两个事务也是交错执行的,由于执行结果与串行调度 1(a)的执行结果相同,所以是正确的调度。

为了保证并行操作的正确性,DBMS 的并行控制机制必须提供一定的手段来保证调度是可串行化的。

从理论上讲,在某一事务执行时禁止其他事务执行的调度策略一定是可串行化的调度,这也是最简单的调度策略,但这种方法实际上是不可行的,因为它使用户不能充分共享数据库资源。

目前,DBMS 普遍采用封锁方法来保证调度的正确性,即保证并行操作调度的可串行性。

5.3.3　封锁

封锁是实现并发控制的一个非常重要的方法。所谓封锁就是事务 T 在对某个数据对象,例如,在表、记录等操作之前,先向系统发出请求,对其加锁。加锁后事务 T 就对数据库对象有了一定的控制,在事务 T 释放它的锁之前,其他事务不能更新此数据对象。

1. 封锁类型

DBMS 通常提供了多种数据类型的封锁。一个事务对某个数据对象加锁后究竟拥有什么样的控制是由封锁类型决定的。基本的封锁类型有两种:排他锁(Exclusive Lock,简记为 X 锁)和共享锁(Share Lock,简记为 S 锁)

排他锁又称为写锁。若事务 T 对数据对象 A 加上 X 锁,则只允许 T 读取和修改 A,其他任何事务都不能再对 A 加任何类型的锁,直到 T 释放 A 上的锁。这就保证了其他事务在 T 释放 A 上的锁之前不能再读取和修改 A。

共享锁又称为读锁。若事务 T 对数据对象 A 加上 S 锁,则其他事务只能再对 A 加 S 锁,而不能加 X 锁,直到 T 释放 A 上的锁。这就保证了其他事务可以读 A,但在 T 释放 A 上的 S 锁之前不能对 A 做任何修改。

排他锁与共享锁的控制方式可以用表 5.8 相容矩阵来表示。

表 5.8　封锁相容矩阵

T1＼T2	X	S	—	注:
X	N	N	Y	① N = N,不相容的请求 Y = YES,相容的请求
S	N	Y	Y	② X、S、– :分别表示 X 锁,S 锁,无锁
—	Y	Y	Y	③ 如果两个封锁是不相容的,则后提出封锁的事务要等待

在表 5.8 所示的封锁类型相容矩阵中,最左边一列表示事务 T1 已经获得的数据对象上的锁的类型,其中横线表示没有加锁。最上面一行表示另一事务 T2 对同一数据对象发出的封锁请求。T2 的封锁请求能否被满足用 Y 和 N 表示,其中 Y 表示事务 T2 的封锁要求与 T1 已持有的锁相容,封锁请求可以满足。N 表示 T2 的封锁请求与 T1 已持有的锁冲突,T2 请求被拒绝。

2. 封锁粒度

X 锁和 S 锁都是加在某一个数据对象上的。封锁的对象可以是逻辑单元,也可以是物理单元。例如,在关系数据库中,封锁对象可以是属性值、属性值集合、元组、关系、索引项、整个索引、整个数据库等逻辑单元;也可以是页(数据页或索引页)、块等物理单元。封锁对象可以很大,比如对整个数据库加锁,也可以很小,比如只对某个属性值加锁。封锁对象的大小称为封锁的粒度(Granularity)。

封锁粒度与系统的并发度和并发控制的开销密切相关。封锁的粒度越大,系统中能够被封锁的对象就越小,并发度也就越小,但同时系统开销也越小;相反,封锁的粒度越小,并发度越高,但系统开销也就越大。

因此,如果在一个系统中同时存在不同大小的封锁单元供不同的事务选择使用是比较理想的。而选择封锁粒度时必须同时考虑封锁机构和并发度两个因素,对系统开销与并发度进行权衡,以求得最佳的效果。一般说来,需要处理大量元组的用户事务可以以关系为封锁单元;需要处理多个关系的大量元组的用户事务可以以数据库为封锁单位;而对于一个处理少量元组的用户事务,可以以元组为封锁单位以提高并发度。

5.3.4　封锁协议

封锁的目的是为了保证能够正确地调度并发操作。为此,在运用 X 锁和 S 锁这两种基本封锁,对一定粒度的数据对象加锁时,还需要约定一些规则,例如,应何时申请 X 锁或 S 锁、持锁时间、何时释放等,称这些规则为封锁协议(Locking Protocol)。对封锁方式规定不同的规则,就形成了各种不同的封锁协议,它们分别在不同的程度上为并发操作的正确调度提供一定的保证。本小节介绍保证数据一致性的三级封锁协议和保证并行调度可串行性的两段锁协议。

1. 保证数据一致性的封锁协议——三级封锁协议

前文所述,对并发操作的不正确调度可能会带来数据不一致:丢失修改、读脏数据和不可重复读。三级封锁协议分别在不同程度上解决了这一问题。

(1) 1 级封锁协议。

1 级封锁协议的内容是:事务 T 在修改数据 R 之前必须先对其加 X 锁,直到事务结束才释放。事务结束包括正常结束(Commit)和非正常结束(Rollback)。

1 级封锁协议可以防止丢失修改,并保证事务 T 是可以恢复的。在例 5.29 中,采用表5.9 所示的使用 1 级封锁协议,解决了存款和转账事务的丢失更新问题。设用户账户余额用变量 A 表示。

在表 5.9 中,取款事务在读账户余额 A 进行修改之前先对 A 加 X 锁,当转账事务再请求对 A 加 X 锁时被拒绝,只能等转账事务释放 A 上的锁。取款事务 1 修改值 A = 900 写回磁盘,释放 A 上的 X 锁后,转账事务获得对 A 的 X 锁,这时读到的 A 已经是取款事务更新过的值 900,再按此新的 A 值进行运算,并将结果值 A = 1000 写回到磁盘。这样就避免了丢失取款事务的更新。

在 1 级封锁协议中,如果仅仅是读数据不对其进行修改,是不需要加锁的,所以它不能保证可重复读和读脏数据。

表 5.9　没有丢失修改

时间	取款事务	转账事务
T1	开始事务	
T2		开始事务
T3	Xlock A　　　获得	
T4	查询账户余额 A 为 1 000 元	

续表5.9

时间	取款事务	转账事务
T5		Xlock A
T6	查询账户余额为 1 000 元	等待
T6	取出 100 元把余额改为 900 元	等待
T8	提交事务，Unlock A	等待
T9		获得 Xlock A
T10		查询账户余额 A 为 900 元
T11		汇入 100 元，把余额改为 1 000 元
T12		提交事务

（2）2 级封锁协议。

2 级封锁协议的内容是：1 级封锁协议加上事务 T 在读取数据 R 之前必须先对其加 S 锁，读完后即可释放 S 锁。

2 级封锁协议除防止丢失修改外，还可进一步防止读脏数据。在例 5.29 中，采用表 5.10所示的 2 级封锁协议解决了读脏数据的问题。

表 5.10 解决读脏数据

时间	取款事务	转账事务
T1	开始事务	
T2		开始事务
T3	Xlock A 获得	
T4	查询账户余额 A 为 1000 元	
T5	取出 100 元把余额 A 改为 900 元	
T6		Slock A
T6	撤销事务，余额恢复为 1 000 元	等待
T8	提交事务，Unlock A	等待
T9		获得 Slock A A 为 1 000 元
T10		

在表5.10 中，取款事务在对 A 进行修改之前，先对 A 加 X 锁，修改其值后写回磁盘。这时转账事务请求 A 加上 X 锁，因取款事务已在 A 上加了 X 锁，转账事务只能等待取款事务释放它。之后取款事务因某种原因被撤销，A 恢复为原值 1 000，并释放 A 上的 X 锁。转账事务获得 A 上的 X 锁，读 A = 1 000。这就避免了转账事务脏读数据。

在 2 级封锁协议中，由于读完数据后即可释放 S 锁，所以它不能保证可重复读。

（3）3 级封锁协议。

3 级封锁协议的内容是:1 级封锁协议加上事务 T 在读取数据之前必须先对其加 S 锁,直到事务结束才释放。

3 级封锁协议除防止丢失修改和不读脏数据外,还进一步防止了不可重复读。在例 5.29中,采用表 5.11 所示的使用 3 级封锁协议,解决了不可重复读问题。

表 5.11　可重复读

时间	取款事务	转账事务
T1		开始事务
T2	开始事务	Xlock A 获得
T3	Xlock A	
T4	等待	查询账户余额为 1 000 元
T5	等待	
T6	等待	再次查询账户余额为 1 000 元
T7	等待	提交事务 Unlock A
T8	获得 Xlock A	
T9	取出 100 元,把余额改为 900 元	
T10	提交事务 Unlock A	

在表 5.11 中,转账事务在读 A 之前,先对 A 加 S 锁,这样其他事务只能再对 A 加 S 锁,而不能加 X 锁,即其他事务只能读 A,而不能修改它。所以当取款事务为修改 A 而申请对 A 的 X 锁时被拒绝,使其无法执行修改操作,只能等待转账事务释放 A 上的锁。接着转账事务再读 A,这时读出的 A 仍是 1 000,即可重复读。

上述三级协议的主要区别在于什么操作需要申请封锁以及何时释放锁(即持锁时间)。三级封锁协议可以总结为表 5.12。

表 5.12　三级封锁协议

	X 锁		S 锁		一致性保证		
	操作结束释放	事务结束释放	操作结束释放	事务结束释放	不丢失修改	不读脏数据	可重复读
一级封锁协议		Y			Y		
二级封锁协议		Y	Y		Y	Y	
三级封锁协议		Y		Y	Y	Y	Y

2. 保证并行调度可串行性的封锁协议——两段封锁协议

可串行性是并行调度正确性的唯一准则,两段锁(Two－Phase Locking,2PL)协议是为保证并行调度可串行性而提供的封锁协议。

两段封锁协议规定:

(1)在对任何数据进行读、写操作之前,事务首先要获得对该数据的封锁。

(2)在释放一个封锁之后,事务不再获得任何其他封锁。

　　所谓"两段"锁的含义是,事务分为两个阶段,第一阶段是获得封锁,也称为扩展阶段,第二阶段是释放封锁,也称为收缩阶段。

　　例如,事务 1 的封锁序列是:

Slock A… Slock B… Xlock C… Unlock B… Unlock A… Unlock C;

　　事务 2 的封锁序列是:

Slock A… Unlock A… Slock B… Xlock C… Unlock C… Unlock B;

　　则事务 1 遵守两段封锁协议,而事务 2 不遵守两段封锁协议。

　　可以证明,若并行执行的所有事务均遵守两段锁协议,则对这些事务的所有并行调度策略都是可串行化的。因此得出如下结论:所有遵守两段锁协议的事务,其并行的结果一定是正确的。

　　需要说明的是,事务遵守两段锁协议是可串行化调度的充分条件,而不是必要条件。即可串行化的调度中,不一定所有事务都必须符合两段封锁协议。在表 5.13 中,(a)和(b)都是可串行化的调度,但(a)遵守两段锁协议,(b)不遵守两段锁协议。

表 5.13　两段封锁协议

遵守两段锁协议		不遵守两段锁协议		不遵守两段锁协议	
T1	T2	T1	T2	T1	T2
Slock B		Slock B			Slock A
读 B = 2		读 B = 2			读 A = 2
Y = B	Slock A	Y = B		Slock B	X = A
Xlock A	等待	Unlock B	Slock A	读 B = 2	Unlock A
	等待	Xlock A	等待	Y = B	
A = Y + 1	等待		等待		Slock B
写回 A = 3	等待	A = Y + 1	等待	Unlock B	等待
Unlock B	等待	写回 A = 3	等待		Xlock B
Unlock A	Slock A	Unlock A	Slock A		B = X + 1
	读 A = 3		读 A = 3	Slock A	写回 B = 3
	Y = A		X = A	A = Y + 1	Unlock B
	Xlock B		Unlock A	写回 A = 3	
	B = Y + 1		Xlock B	Unlock A	
	写回 B = 4		B = X + 1		
	Unlock B		写回 B = 4		
	Unlock A		Unlock B		

5.3.5　活锁和死锁

　　封锁技术可以有效地解决并行操作的一致性问题,但也带来一些新的问题,即活锁和死锁的问题。

1. 活锁

如果事务 T1 封锁了数据对象 R 后,事务 T2 也请求封锁 R,于是 T2 等待。接着 T3 也请求封锁 R。T1 释放 R 上的锁后,系统首先批准了 T3 的请求,T2 只得继续等待。接着 T4 也请求封锁 R,T3 释放 R 上的锁后,系统又批准了 T4 的请求……T2 有可能就这样永远等待下去,这就是活锁,见表 5.14。

避免活锁的简单方法是采用先来先服务的策略。当多个事务请求封锁同一数据对象时,封锁子系统按请求封锁的先后次序对这些事务排队,该数据对象上的锁一旦释放,首先批准申请队列中第一个事务获得锁。

表 5.14   活锁

T1	T2	T3	T4
Lock R	Lock R		
	等待		
Unlock R	等待		
	等待	Lock R	Lock R
	等待	等待	等待
	等待	Lock R	等待
	等待	获得	等待
	等待	Unlock R	获得 Lock R
	等待		
	等待		
	等待		

2. 死锁

如果事务 T1 封锁了数据 A,事务 T2 封锁了数据 B。之后 T1 又申请封锁数据 B,因为 T2 已封锁了 B,于是 T1 等待 T2 释放 B 上的锁。接着 T2 又申请封锁 A,因 T1 已封锁了 A,T2 也只能等待 T1 释放 A 上的锁。这样就出现了 T1 在等待 T2,而 T2 又在等待 T1 的局面,T1 和 T2 两个事务永远不能结束,形成死锁,见表 5.15。

表 5.15   死锁

T1	T2
Xlock A	⋮
⋮	Xlock B
Xlock B	⋮
等待	Xlock A
等待	等待
等待	等待

死锁问题在操作系统和一般并行处理中已做了深入研究,但数据库系统有其自己的特点,操作系统中解决死锁的方法并不一定合适数据库系统。目前在数据库中解决死锁问题主要有两类方法:一类方法是采取一定措施来预防死锁的发生;另一类方法是允许发生死

锁,采用一定手段定期诊断系统中是否产生死锁,若发现出现死锁就设法解除。

（1）死锁的预防。

防止死锁的发生其实就是要破坏产生死锁的条件。预防死锁通常有两种方法。

①一次封锁法。

一次封锁法要求每个事务必须一次将所有要使用的数据全部加锁,否则就不能继续执行。例如,在表 5.15 的例子中,如果事务 T1 将数据对象 A 和 B 一次加锁,T1 就可以执行下去,而 T2 等待。T1 执行完后释放 A、B 上的锁,T2 继续执行。这样就不会发生死锁。

一次封锁法虽然可以有效地防止死锁的发生,但也存在问题。第一,一次就将以后要用到的全部数据加锁,势必扩大封锁的范围,从而降低系统的并发度。第二,数据库中数据是不断变化的,原来不要求封锁的数据,在执行过程中可能会变成封锁对象,所以很难实现精确地确定每个事务所要封锁的数据对象,只能采取扩大封锁范围,将事务在执行过程中可能要封锁的数据对象全部加锁,这就进一步降低并发度。

②顺序封锁法。

顺序封锁法是预先对数据对象规定一个封锁顺序,所有事务都按这个顺序执行封锁。在上例中,规定封锁顺是 A、B,T1 和 T2 都按此顺序封锁,即 T2 也必须先封锁 A。当 T2 请求 A 的封锁时,由于 T1 已经封锁住 A,T2 就只能等待。T1 释放 A、B 上的锁后,T2 继续运行。这样就不会发生死锁。

顺序封锁法同样可以有效地防止死锁,但也同样存在问题。第一,数据库系统中可封锁的数据对象及其众多,并且随数据的插入、删除等操作而不断地变化,要维护这样极多而且变化的资源的封锁顺序非常困难,成本很高。第二,事务的封锁请求可以随着事务的执行而动态地决定,很难事先确定每一个事务要封锁哪些对象,因此也就很难按规定的顺序取施加封锁。例如,规定数据对象的封锁顺序为 A、B、C、D、E。事务 T3 起初要求封锁数据对象 B、C、E,但当它封锁 B、C 后,才发现还需要封锁 A,这样就破坏了封锁顺序。

可见,预防死锁的策略并不很适合数据库的特点,因此 DBMS 在解决死锁的问题上更普遍采用的是诊断并解除死锁的方法。

（2）死锁的诊断与解除。

数据库系统中诊断死锁的方法与操作系统类似,即使用一个事务等待图,它动态地反映所有事务的等待状况。并发控制子系统周期性地（比如每隔 1 分钟）检测事务等待图,如果发现图中存在回路,则表示系统中出现了死锁。关于诊断死锁的详细讨论请参阅操作系统的有关书籍。

DBMS 的并发控制子系统一旦检测到系统中存在死锁,就要设法解除。通常采用的方法是选择一个处理死锁代价最小的事务,将其撤销,释放此事务持有的所有的锁,使其他事务能继续运行下去。

等待图法是通过有向图判定事务是否发生了死锁。具体思路是:用节点来表示正在运行的事务,用有向边来表示事务之间的等待关系,如图 5.3 所示,如果在有向图中发现回路,则说明发生了死锁。

发现死锁后解决死锁的一般策略是:自动使"年轻"的事务（即完成工作量少的事务）先退回去,然后让"年老"的事务（即完成工作量多的事务）先执行,等"年老"的事务完成并释放封锁后,"年轻"的事务再重新执行。

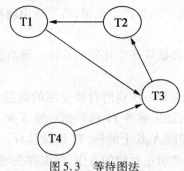

图 5.3　等待图法

5.4　数据库恢复技术

计算机系统中硬件的故障、软件的错误、操作员的失误以及故意的破坏仍是不可避免的，这些故障轻则造成运行事务非正常地中断，影响数据库中数据的正确性，重则破坏数据库，使数据库中全部或部分数据丢失，因此数据库管理系统必须具有把数据库从错误状态恢复到某一已知的正确状态（也称为完整状态或一致状态）的功能，这就是数据库的恢复。

恢复子系统是数据库管理系统的一个重要组成部分，而且还相当庞大，常常占整个系统代码的百分之十以上（如 IMS、DB2）。故障恢复是否考虑周到和行之有效，是数据库系统性能的一个重要指标。

5.4.1　故障的种类

数据库系统中可能发生各种各样的故障，大致可以分为事务故障、系统故障、介质故障和计算机病毒。

（1）事务故障。

事务故障是指发生在单个事务内部的故障，通常分为可预期的事务故障和非预期的事务故障两类。可预期的事务故障指应用程序可以发现的故障，如转账时余额不足，由应用程序处理。非预期的事务故障指如运算溢出、死锁等，导致事务被异常中止。应用程序无法处理此类故障，由系统进行处理（回滚该事务）。

例 5.31　从 A 账户转账到 100 元到 B 账户，可能发生余额不足的故障，应用程序处理如下：

```
Begin
    Update account Set balance = balance - 100 Where ID = 'A';
    Select count( * ) Into a From accounts where ID = 'B';
    If a = 0 then
        Rollback;
    Else
        Update account Set balance = balance + 100 where ID = 'B';
    End If
    Commit;
End;
```

事务故障意味着事务没有达到预期的终点（Commit 或者显式的 Rollback）。数据库可能处于不正确状态。

　　DBMS 的恢复程序要强行回滚(Rollback)该事务,即撤销该事务已经出的任何对数据库的修改,这类恢复称为事务撤销(Undo)。

　　(2)系统故障。

　　系统故障是指整个系统的正常运行突然被破坏,所有正在运行的事务都非正常终止,内存中数据库缓冲区的信息全部丢失,而外部存储设备上的数据未受影响的情况。例如,突然停电、CPU 故障、操作系统故障、误操作等。发生这类故障系统必须重新启动。这类故障影响到所有正在执行的事务,使其非正常终止。一些未完成事务的部分结果可能已写入数据库。一些已完成事务部分数据可能正在缓冲区(未写入磁盘上的物理数据库中)。

　　在系统重新启动后,恢复程序要强行撤销所有未完成事务,清除尚未完成的事务对数据库的所有修改;恢复程序还需要重做所有已提交的事务,将缓冲区中已完成事务提交的结果写入数据库。

　　(3)介质故障。

　　介质故障即外存故障,如磁盘损坏、强磁场干扰等。这类故障发生的可能性较小,但破坏性很强。它使数据库受到破坏,并影响正在存取数据的事务。

　　介质故障的恢复通常装入数据库发生介质故障前某个时刻的数据副本,然后重做自此时始的所有成功事务,将这些事务已提交的结果重新记入数据库。

　　(4)计算机病毒。

　　计算机病毒是一种人为的故障和破坏,是一些恶作剧者研制的一种计算机程序,可以繁殖和传播,并造成对计算机系统包括数据库的危害。这类故障,轻则使部分数据不正确,重则使整个数据库遭到破坏。

　　综上所述,数据库系统中各类故障对数据库的影响概括起来主要有两类:一是数据库本身被破坏(介质故障);另一个是数据库本身没有被破坏,但由于某些事务在运行中被中止,使得数据库中可能包含了未完成事务对数据库的修改,破坏数据库中数据的正确性,或者说使数据库处于不一致状态(事务故障、系统故障)。

5.4.2　恢复的实现技术

　　故障恢复的原理很简单,就是预先在数据库系统外,备份正确状态时的数据库数据,当发生故障时,再根据这些后备副本来重建数据库。恢复机制的关键问题:第一,如何建立冗余数据;第二,如何利用冗余数据恢复数据库。原理虽然简单,但实现技术却相当复杂。

　　实现方法主要有定期转储整个数据库(数据转储)和建立事务日志(登记日志文件)。系统出现故障时通过备份和日志进行恢复。

1. 数据转储

　　由 DBA 定期地把整个数据库复制到磁带或另一个磁盘或光盘上保存起来,作为数据库的后备副本(后援副本),称为数据库转储。数据库发生破坏时,可把后备副本重新装入以恢复数据库。但重装副本只能恢复到转储时的状态,自转储以后的所有更新事务必须重新运行,才能使数据库恢复到故障发生前的一致状态。

　　由于转储的代价很大,因此必须根据实际情况确定一个合适的转储周期。转储分为静态转储和动态转储两类。

　　静态转储也称为离线或脱机备份,这意味着在做备份时没有任何数据库事务在运行,这种备份方式应是首选的备份方式。这可保证得到一个一致性的数据库副本,但在转储期间整个数据库不能使用。

静态转储的优点是实现简单;缺点:一是降低了数据库的可用性,因为转储必须等用户事务结束并且新的事务必须等转储结束,二是重装副本只能使数据库恢复到转储时的状态,如图5.4所示。

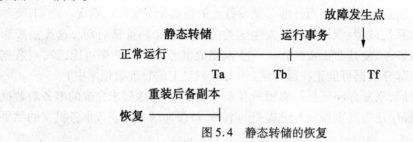

图5.4　静态转储的恢复

动态转储也称为在线备份,即在做备份时不中断数据库的运行,不中断数据库上的应用程序和事务处理。动态转储克服了静态转储时会降低数据库可用性的缺点,但不能保证转储后的副本是正确有效的。例如,在转储中,把某一数据存储到了副本,但在转储结束前,某一事务又把此数据修改了,这样后备副本上的数据就不正确了。因此必须建立日志文件,把转储期间任何事务对数据库的修改都记录下来。在恢复时,后备副本加上日志文件就可把数据库恢复到前面动态转储结束时的数据库状态。

转储还可以分为海量转储和增量转储。海量转储是指转储全部数据库;增量转储是指只转储上次转储后更新过的数据。数据库中的数据一般只部分更新,因此采用增量转储可明显减少转储的开销。例如,每周做一次海量转储,每天做一次增量转储。也可每天做一次增量转储,当总的增量转储的内容达到一定量时,做一次海量转储。转储的类型见表5.16。

表5.16　转储的类型

转　　储		转储状态	
		动态转储	静态转储
转储方式	海量转储	动态海量转储	静态海量转储
	增量转储	动态增量转储	静态增量转储

2. 登记日志文件

日志则是对备份的补充,它可以看作是一个值班日记,它将记录下所有对数据库的更新操作。这样就可以在备份完成时立刻刷新并启用一个数据库日志,数据库日志是实时的,它将忠实地记录下所有对数据库的更新操作。

前面已指出,重装副本只能使数据库恢复到转储时的状态,必须接着重新运行自转储后的所有更新事务才能使数据库恢复到故障发生前的一致状态。日志文件法就是用来记录所有更新事务的。事务每一次对数据库的更新都必须写入日志文件。一次更新在日志文件中有一条记载更新工作的记录。而且必须先把日志记录写到日志文件中,再立即执行更新操作。日志文件有三类记录:

(1)每个事务开始时,必须在日志文件中登记一条该事务的开始记录。

(2)每个事务结束时,必须在日志文件中登记一条结束该事务的记录(注明为 Commit

或 Rollback）。

（3）任何事务的任何一次对数据库的更新，都必须在日志文件中登入一条记录，其格式为：

（<事务标识>，<操作数据>，<更新前数据旧值>（对插入操作而言，此项为空值），<更新后数据的新值>（对删除操作而言，此项为空值））

每个事务开始的标记、结束标记和更新操作均作为日志文件中的一个日志记录。

例 5.32　从 A 账户转账到 100 元到 B 账户，设 A、B 原有余额均为 1 000 元，日志文件如图 5.5 所示。

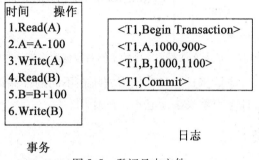

图 5.5　登记日志文件

3. 日志文件的作用

日志文件可用来进行事务故障恢复和系统故障恢复，并协助后备副本进行介质故障恢复。具体表现为事务故障恢复和系统故障恢复必须用日志文件。在动态转储方式中必须建立日志文件，后援副本和日志文件综合起来才能有效地恢复数据库。在静态转储方式中，也可以建立日志文件。利用日志文件进行数据库恢复如图 5.6 所示。

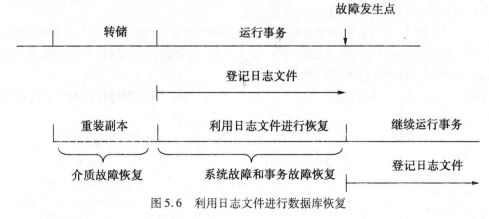

图 5.6　利用日志文件进行数据库恢复

当发生故障时：

（1）若是介质故障，则首先重装副本。

（2）若是系统故障和事务故障，则利用日志文件进行事务故障恢复和系统故障恢复，一直恢复到故障发生点。

为保证数据库是可恢复的，必须遵循两个原则：

（1）登记的次序严格按并行事务执行的时间次序。

（2）必须先写日志文件，后写数据库。

例 5.33　取款事务中用户从银行提取 100 元，数据库中的存款余额从 1 000 改为 900，则日志文件写入次序的不同对数据库恢复的影响如图 5.7 所示。

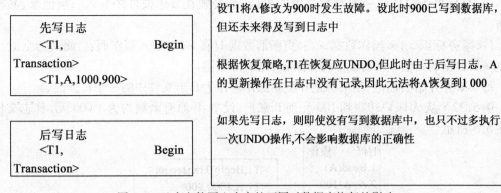

图 5.7　日志文件写入次序的不同对数据库恢复的影响

为了保证日志的安全,应该将日志和数据库安排在不同的存储设备上,否则日志和数据库可能会同时遭到破坏,日志也就失去了它本来的作用。

5.4.3　恢复策略

当系统运行过程中发生故障时,利用数据库后备副本和日志文件就可以将数据库恢复到故障前的某个一致性状态。故障类型不同,恢复方法也不同。

1. 事务故障的恢复

事务未正常终止(COMMIT)而被终止时,可利用日志文件撤销(UNDO)此事务对数据库已作的所有更新。事务故障的恢复是由 DBMS 系统自动完成的,不需要用户干预。具体做法为:

(1)反向扫描日志文件,查找该事务的记录。

(2)若找到的记录为该事务的开始记录,则 UNDO 结束;否则,执行该记录的逆操作(对插入操作,执行删除操作;对删除操作,执行插入操作;对修改操作,用修改前的值替代修改后的值),继续反向扫描,直到找到事务的开始记录。

例 5.34　设事务 1 中有两个变量 A、B,初值均为 1 000,执行得操作序列和发生故障时的恢复如图 5.8 所示。

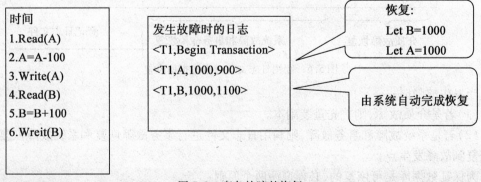

图 5.8　事务故障的恢复

2. 系统故障的恢复

系统发生故障后,必须把未完成的事务对数据库的更新撤销,重做已提交事务对数据库的更新(因为这些更新可能还留在缓冲区没来得及写入数据库)。

(1)从头正向扫描日志文件,直至故障发生时刻(日志文件结束为止)。

①遇到一条某事务开始记录,即把该事务列入撤销(UNDO)队列中,并继续扫描下去。

②遇到一条 COMMIT 结束(正常结束)的事务结束记录,则把记录从撤销队列(UNDO)移到(REDO)队列中,并继续扫描下去。最后,得到两个队列(UNDO)(REDO)。

(2)再次正向扫描日志文件,遇到 REDO 队列中任何事务的每个更新记录,重新执行该记录的操作(将<更新后数据的新值>写入数据库)。

(3)反向扫描日志文件,遇到 UNDO 队列中任何事务的每个更新记录,执行一次逆操作(将<更新前的数据的旧值>写入数据库)。上述步骤,在系统重新启动时由系统自动完成。

例 5.35　系统故障恢复例子,如图 5.9 所示。

发生故障时的日志	
1.	<T1,Begin Transaction>
2.	<T3,Begin Transaction>
3.	<T1,B,2000,1100>
4.	<T2,Begin Transaction>
5.	<T2,A,1000,1200>
6.	<T2,Commit>
7.	<T3,C,3000,1800>
8.	<T3,B,2000,2200>
9.	<T1,Commit>
10.	<T4,Begin Transaction>
11.	<T4,D,1000,500>

UNDO列表: T3,T4
REDO列表: T1,T2
UNDO处理
　　<T4,D,1000,500>:D=1000
　　<T3,B,2000,2200>:B=2000
　　<T3,C,3000,1800>:C=3000
REDO处理
　　<T1,B,2000,1100>:B=1100
　　<T2,A,1000,1200>:A=1200

图 5.9　系统故障的恢复

3. 介质故障的恢复

介质发生故障时,磁盘上的物理数据库和日志文件都被破坏。此时的恢复工作最麻烦:必须重装最新的数据库副本,重做建立该副本到发生故障之间完成的事务(假定为静态转储),步骤如下:

(1)修复系统,必要时,更新介质(磁盘)。

(2)如果操作系统或 DBMS 崩溃,则需重新启动系统。

(3)装入最新的数据库后备副本,使数据库恢复到转储结束时的正确状态。

(4)装入转储结束时的日志文件副本。

(5)扫描日志文件,找出在故障发生时提交的事务,排入重做(REDO)队列。

(6)重做(RNDO)中所有事务。此时,数据库已恢复到故障前的某一正确状态。

若是采用动态转储,则上述第(3)条还需加上转储过程中对应的日志文件,才能把数据库恢复到转储结束时的正确状态。介质故障产生后,不可能完全由系统自动完成恢复工作,必须由 DBA 介入重装数据库副本和各有关日志文件副本的工作,然后命令 DBMS 完成具体的恢复工作。

随着磁盘技术的发展(容量大、价格低),恢复技术发展得很快。各 DBMS 的恢复技术还是不尽相同的,用户在实际使用时,应按照实际 DBMS 的要求来完成恢复的前期工作和恢复工作。利用静态转储副本将数据库恢复到一致性状态如图 5.4 所示。利用动态转储副本和日志文件将数据库恢复到一致性状态如图 5.6 所示。

介质故障的恢复需要 DBA 介入，DBA 的工作是重装最近转储的数据库副本和有关的各日志文件副本，并执行系统提供的恢复命令，而具体的恢复操作仍由 DBMS 完成。

5.4.4　检查点技术

利用日志技术进行数据库恢复时，恢复子系统必须搜索日志，确定哪些事务需要 RE-DO，哪些事务需要 UNDO。一般来说，需要检查所有日志记录。这样做有两个问题：一是搜索整个日志将耗费大量的时间；二是很多需要 REDO 处理的事务实际上已经将它们的更新操作结果写到数据库中了，然而恢复子系统又重新执行了这些操作，浪费了大量时间。为解决这些问题，又发展了具有检查点的恢复技术。这种技术在日志文件中增加一类新的记录——检查点记录（Checkpoint），增加一个重新开始文件，并让恢复子系统在登录日志文件期间动态地维护日志。

检查点记录的内容包括：

（1）建立检查点时刻所有正在执行的事务清单。

（2）这些事务最近一个日志记录的地址。

重新开始文件用来记录各个检查点记录在日志文件中的地址。图 5.10 说明了建立检查点 Ci 时对应的日志文件和重新开始文件。

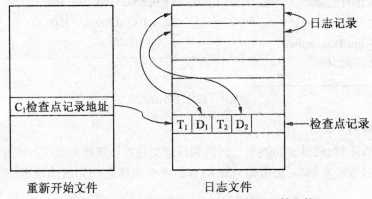

图 5.10　具有检查点的日志文件和重新开始文件

动态维护日志文件的方法是，周期性地执行如下操作：建立检查点，保存数据库状态，其具体步骤如下：

（1）将当前日志缓冲中的所有日志记录写入磁盘的日志文件上。

（2）在日志文件中写入一个检查点记录，该记录包含所有在建立检查点时正在运行的事务的标识。

（3）将当前数据缓冲的所有数据记录写入磁盘的数据库中。

（4）把检查点记录在日志文件中的地址写入一个重新开始文件。

恢复子系统可以定期或不定期地建立检查点保存数据库状态。检查点可以按照预定的一个时间间隔建立，如每隔一小时建立一个检查点；也可以按照某种规则建立检查点，如日志文件已写满一半建立一个检查点。

使用检查点方法可以改善恢复效率。当事务 T 在一个检查点之前提交，T 对数据库所做的修改一定都已写入数据库,写入时间是在这个检查点建立之前或在这个检查点建立之时。这样,在进行恢复处理时,没有必要对事务 T 执行 REDO 操作。

系统出现故障时恢复子系统将根据事务的不同状态采取不同的恢复策略,如图5.11 所示。

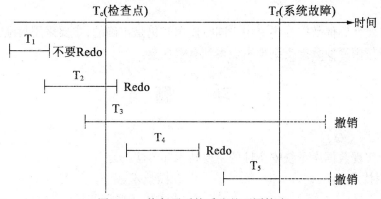

图 5.11　恢复子系统采取的不同策略

T1:在检查点之前提交。

T2:在检查点之前开始执行,在检查点之后故障点之前提交。

T3:在检查点之前开始执行,在故障点时还未完成。

T4:在检查点之后开始执行,在故障点之前提交。

T5:在检查点之后开始执行,在故障点时还未完成。

T3 和 T5 在故障发生时还未完成,所以予以撤消;T2 和 T4 在检查点之后才提交,它们对数据库所做的修改在故障发生时可能还在缓冲区中,尚未写入数据库,所以要 REDO;T1 在检查点之前已提交,所以不必执行 REDO 操作。

系统使用检查点方法进行恢复的步骤是:

(1)从重新开始文件中找到最后一个检查点记录在日志文件中的地址,由该地址在日志文件中找到最后一个检查点记录。

(2)由该检查点记录得到检查点建立时刻所有正在执行的事务清单 ACTIVE – LIST。

建立两个事务队列:

①UNDO – LIST:需要执行 Undo 操作的事务集合;

②REDO – LIST:需要执行 Redo 操作的事务集合;

把 ACTIVE – LIST 暂时放入 UNDO – LIST 队列,REDO 队列暂为空。

(3)从检查点开始正向扫描日志文件

①如有新开始的事务 Ti,把 Ti 暂时放入 UNDO – LIST 队列;

②如有提交的事务 Tj,把 Tj 从 UNDO – LIST 队列移到 REDO – LIST 队列;直到日志文件结束。

(4)对 UNDO – LIST 中的每个事务执行 UNDO 操作,对 REDO – LIST 中的每个事务执行 REDO 操作。

本章小结

为了保证数据库数据的安全可靠性和正确有效,DBMS 必须提供统一的数据保护功能。

数据保护也称为数据控制,主要包括数据库的安全性、并发控制和数据备份恢复等方面。

数据库的安全与保护是衡量数据库的重要指标。

数据库安全性、完整性、并发性以及备份恢复是数据库保护的重要措施。

数据库安全性确保数据不被非法破坏。主要措施有:用户名与口令、权限管理、审计、加密、视图等。

数据库并发性确保数据在多个用户同时使用时仍是正确的,主要采用封锁方法。

数据库备份恢复使数据受到损害能得到有效恢复。

习　　题

一、选择题

1. 以下不属于实现数据库系统安全性的主要技术和方法的是_____。
   A. 存取控制技术　　　　　　　　　B. 视图技术
   C. 审计技术　　　　　　　　　　　D. 出入机房登记和加防盗门

2. SQL 中的视图机制提高了数据库系统的_____。
   A. 完整性　　　　　　　　　　　　B. 并发控制
   C. 隔离性　　　　　　　　　　　　D. 安全性

3. SQL 语言的 GRANT 和 REVOKE 语句主要是用来维护数据库的_____。
   A. 完整性　　　　　　　　　　　　B. 可靠性
   C. 安全性　　　　　　　　　　　　D. 一致性

4. 在数据库的安全性控制中,授权的数据对性的_____,授权的子系统就越灵活。
   A. 范围越小　　　　　　　　　　　B. 约束越细致
   C. 范围越大　　　　　　　　　　　D. 约束范围大

二、填空题

1. 数据库的安全性是指在信息系统的不同层次保护数据库,防止未授权的数据访问,避免数据的_____。

2. 用户标识和鉴别的方法有很多种,而且在一个系统中往往是多种方法并举,以获得更强的安全性。常用的方法有通过输入_____来鉴别用户。

3. 审计一般可以分为_____。

4. 用户权限是由两个要素组成的:_____。

5. 在数据库系统中,定义存取权限称为授权。SQL 语言用_____语句向用户授予对数据的操作权限,用_____语句收回授予的权限。

6. 一个 DBA 用户可以拥有_____,一个 RESOURCE 用户可以拥有_____。

7. 数据库角色是被命名的一组与数据库操作相关的权限,角色是权限的集合。

8. 通过_____可以把要保密的数据对无权存取的用户隐藏起来,从而自动地对数据提供一定程度的安全保护。

三、简答题

1. 什么是数据的安全性?

2. 数据库安全性和完整性有什么关系?

3. 试述实现数据库安全性控制的常用方法和技术。

4. 有两个关系模式:

　　职工(职工号,姓名,年龄,职务,工资,部门号)

　　部门(部门号,名称,经理名,地址,电话号)

　　请用 SQL 的 GRANT 和 REVOKE 语句(加上视图机制)完成一下授权定义或存取控制功能:

　　(1)用户王明对两个表有 SELECT 权限。

　　(2)用户李勇对两个表有 INSERT 和 DELETE 权限。

　　(3)用户刘星对职工表有 SELECT 权限,对工资字段有更新权限。

　　(4)用户张新具有修改两个表的结构的权限。

　　(5)用户周平具有对两个表的所有权限,并具有给其他用户授权的权限。

　　(6)用户杨兰具有从每个部门职工中查询最高工资、最低工资、平均工资的权限,但他不能查看每个人的工资。

5. 对习题 4 中(1) ~ (6)中的每一种情况,撤销各用户所授予的权力。

6. 什么是数据库的审计功能,为什么要提供审计功能?

7. 什么是数据库的完整性约束条件? 完整性约束条件可分为哪几类? DBMS 的完整性控制机制应具有哪些功能?

8. SQL 语言中提供了哪些数据控制(自主存取控制)的语句? 请试举几例说明它们的使用方法。

9. 什么是事务? 它有哪些属性?

10. 在数据库中为什么要并发控制?

11. 并发操作可能会产生哪几类数据不一致? 用什么方法能避免这些不一致的情况?

12. 什么是封锁? 基本的封锁类型有几种? 试述它们的含义。

13. 什么是封锁协议?

14. 如何用封锁机制保证数据的一致性?

15. 什么样的并发调度是正确的调度?

16. 如何保证并行操作的可串行性?

17. 不同级别的封锁协议的主要区别是什么?

18. 不同封锁协议与系统一致性级别的关系是什么?

19. 试述两段锁协议的概念。

20. 试证明,若并发事务遵守两段锁协议,则对这些事务的并发调度是可串行化的。

21. 举例说明,对并发事务的一个调度是可串行化的,而这些并发事务不一定遵守两段锁协议。

22. 理解并解释下列术语的含义:封锁、活锁、死锁、排他锁、共享锁、并发事务的调度、可串行化的调度、两段锁协议。

23. 什么是活锁? 什么是死锁? 试述死锁和活锁的产生原因和解决方法。

24. 设 A 的初值为 1, T1、T2 和 T3 是如下的三个事务:

　　T1:A = A + 3;

　　T2:A = A * 3;

　　T3:A = A * * 3;

　　(1)若这三个事务允许并行执行,则有多少可能的正确结果,请一一列举出来。

　　(2)请给出一个可串行化的调度,并给出执行结果。

（3）请给出一个非串行化的调度，并给如执行结果。

（4）若这三个事务都遵守两段锁协议，请给出一个不产生死锁的可串行化调度。

（5）若这三个事务都遵守两段锁协议，请给出一个产生死锁的调度。

25. 什么是数据库的备份与恢复？

26. 数据库转储的意义是什么？试比较各种数据转储方法。

27. 什么是日志文件？为什么要设立日志文件？登记日志文件时为什么必须先写日志文件，后写数据库？

28. 数据库运行过程中常见的故障有哪几类？各类故障如何恢复？

第6章

关系数据库设计理论

本章知识要点

本章介绍关系模式异常问题;函数依赖;关系模式的规范化;多值依赖和函数依赖公理与模式分解。重点是函数依赖的概念和关系模式的规范化。

6.1 数据依赖对关系模式的影响

一个关系数据库由若干关系模式组成,一个关系模式又由若干属性组成,关系数据库逻辑设计就是如何针对具体问题,构造一个适合于它的数据模式。为使关系模式设计合理、可靠,逐渐形成了关系数据库逻辑设计的理论——规范化理论。

本章就从数据依赖对关系模式的影响出发,介绍规范化理论,讨论各种范式及在某种方范式下存在的不足、提供如何解决这些不足的方法,并进一步介绍模式分解的相关知识和算法。

规范化设计理论主要包括三个方面的内容:数据依赖、范式和模式设计方法,其中数据依赖起着核心作用。

在数据库中,数据之间存在着密切的联系。数据依赖研究的是数据之间的联系,即在数据库技术中,把数据之间存在的联系称为数据依赖。它是现实世界属性间相互联系的抽象,是数据内在的性质,是语义的体现。如果一个关系模式没有设计好,即在它的某些属性之间存在着"不良"的数据依赖,则该关系模式在执行插入、删除或修改的过程中容易造成异常等错误。

例6.1 有关系模式 Teach(编号,姓名,住址,课程号,课程名),见表6.1。

表6.1 关系 Teach

编 号	姓 名	住 址	课 程 号	课 程 名
T001	王美	哈尔滨道外区	C001	高等数学
T001	王美	哈尔滨道外区	C002	线性代数
T001	王美	哈尔滨道外区	C003	离散数学
T002	刘岩	哈尔滨香坊区	C003	离散数学
T003	张强	哈尔滨南岗区	C004	数据结构
T002	刘岩	哈尔滨香坊区	C005	数据库系统原理

在该关系中,编号和课程号是该关系的码,该关系中存在的数据依赖有:

编号→姓名、住址;课程号→课程名;(编号,课程号)→姓名;(编号、课程号)→住址;(编号,课程号)→课程名。

在该关系中可以发现其数据冗余大,例如,如果一个教师教几门课程,则该教师的住址就要重复几次存储。一门课程如果有多位教师讲授,则课程名要重复多次存储。而且由于数据的冗余,在对数据进行插入、删除和修改时会引起各种异常。具体表现如下:

(1)修改异常。

比如教师王美教三门课程,在关系中就会有三个元组。如果他的住址变了,则需要修改多个元组中的住址。若有部分元组中的住址未更改,就会造成这个教师的住址不唯一,产生不一致现象,这就是修改异常或更新异常。

(2)插入异常。

由关系的实体完整性知关系的主属性不能是空值,所以属性编号和课程号上就不能为空。而如果刚调来一个新教师,但尚未分派教学任务,那么要将该教师的姓名和住址存储到关系中时,属性课程号就无法填充值,则该插入操作就无法进行,这种现象称为插入异常。

(3)删除异常。

同样,如果在表6.1中要取消教师张强的教学任务,由关系的实体完整性可知,就必须将该教师的整个元组删去,这样也将张强的住址信息从表中删去了。这种现象称为删除异常。

由此可见,Teach关系模式不是一个好的模式。造成这种情况的原因是由存在于模式中的某些不良的数据依赖引起的。

解决上述问题的方法就是对关系进行规范化处理。如把上述关系模式分解成如下三个关系模式:

Teacher(编号,姓名,住址)

Course(课程号,课程名)

TC(编号,课程号)

分解后,可发现如下改进:

(1)数据冗余减少。有了关系Course,课程名可以不用重复存储了。

(2)数据的插入和删除正常。增加新教师,这在Teacher关系中操作即可,增加新课程在Course中操作即可完成。

(3)数据的修改变得方便。改进后,修改某一教师的住址变得方便了,只需修改Teacher一处即可。

但是,改进后的关系模式也存在另外的问题,当查询某个教师的授课情况时,需要将两个关系连接后再进行查询,而关系的连接代价是很大的。而且如果调走一位教师,这需同时修改Teacher和TC。所以具体如何分解模式,视具体情况来定。

那么,什么样的关系模式需要分解?什么是规范化的模式?分解关系模式的理论依据又是什么?如何分解?下面将重点讨论。

6.2　关系模式的规范化

所谓规范化,就是用形式更为简洁、结构更加规范的关系模式取代原有关系的过程。该过程如何进行,取决于该关系模式属性间的数据依赖情况,数据依赖共分为三种:函数依赖、多值依赖和连接依赖,其中最重要的是函数依赖和多值依赖。本节将重点讨论关系模式的函数依赖,根据这种依赖关系分析关系的规范程度,对不满足规范的关系如何转换的问题。

6.2.1　函数依赖

数据库中出现的数据异常现象与数据依赖有着紧密的关联。在数据依赖中,函数依赖是最基本的一种依赖形式。

定义 6.1　设 R(U)是一个关系模式,U 是 R 的属性集合,X 和 Y 是 U 的子集。对于 R(U)的任意一个可能的关系 r,$t1$、$t2$ 是 r 中的任意两个元组;如果由 $t1[X]=t2[X]$ 可以推导出 $t1[Y]=t2[Y]$,则称 X 函数决定 Y,或 Y 函数依赖于 X,记为 X→Y。

函数依赖类似于数学中的单值函数,函数的自变量确定时,因变量的值唯一确定。函数依赖和别的数据依赖一样是语义范畴的概念,只能根据语义来确定一个函数依赖,反映了关系模式中属性间的决定关系,体现了数据间的相互关系。对于函数依赖,要求关系中的所有元组都要满足函数依赖的要求,而不是部分元组满足即可。

例 6.2　有关系模式 Student(学号,姓名,性别,年龄,专业),根据语义,该关系存在的函数依赖可根据实际分析得到以下几个:

学号→姓名,学号→性别,学号→年龄,学号→专业

说明:

(1)函数依赖不是指关系模式 R 的某个或某些关系实例满足的约束条件,而是指 R 的所有关系实例均要满足的约束条件。

(2)函数依赖虽然只能根据语义来确定,但数据库设计者可对现实世界作强制规定。比如在学生关系中,设计者可强行规定不允许出现相同姓名的人,因此可以使函数依赖

姓名→年龄,姓名→性别,姓名→专业

成立。当插入某元组时,该元组上的属性值必须满足规定的函数依赖,若发现有相同姓名的人存在,则拒绝插入该元组。

(3)若 X→Y,则 X 称为这个函数依赖的决定属性集,或决定因素。

(4)若 X→Y,并且 Y→X,则记为 X←→Y。

(5)若 Y 不函数依赖于 X,则记为 X↛Y。

定义 6.2　在关系模式 R(U)中,对于 U 的子集 X 和 Y,如果 X→Y,但 $Y \subseteq X$,则称 X→Y 是平凡的函数依赖。若 $Y \not\subseteq X$,则称 X→Y 为非平凡的函数依赖。

对于任一关系模式,平凡函数依赖都是必然成立的,它不反映新的语义,因此若不特别声明,总是讨论非平凡函数依赖。

定义 6.3　在关系模式 R(U)中,如果 X→Y,并且对于 X 的任何一个真子集 X′,都有 X′↛Y,则称 Y 完全函数依赖于 X,记作 $X \xrightarrow{F} Y$。

若 X→Y,但 Y 不完全函数依赖于 X,则称 Y 部分函数依赖于 X,记作 $X \xrightarrow{P} Y$。

定义 6.4　在关系模式 R(U)中,如果 X→Y,$Y \not\subseteq X$,Y↛X,Y→Z,则称 Z 传递函数依赖于 X。

6.2.2　码

在介绍关系时提到了候选码、主码的概念,本小节将用函数依赖的概念来重新定义码的概念。

定义 6.5　设 K 是关系模式 R(U,F)中的属性或属性组,若 U 完全函数依赖于 K,则称 K 为 R 的候选码(Candidate Key)。若候选码多于一个,则选定其中的一个为主码(Primary Key)。

包含在任一候选码中的属性,称为主属性(Prime Attribute)。不包含在任何码中的属性称

为非主属性(Nonprime Attribute)或非码属性(Non-Key Attribute)。最简单的情况是单个属性就是码,称为单码(Single Key)。最极端的情况是整个属性集合组成码,称为全码(All-Key)。

前面提到的关系 Student 中的属性学号和 Course 中的属性课程号都是单码的例子,全码的例子不多见,比如前面提到的教师授课关系 TC(编号,课程号),该关系中一位教师可能讲授多门课程,一门课程又可能被多名教师讲授,所以任何一个单独的属性不能构成码,该关系的码只能是(编号,课程号),是全码。

定义 6.6   设有两个关系模式 R 和 S,X 是 R 的属性或属性组,不是 R 的码,但 X 是 S 的码,则称 X 是 R 的外部码(Foreign Key),简称外码。

在关系模式 Student 和 SC 中,学号不是关系 SC 的码,因为 SC 的码是(学号,课程号),但学号是关系 Student 的码。所以属性学号是关系 SC 的外码。关系 Student 和 SC 通过学号建立联系,利于今后的查询要求。

主码和外部码为两个关系间建立联系搭建了桥梁,也是关系的参照完整性得以保证的基础。

6.2.3   范式

规范化理论是用来改造关系模式,通过分解关系模式来消除其中不合适的数据依赖,以解决插入异常、删除异常、更新异常和数据冗余问题,使关系模式变好。关系模式的好与坏的标准衡量就是模式的范式(Normal Forms,NF)。

范式的种类与数据依赖有着直接的联系,美国数据库小组成员 E. F. Codd 早在 1971 ~ 1972 年间就系统地提出了第一范式(1NF)、第二范式(2NF)、第三范式(3NF)的概念,讨论了规范化的问题。1974 年,Codd 和 Boyce 几乎同时提出一个新范式,被称为 BCNF。之后又有人提出了 4NF、5NF。范式的级别越高,其规范化程度也越高。在数据库设计中最常用的是 3NF 和 BCNF。下面从 1NF 起,逐一介绍。

1. 第一范式(1NF)

定义 6.7   如果关系模式 R 的每个关系 r 的属性值都是不可分的原子值,那么称 R 属于第一范式(First Normal Form,1NF),记作 R∈1NF。

满足 1NF 的关系称为规范化的关系,否则称为非规范化的关系。关系数据库研究的关系都是规范化的关系。1NF 是关系模式应具备的最起码的条件。任何一个关系模式首先就应是满足 1NF 要求的。

满足 1NF 要求的关系并不一定是合理的,如例 6.1 的关系模式 Teach 达到了 1NF 的要求,但仍然存在上述四种异常。解决的办法是进一步规范化,使其达到更高级别范式的要求。

2. 第二范式(2NF)

定义 6.8   如果关系模式 R∈1NF,且每个非主属性完全函数依赖于码,那么称 R 属于第二范式(2NF),记作 R∈2NF。

例 6.3   例 6.1 中提到的关系 Teach(编号,姓名,住址,课程号,课程名),该关系中存在的数据依赖有:

编号→姓名,编号→住址,课程号→课程名,(编号,课程号)→姓名,(编号,课程号)→住址,(编号,课程号)→课程名。

其中(编号,课程号)是该关系的码,但函数依赖:编号→姓名,编号→住址,课程号→课程名,相对码是部分依赖的关系,所以该关系模式不属于 2NF。

在前面可以看到,在操作关系 Teach 时,容易出现问题,所以可以断言,当一个关系模式不属于 2NF 时,会容易产生修改复杂、插入和删除异常的问题。

于是可以将关系 Teach 分解成三个关系:

Teacher(编号,姓名,住址)

Course(课程号,课程名)

TC(编号,课程号)

这样,对于其中的任何一个关系模式,都属于 2NF。

3. 第三范式(3NF)

定义 6.9　如果关系模式 $R \in 1NF$,且每个非主属性都不传递依赖于 R 的码,那么称 R 属于第三范式(3NF),记作 $R \in 3NF$。

可以证明,若 $R \in 3NF$,则每一个非主属性既不部分依赖于码,也不传递依赖于码。所以 R 一定也属于 2NF。

在例 6.3 中,分解得到的三个关系模式,即属于 2NF,也属于 3NF。下面看一个属于 2NF,但不属于 3NF 的例子。

例 6.4　如关系模式教师信息:Teacher(Tno,Tname,Tadd,Tcollege,Cadd),Tno 为该关系的码,表示教师编号,Tname 表示教师名,Tadd 表示教师住址,Tcolloge 表示毕业院校,Cadd 表示毕业院校地址,可发现该关系属于 2NF。但是该关系中的还存在着 Tcollege→Cadd 的函数依赖,即 Tno→Tcollege,Tcollege→Cadd,则 Cadd 传递依赖于 Tno。所以关系模式教师不属于 3NF。

一个关系模式不属于 3NF 时,也会产生与 2NF 同样的问题。例如例 6.4 中的关系教师,如果有多位教师毕业于同一个学校,则学校的地址就会被多次存储,这必然会带来数据冗余和修改复杂的问题。

所以可以将例 6.4 中的关系模式进行分解,得到以下两个关系模式:

T(Tno,Tname,Tadd,Tcollege)

T – C(Tcollege ,Cadd)

这两个关系模式中就不存在传递依赖。

4. BC 范式(BCNF)

BCNF(Boyce Codd Normal Form)是由 Boyce 与 Codd 同时提出的,比 3NF 又进了一步,通常称 BCNF 为修正的 3NF,所以有 BCNF3NF。

定义 6.10　如果关系模式 $R \in 1NF$,且 $X \to Y(Y \not\subseteq X)$时,X 必含有码,则 R 属于 BCNF,记作 $R \in BCNF$。

也就是说,如果一个关系模式 R 中每一个函数依赖的决定因素都包含码,则 R 一定属于 BCNF。

如果 $R \in BCNF$,由 BCNF 的定义可以得到以下结论:

(1)R 中所有非主属性对每一个码都是完全函数依赖。

(2)R 中所有主属性对每一个不包含它的码,也是完全函数依赖。

(3)R 中没有任何属性完全函数依赖于非码的任何一组属性。

推论　如果 $R \in BCNF$,则 $R \in 3NF$ 一定成立;反之,若 $R \in 3NF$,则 $R \in BCNF$ 不一定成立。

该推论可用反证法加以证明,此处不再详述,下面用几个例子来说明上述推论的成立。

例 6.5　3NF 中提到的关系模式 Teacher,通过分解后得到的两个关系模式 T(码为 Tno)和 T – C(码为 Tcollege,假设一个学校只有一个地址)中,所有的非主属性都完全依赖于码,所以,T 和 T − C 属于 BCNF,也属于 3NF。

但是如果 R ∈ 3NF,R 未必属于 BCNF。因为 3NF 比 BCNF 放宽了一个约束,即允许决定因素不包含码。

例 6.6 如关系模式:地址(City,Road,Pno),Pno 表示邮政编码。通过语义分析,可得到该关系的函数依赖为:

(City,Road) →Pno,Pno→City

分析得到该关系的码是(City,Road),Pno 为非主属性,它完全函数依赖于码,且依赖集中无传递依赖,所以该关系属于 3NF。但 Pno 也是一个决定因素,它没有包含码,所以该关系不属于 BCNF。

例 6.7 关系模式 Teach(Sno,Tno,Cno),Sno 表示学号,Tno 表示教师编号,Cno 表示课程号。现规定一个教师只能教一门课,每门课可由多个教师讲授。学生一旦选定某门课,教师就相应地固定。根据语义关系得到如下的函数依赖:

Tno→Cno,(Sno,Cno)→Tno,(Sno,Tno)→Cno

通过分析得到,该关系的候选码为(Sno,Tno)或(Sno,Cno),因此三个属性都是主属性,由于不存在非主属性,该关系一定是 3NF 的。但由于 Tno 是决定因素,而且 Tno 没包含码,所以该关系不属于 BCNF。

不属于 BCNF 的关系模式,仍然存在不好的问题。例如,Teach 模式就存在数据冗余的问题,比如有 100 个学生选定了某一门课,则教师与该课程的关系就要重复存储 100 次。所以可进一步分解为如下两个 BCNF 的关系模式,以消除此种冗余:

S − T(Sno,Tno)

T − C(Tno,Cno)

一个关系模式如果达到了 BCNF,那么在函数依赖范围内,它已实现了彻底的分离,消除了数据冗余、插入和删除异常。

6.3 多值依赖与第四范式(4NF)

6.3.1 多值依赖

以上完全是在函数依赖的范畴内讨论问题。属于 BCNF 的关系模式是否就很完美了呢?在属性之间的数据依赖中,除了函数依赖,还有多值依赖。在讨论多值依赖之前,可以先看一个例子,见表 6.2。

表 6.2 教师开课一览表(注意教师及课程名称)

课程(Course)	教师(Teacher)	班级(Class)
数据结构	王晓萍	00 级本科
	陈保乐	00 级辅修
	刘彤彤	01 级大专
数据库原理	李桂平	99 级本科
	张力	99 级辅修
网络技术	王宝纲	98 级本科
	张丽萍	99 级大专

从表 6.2 中可以得到如下信息,哪门课由哪些教师开,有哪些班级开设了这门课。因此,可以从已知的元组推出表中一定存在其他元组。

例如,如果表中存在元组:

(网络技术,王宝纲,98 级本科)

(网络技术,张丽萍,99 级大专)

那么表中应该有元组:

(网络技术,王宝纲,99 级大专)

(网络技术,张丽萍,98 级本科)

将表 6.2 转化为规范化的教师开课表,见表 6.3。

表 6.3　教师开课表(注意教师及课程名称)

课　　程	教　　师	班　　级
数据结构	王晓萍	00 级本科
数据结构	王晓萍	00 级辅修
数据结构	王晓萍	01 级大专
数据结构	陈保乐	00 级本科
数据结构	陈保乐	00 级辅修
数据结构	陈保乐	01 级大专
数据结构	刘彤彤	00 级本科
数据结构	刘彤彤	00 级辅修
数据结构	刘彤彤	01 级大专
数据库原理	李桂平	99 级本科
数据库原理	李桂平	99 级辅修
数据库原理	张力	99 级本科
数据库原理	张力	99 级辅修
网络技术	王宝纲	98 级本科
网络技术	王宝纲	99 级大专
网络技术	张丽萍	98 级本科
网络技术	张丽萍	99 级大专

这种依赖关系称为多值依赖。与函数依赖不同,函数依赖是属性值之间的约束关系,而多值依赖是元组值之间的约束关系。

定义 6.11　设 $R(U)$ 是属性集 U 上的一个关系模式。X、Y、Z 是 U 的子集,并且 $Z = U - X - Y$。如果对于 $R(U)$ 的任一关系 r,给定的一对 (x,z) 值,都有一组 Y 值与之对应,这组值仅仅决定于 x 值而与 z 值无关。称 Y 多值依赖于 X,或 X 多值决定 Y,记作 $X \rightarrow\rightarrow Y$。

在表 6.3 中,对于一对 (X,Z) 值(数据结构,00 级本科)有一组 Y 值{王晓萍,陈保乐,刘彤彤}与之对应,这组值仅决定于课程数据结构,而与班级无关。对于另外一个 (X,Z) 值(数据结构,00 级辅修),对应的仍是这组 Y 值{王晓萍,陈保乐,刘彤彤}。因此,课程 $\rightarrow\rightarrow$ 教师。

若 $X \rightarrow\rightarrow Y$,而 $Z = \varnothing$ 即 Z 为空,则称 $X \rightarrow\rightarrow Y$ 为平凡的多值依赖,否则称 $X \rightarrow\rightarrow Y$ 为非平凡的多值依赖。

多值依赖的主要性质(也称多值依赖规则):

（1）多值依赖具有对称性。即若 $X \rightarrow \rightarrow Y$，则 $X \rightarrow \rightarrow Z$，其中 $Z = U - X - Y$。

（2）多值依赖具有传递性。即若 $X \rightarrow \rightarrow Y$，$Y \rightarrow \rightarrow Z$，则 $X \rightarrow \rightarrow Z - Y$。

（3）若 $X \rightarrow \rightarrow Y$，$X \rightarrow \rightarrow Z$，则 $X \rightarrow \rightarrow YZ$。

（4）若 $X \rightarrow \rightarrow Y$，$X \rightarrow \rightarrow Z$，则 $X \rightarrow \rightarrow Y \cap Z$。

（5）若 $X \rightarrow \rightarrow Y$，$X \rightarrow \rightarrow Z$，则 $X \rightarrow \rightarrow Y - Z$，$X \rightarrow \rightarrow Z - Y$。

一般来讲，当关系至少有三个属性，其中的两个是多值，且它们的值只依赖于第三个属性时，才会有多值依赖。即对于关系 $R(A,B,C)$，如果 A 决定 B 的多个值，A 决定 C 的多个值，B 和 C 相互独立，这时才存在多值依赖。

在具有多值依赖的关系中，如果随便删去一个元组而破坏了其对称性，那么，为了保持多值依赖关系中数据的多值依赖性，必须删去另外的元组以维持其对称性。这个规则称为多值依赖的约束规则，这种规则只能由设计者在软件设计中加以体现，目前的 RDBMS 不具有维护此规则的能力。

函数依赖可看成是多值依赖的特例，即函数依赖一定是多值依赖；多值依赖是函数依赖的概括，即存在多值依赖的关系，不一定存在函数依赖。

多值依赖与函数依赖相比，具有基本的区别：多值依赖的有效性与属性集的范围有关。

若 $X \rightarrow \rightarrow Y$ 在 U 上成立则在 $W(XY \subseteq W \subseteq U)$ 上一定成立；反之则不然，即 $X \rightarrow \rightarrow Y$ 在 $W(W \subseteq U)$ 上成立，在 U 上并不一定成立。这是因为多值依赖的定义中不仅涉及属性组 X 和 Y，而且涉及 U 中其余属性 Z。

一般地，在 $R(U)$ 上若有 $X \rightarrow \rightarrow Y$ 在 $W(W \subset U)$ 上成立，则称 $X \rightarrow \rightarrow Y$ 为 $R(U)$ 的嵌入型多值依赖。

但是在关系模式 $R(U)$ 中函数依赖 $X \rightarrow Y$ 的有效性仅决定于 X，Y 这两个属性集的值。只要在 $R(U)$ 的任何一个关系 r 中，元组在 X 和 Y 上的值满足定义 6.1，则函数依赖 $X \rightarrow Y$ 在任何属性集 $W(XY \subseteq W \subseteq U)$ 上成立。

若函数依赖 $X \rightarrow Y$ 在 $R(U)$ 上成立，则对于任何 $Y' \subset Y$ 均有 $X \rightarrow Y'$ 成立。而多值依赖 $X \rightarrow \rightarrow Y$ 若在 $R(U)$ 上成立，我们却不能断言对于任何 $Y' \subset Y$ 有 $X \rightarrow \rightarrow Y'$ 成立。

6.3.2 第四范式

定义 6.12 如果关系模式 $R \in 1NF$，对于 R 的每个非平凡的多值依赖 $X \rightarrow \rightarrow Y(Y \subsetneq X)$，X 含有码，则称 R 是第四范式，即 $R \in 4NF$。

一个关系模式如果属于 4NF，则一定属于 BCNF，但一个 BCNF 的关系模式不一定是 4NF 的，R 中所有非平凡多值依赖实际上是函数依赖。

在前面的教师开课表中，课程 $\rightarrow \rightarrow$ 教师，课程 $\rightarrow \rightarrow$ 班级，都是非平凡的多值依赖。但该关系的码是全码（课程，教师，班级），而课程没有包含码（只是码的一部分），所以该关系模式属于 BCNF 而不属于 4NF。如将其分解为两个关系，可达到 4NF。

任课（课程，教师）

开课（课程，班级）

在这两个关系中，课程 $\rightarrow \rightarrow$ 教师，课程 $\rightarrow \rightarrow$ 班级，它们均是平凡多值依赖。即关系中已不存在非平凡、非函数依赖的多值依赖，所以它们均是 4NF。

一般的，如果关系模式 $R(X,Y,Z)$ 满足 $X \rightarrow \rightarrow Y$，$X \rightarrow \rightarrow Z$，那么可将它们分解为关系模式 $R1(X,Y)$ 和 $R2(X,Z)$。

　　在一般应用中,即使作数据存储操作,也只要达到 BCNF 就可以了。因为应用中具有多值依赖的关系较少,因此需要达到 4NF 的情况也就比较少。

　　人们还研究了其他数据依赖,如连接依赖和 5NF。这里就不再讨论了,有兴趣的读者可以参阅相关书籍。

6.3.3　规范化小结

　　在关系数据库中,对关系模式的基本要求是满足第一范式。这样的关系模式就是合法的、允许的。但是,人们发现有些关系模式存在插入、删除异常,修改复杂,数据冗余等毛病。人们寻求解决这些问题的方法,这就是规范化的目的。

　　规范化的基本思想是逐步消除数据依赖中不合适的部分,使模式中的各关系模式达到某种程度的"分离",关系模式的规范过程是通过对关系模式的分解来实现的。把低一级的关系模式分解为若干个高一级的关系模式。具体的规范化过程如下图所示:

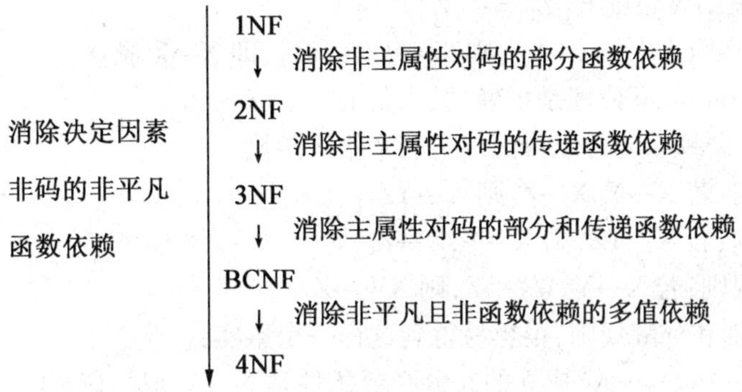

```
                         1NF
                          ↓  消除非主属性对码的部分函数依赖
                         2NF
   消除决定因素            ↓  消除非主属性对码的传递函数依赖
   非码的非平凡           3NF
   函数依赖               ↓  消除主属性对码的部分和传递函数依赖
                         BCNF
                          ↓  消除非平凡且非函数依赖的多值依赖
                         4NF
```

图 6.1　规范化过程

6.4　数据依赖的公理系统

　　由前面的例子可以看到,在进行模式分解时,并没有给出分解的算法。实际上,在关系数据库的规范化理论中,模式分解及判断分解是否等价是有一定算法的。算法的基础就是函数依赖的公理系统,它可以从已知的函数依赖推导出其他函数依赖。这套公理系统是 1974 年由 Armstrong 提出来的,常被称为 Armstrong 公理系统。

　　应用 Armstrong 公理系统可以求得给定关系的码,也可由一组函数依赖求得另外一组函数依赖,如已知函数依赖集 F,求 X→Y 是否为 F 所蕴含。蕴含的定义如下给出。

　　定义 6.13　对于满足一组函数依赖 F 的关系模式 R<U,F>,其任何一个关系 r,若函数依赖 X→Y 都成立,则称 F 逻辑蕴涵 X→Y。

6.4.1　Armstrong **公理系统**

Armstrong 公理系统　设有关系模式 R(U,F),X,Y,Z⊂U,则对 R(U,F)有:

A1(自反律):若 Y⊆X,则 X→Y。

A2(增广律):若 X→Y,则 XZ→YZ。

A3(传递律):若 X→Y,Y→Z,则 X→Z。

其中 XZ 表示 X∪Z;自反律所得到的函数依赖均是平凡的函数依赖,自反律的使用并不依赖于 F;人们通常把自反律、增广律、传递律称为 Armstrong 公理,这是对 Armstrong 公理的几点说明。

Armstrong 公理系统是有效的、完备的。Armstrong 公理的有效性指的是:由 F 出发根据 Armstrong 公理推导出来的每一个函数依赖一定在 F^+ 中;完备性指的是 F^+ 中的每一个函数依赖,必定可以由 F 出发根据 Armstrong 公理推导出来。

定理 6.1   Armstrong 公理是正确的。即如果函数依赖 F 成立,则由 F 根据 Armstrong 公理所推导的函数依赖总是成立的。

证明:设 t_1,t_2 是关系 R 中的任意两个元组。

A1:如果 $t_1[X] = t_2[X]$,则因为 $Y \subseteq X$,所以有 $t_1[Y] = t_2[Y]$,故 $X \rightarrow Y$ 成立。

A2:如果 $t_1[XZ] = t_2[XZ]$,则有 $t_1[X] = t_2[X]$,$t_1[Z] = t_2[Z]$。

又已知 $X \rightarrow Y$,因此得 $t_1[Y] = t_2[Y]$,可知 $t_1[YZ] = t_2[YZ]$,故 $XZ \rightarrow YZ$ 成立。

A3:如果 $t_1[X] = t_2[X]$,则 $t_1[Y] = t_2[Y]$。

如果 $t_1[Y] = t_2[Y]$,则 $t_1[Z] = t_2[Z]$。

因此可得:如果 $t_1[X] = t_2[X]$,则 $t_1[Z] = t_2[Z]$,即 $X \rightarrow Z$ 成立。

定理 6.1   Armstrong 公理是正确的、完备的。

由 Armstrong 公理系统可以得到以下三个推理规则:

(1)合成规则:若 $X \rightarrow Y$,$X \rightarrow Z$,则 $X \rightarrow YZ$。

(2)分解规则:若 $X \rightarrow YZ$,则 $X \rightarrow Y$,$X \rightarrow Z$。

(3)伪传递规则:若 $X \rightarrow Y$,$WY \rightarrow Z$,则 $XW \rightarrow Z$。

根据合并规则和分解规则,很容易得到这样一个事实:

引理 6.1 $X \rightarrow A_1 A_2 \cdots A_k$ 成立的充分必要条件是 $X \rightarrow A_i$ 成立($i = 1, 2, \cdots, k$)。

例 6.8   设关系模式 $R(A, B, C, G, H, I)$,函数依赖集为 $F = \{A \rightarrow B, A \rightarrow C, CG \rightarrow H, CG \rightarrow I, B \rightarrow H\}$,利用规则,可以得到关系中存在以下几个函数依赖:

(1)$A \rightarrow H$。由于 $A \rightarrow B$,$B \rightarrow H$,使用传递律可得 $A \rightarrow H$。

(2)$CG \rightarrow HI$。由于 $CG \rightarrow H$,$CG \rightarrow I$,由合成律可得 $CG \rightarrow HI$。

(3)$AG \rightarrow I$。由于 $A \rightarrow C$,$CG \rightarrow I$,由伪传递律可推出 $AG \rightarrow I$。

6.4.2   闭包及其计算

定义 6.14   设关系模式 $R < U, F >$,U 为 R 的属性集合,F 为其函数依赖集,则称所有用 Armstrong 公理从 F 推出的函数依赖 $X \rightarrow A_i$ 中 A_i 的属性集合为 X 的属性闭包,记作 X_F^+,读作 X 关于函数依赖集 F 的闭包。

由引理 6.2 可以推出:

引理 6.2   设关系模式 $R < U, F >$,U 为 R 的属性集合,F 为其函数依赖集,$X, Y \subseteq U$,则从 F 推出 $X \rightarrow Y$ 的充要条件是 $Y \subseteq X_F^+$。

如果要判断 $X \rightarrow Y$ 是否能由 F 根据 Armstrong 公理导出,只需求出 X_F^+,判断 Y 是否为 X_F^+ 的子集。这可由算法 6.1 完成。

算法 6.1   求属性集 X 关于函数依赖 F 的属性闭包 X_F^+。

输入:关系模式 R 的全部属性集 U,U 的子集 X,U 上的函数依赖集 F。

输出:X 关于 F 的属性闭包 X_F^+。

步骤:设 $i = 0, 1, 2, \cdots$。

(1)初始化:i = 0,X(i) = X(0) = X。

(2)求属性集 A。A 是这样的属性:在 F 中寻找尚未用过的左边是 X(i)子集的函数依赖:Y(i)⊆X(i),并且在 F 中有 Y(i)→Z(i),则 A = Z(1)∪Z(2)∪…∪Z(i)。

(3)X(i + 1) = X(i)∪A。

(4)判断以下条件之一是否成立,若有条件成立,则转向(5);否则 i = i + 1,转向(2)。

①X(i + 1) = X(i)。

②X(i)中已包含了 R 的全部属性。

③在 F 中的每个函数依赖的右边属性中已没有 X(i)中未出现过的属性。

④在 F 中未用过的函数依赖的左边属性已没有 X(i)的子集。

(5)输出 X(i + 1),即为 X_F^+。

算法 6.1 实际是系统化寻找满足条件 $A \in X_F^+$ 的属性的方法。

例 6.9　设关系模式 R < U,F >,其中,U = {A,B,C,D,E,I},F = {A→D,AB→C,BI→C,ED→I,C→E},求 $(AC)_F^+$。

解:(1)令 X = {AC},则 X(0) = AC。

(2)在 F 中找出左边是 AC 子集的函数依赖:A→D,C→E。

(3)X(1) = X(0)∪D∪E = ACDE。

(4)很明显 X(1)≠X(0),所以 X(i) = X(1),并转向算法中的步骤(2)。

(5)在 F 中找出左边是 ACDE 子集的函数依赖:ED→I。

(6)X(2) = X(1)∪I = ACDEI。

(7)虽然 X(2)≠X(1),但是 F 中未用过的函数依赖的左边属性已没有 X(2)的子集,所以可停止计算,输出 $(AC)_F^+$ = X(2) = ACDEI。

例 6.10　已知关系模式 R(A,B,C,D,E),F = {AB→C,B→D,C→E,EC→B,AC→B}是函数依赖集,求 $(AB)_F^+$。

依算法 6.1 解:

(1)令 X = {AB},则 X(0) = AB;

(2)在 F 中找出左边是 AB 子集的函数依赖:AB→C 和 B→D;

(3)X(1) = X(0)∪C∪D = ABCD;

(4)很明显 X(1)≠X(0),所以 X(i) = X(1),并转向算法中的步骤(2);

(5)在 F 中找出左边是 ABCD 子集的函数依赖:C→E;

(6)X(2) = X(1)∪E = ABCDE = U;

所以 $(AB)_F^+$ = ABCDE。

6.4.3　函数依赖的覆盖

定义 6.15　设 F 和 G 是关系模式 R(U)上的两个函数依赖集,如果 $F^+ = G^+$,则称 F 和 G 是等价的,记作 F≡G。也可称为 F 覆盖 G,或 G 覆盖 F,或 F、G 相互覆盖。

引理 6.3　F≡G 的充分必要条件是 F⊆G^+、G⊆F^+。

引理 6.4　任一函数依赖集总可以为一右边都为单属性的函数依赖集所覆盖。

证明:构造

$$G = \{X→A \mid X→Y \in F \text{ 且 } A \in Y\}$$

根据分解规则:G⊆F^+;根据合并规则:F⊆G^+,可得:$F^+ = G^+$,即 F 为 G 所覆盖。

证毕。

定义 6.16　如果函数依赖集 F 满足下列条件,则称 F 为一个极小函数依赖集,也称为最小依赖集或最小覆盖。

(1) F 中任一函数依赖的右部都是单属性。

(2) F 中任一函数依赖 X→A,都不会使 F 与 F − {X→A} 等价。

(3) F 中任一函数依赖 X→A,X 的任一真子集 Z,不会使 F − {X→A} ∪ {Z→A} 与 F 等价。

条件(2)保证了 F 中不存在多余的函数依赖,条件(3)保证了 F 中每个函数依赖的左边没有多余的属性。

例 6.11　关系模式 S < U,F >,其中:U = {Sno,Sdept,Mname,Cno,Grade},F = { Sno→Sdept,Sdept→Mname,(Sno,Cno)→Grade },设 F' = {Sno→Sdept,Sno→Mname,Sdept→Mname,(Sno,Cno)→Grade,(Sno,Sdept)→Sdept}

根据定义 6.16 可以验证 F 是最小覆盖,而 F' 不是。因为:F' − {Sno→Mname} 与 F' 等价,F' − {(Sno,Sdept)→Sdept} 也与 F' 等价。

最小依赖集可由算法 6.2 计算出来。

算法 6.2　计算最小依赖集。

输入:一个函数依赖集 F。

输出:F 的一个等价最小依赖集 G。

步骤:

(1)应用分解规则,使 F 的每个函数依赖的右部属性都为单属性。

(2)依次去除 F 的每个函数依赖左部多余的属性。

设 XY→A 是 F 的任一函数依赖,在 F 中求出 X 的闭包 X_F^+。如果 X_F^+ 包含了 Y,则 Y 为多余属性,该函数依赖变为 X→A。

(3)依次去除多余的函数依赖。设 X→A 是 F 的任一函数依赖,在 F − {X→A} 中求出 X 的闭包 X_F^+。如果 X_F^+ 包含 A,则 X→A 为多余的函数依赖,应该去除;否则,不能去除。

例 6.12　设有函数依赖集 F = {A→C,C→A,B→AC,D→AC,BD→A},计算它等价的最小依赖集。

解:

(1)化单依赖右边的属性,结果为

F1 = {A→C,C→A,B→A,B→C,D→A,D→C,BD→A}

(2)去除 F1 的依赖中左边多余的属性。对于 BD→A,由于有 B→A,所以是多余的。结果为

F2 = { A→C,C→A,B→A,B→C,D→A,D→C}

(3)去除 F2 中多余的依赖。因为:A→C,C→A,所以 A←→C。

故:B→A、B→C 以及 D→A、D→C 中之一为多余的。

取 F3 = { A→C,C→A,B→A,D→A}。

在 F3 中:

对于 A→C,F3 − {A→C} 中,A + = A;

对于 C→A,F3 − {C→A} 中,C + = C;

对于 B→A,F3 − {B→A} 中,B + = B;

对于 D→A,F3 − {D→A} 中,D + = D;

所以,F3 中已没有多余的函数依赖。即 F 的等价最小依赖集为:{ A→C,C→A,B→A, D→A}。

注意:函数依赖集的最小集并不是唯一的,本例中还可以有以下几个答案:

{ A→C,C→A,B→A,D→A }

{ A→C,C→A,B→C,D→A }

{ A→C,C→A,B→C,D→C }

6.5　关系模式的分解

关系模式经分解后,应与原来的关系模式等价。所谓"等价"是指两者对数据的使用者来说应是等价的。即对分解前后的关系做相同内容的查询,应产生同样的结果。这是对模式分解的基本要求。

历年来,人们对等价的概念形成了三种不同的定义:

(1)分解具有无损连接性(Lossless Join);

(2)分解具有函数依赖保持性(Preserve Dependency);

(3)分解既要具有无损连接性,又要具有函数依赖保持性。

6.5.1　无损连接性

所谓无损连接性是指对关系模式分解时,原关系模式下的任一合法关系实例,在分解之后,应能通过自然连接运算恢复起来。无损连接性有时也称为无损分解。

定义 6.17　设 $\rho = \{R_1, R_2, \cdots, R_k\}$ 是关系模式 R(U,F) 的一个分解,如果对于 R 的任一满足 F 的关系 r,都有

$$r = \prod_{R_1}(r) \bowtie \prod_{R_2}(r) \bowtie \cdots \bowtie \prod_{R_k}(r)$$

则称分解 ρ 满足函数依赖集 F 的无损连接。

根据算法 6.3 可以测试一个分解具有无损连接性(是否为无损分解)。

算法 6.3　检验分解的无损连接性。

输入:关系模式 $R(A_1, A_2, \cdots, A_n)$;

R 上的函数依赖集 F;

R 上的分解 $\rho = \{R_1, R_2, \cdots, R_k\}$。

输出:ρ 是否具有无损连接性。

步骤:

(1)构造一 k 行 n 列的表(或矩阵),第 i 行对应于分解后的关系模式 R_i,第 j 列对应于属性 A_j,见表 6.4。

表 6.4 构造判断矩阵

	A_1	A_2	...	A_j	...	A_n
R_1						
R_2						
⋮			⋮			
R_i		...	M_{ij}			
⋮						
R_k						

表中各分量的值由下面的规则确定

$$M_{ij} = \begin{cases} a_j, & A_j \in R_i \\ b_{ij}, & A_j \notin R_j \end{cases}$$

(2)对 F 中的每一个函数依赖进行反复的检查和处理。具体处理为:取 F 中一个函数依赖 X→Y,在 X 的分量中寻找相同的行,然后将这些行中的 Y 分量改为相同的符号。即如果其中之一为 a_j,则将 b_{ij} 改为 a_j;若其中无 a_j,则改为 b_{ij},如:两个符号分别为 b_{23} 和 b_{13},则将它们统一改为 b_{23} 或 b_{13}。

(3)如此反复进行,直至 M 无可改变为止。如果发现某一行变成了 $a_1, a_2, \cdots, a_n$,则 ρ 具有无损连接性;否则,ρ 不具有无损连接性。

例 6.13 设关系模式 R(U,F)中,U = {A,B,C,D,E},F = {AB→C,C→D,D→E},R 的一个分解 ρ = {R1(A,B,C),R2(C,D),R3(D,E)}。判断 ρ 具有无损连接性。

解:

(1)首先构造初始表,见表 6.5。

(2)按下列次序反复检查函数依赖和修改 M:

AB→C,属性 A、B(第 1、2 列)中都没有相同的分量值,故 M 值不变;

C→D,属性 C 中有相同值,故应改变 D 属性中的 M 值,b_{14} 改为 a_4;

D→E,属性 D 中有相同值,b_{15}、b_{25} 均改为 a_5。

结果见表 6.6。

表 6.5 分解的无损连接判断表(1)

	A	B	C	D	E
$R_1(A,B,C)$	a_1	a_2	a_3	b_{14}	b_{15}
$R_2(C,D)$	b_{21}	b_{22}	a_3	a_4	b_{25}
$R_3(D,E)$	b_{31}	b_{32}	b_{33}	a_4	a_5

表 6.6 分解的无损连接判断表(2)

	A	B	C	D	E
$R_1(A,B,C)$	a_1	a_2	a_3	a_4	a_5
$R_2(C,D)$	b_{21}	b_{22}	a_3	a_4	a_5
$R_3(D,E)$	b_{31}	b_{32}	b_{33}	a_4	a_5

（3）此时第一行已为 a_1,a_2,a_3,a_4,a_5，所以 ρ 具有无损连接性。

说明：在上例步骤后，如果没有出现 a_1,a_2,a_3,a_4,a_5，并不能马上判断 ρ 不具有无损连接性。而应该进行第二次的函数依赖检查和修改 M。直至 M 值不能改变，才能判断 ρ 是否具有无损连接性。

6.5.2 函数依赖保持性

定义 6.18 设有关系模式 R，F 是 R 的函数依赖集，Z 是 R 的一个属性集合，则 Z 所涉及的 F 中所有函数依赖为 F 在 Z 上的投影，记为 $\prod_Z(F)$，有

$$\prod_Z(F) = \{ X{\to}Y \mid X{\to}Y \in F^+ 且 XY \subseteq Z \}$$

定义 6.19 设关系模式 R 的一个分解 $\rho = \{R_1,R_2,\cdots,R_k\}$，F 是 R 的依赖集，如果 F 等价于 $\prod_{R_1}(F) \cup \prod_{R_2}(F) \cup \cdots \cup \prod_{R_k}(F)$，则称分解 ρ 具有依赖保持性。

一个无损连接的分解不一定具有依赖保持性；同样，一个依赖保持的分解也不一定具有无损连接性。

检验分解是否具有依赖保持性，实际上是检验 $\prod_{R_1}(F) \cup \prod_{R_2}(F) \cup \cdots \cup \prod_{R_k}(F)$ 是否覆盖 F。

算法 6.4 检验一个分解是否具有依赖保持性。

输入：关系模式 R 上的函数依赖集 F；

R 的一个分解 $\rho = \{R_1,R_2,\cdots,R_k\}$。

输出：ρ 是否具有依赖保持性。

步骤：

（1）计算 F 到每一个 R_i 上的投影 $\prod_{R_i}(F)$，$i=1,2,\cdots,k$；

（2）FOR 每一个 $X{\to}Y \in F$ DO

　Z1 = X；Z0 = φ；

　DO WHILE Z1 ≠ Z0

　　Z0 = Z1；

　　FOR i = 1 TO k DO

　　　Z1 = Z1 ∪ ((Z1 ∩ Ri) + ∪ Ri)

　　END FOR

　END DO

　IF Y — Z1 = φ RETURN(true)

RETURN(false)

END FOR

例 6.14 试判断例 6.13 中的分解 ρ 是否具有依赖保持性。

解： 因为

$$\prod_{R_1}(F) = \{AB{\to}C\}, \prod_{R_2}(F) = \{C{\to}D\}, \prod_{R_3}(F) = \{D{\to}E\}$$

所以

$$\prod_{R_1}(F) \cup \prod_{R_2}(F) \cup \prod_{R_3}(F) = \{ AB{\to}C,C{\to}D,D{\to}E\}$$

等价于 F,因此 ρ 具有依赖保持性。

例 6.15　例 6.4 中关系模式之教师信息:Teacher(Tno,Tname,Tadd,Tcollege,Cadd),Tno 为该关系的码,表示教师编号,Tname 表示教师名,Tadd 表示教师住址,Tcolloge 表示毕业院校,Cadd 表示毕业院校地址,函数依赖 F = {Tno→Tcollege,Tcollege→Cadd}。对关系模式 Teacher 进行分解,得到以下两个关系模式:

T(Tno,Tname,Tadd,Tcollege)

T - C(Tcollege ,Cadd)

可见,分解后仍等价于 F,因此分解具有依赖保持性。

在实际数据库设计中,关系模式的分解主要有两种准则:

(1)只满足无损连接性。

(2)既满足无损连接性,又满足函数依赖保持性。

准则(2)比准则(1)理想,但分解时受到的限制更多。如果一个分解,只满足函数依赖保持性,但不满足无损连接性,是没有实用价值的。

本章小结

本章讨论如何设计关系模式问题。关系模式设计得好与坏,直接影响到数据冗余度、数据一致性等问题。要设计好的数据库模式,必须有一定的理论为基础。这就是模式规范化理论。

在数据库中,数据冗余是指同一个数据存储了多次,由数据冗余将会引起各种操作异常。通过把模式分解成若干比较小的关系模式可以消除冗余。

函数依赖 X→Y 是数据之间最基本的一种联系,在关系中有两个元组,如果 X 值相等那么要求 Y 值也相等。

范式是衡量模式优劣的标准,它表达了模式中数据依赖之间应满足的联系。到目前为止,范式共有 1NF、2NF、3NF、BCNF、4NF、5NF 种级别,它们的关系是:

$$5NF \subset 4NF \subset BCNF \subset 3NF \subset 2NF \subset 1NF$$

范式的级别越高,其数据冗余和操作异常现象就越少。

关系模式的规范化过程实际上是一个"分解"过程:把逻辑上独立的信息放在独立的关系模式中。分解是解决数据冗余的主要方法,也是规范化的一条原则:"关系模式有冗余问题就分解它"。

关系模式在分解时应保持"等价",有数据等价和语义等价两种,分别用无损分解和保持依赖两个特征来衡量。前者能保持泛关系在投影联接以后仍能恢复回来,而后者能保证数据在投影或联接中其语义不会发生变化,也就是不会违反 FD 的语义。但无损分解与保持依赖两者之间没有必然的联系。

习　　题

一、名词解释

数据依赖　函数依赖　平凡函数依赖　非平凡函数依赖　传递函数依赖　多值依赖
连接依赖　1NF　2NF　3NF　BCNF　4NF　码　无损连接性　依赖保持性。

二、解答题

1. 关系模式 $R(U,F)$，$U = \{Sno,Sname,Dname,Dmanager,Cname,Grade\}$，各属性分别表示学号、系名、系主任名、课程名和分数。请分析存在的数据依赖。

2. 分析下面关系模式中的函数依赖：

   SCT(SNO,CNO,CNAME,GRADE,TNAME,BDATE,SALARY)存在的问题，如何进行规范化？各属性分别表示学号、课程号、课程名、成绩、教师姓名、出生日期和工资。

3. 多值依赖和函数依赖有哪些主要的区别？

4. 已知关系模式 $R(U,F)$，$U = \{SNO,CNO,GRADE,TNAME,TAGE,OFFICE\}$，各属性分别表示学号、课程号、课程名、成绩、教师姓名、教师年龄和办公室。

   $F = \{(SNO,CNO) \rightarrow GRADE, CNO \rightarrow TNAME, TNAME \rightarrow (TAGE,OFFICE)\}$，以及 R 上的分解 SC、CT、TO。其中 SC = $\{SNO,CNO,GRADE\}$，CT = $\{CNO,TNAME\}$，TO = $\{TNAME,TAGE,OFFICE\}$。试分析以上分解属于各第几范式。

5. 判断下列结论对错。

   (1) 任何一个二目关系都是 3NF 的。

   (2) 任何一个二目关系都是 BCNF 的。

   (3) 任何一个二目关系都是 4NF 的。

   (4) 若 $R.A \rightarrow R.B$，$R.B \rightarrow R.C$，则 $R.A \rightarrow R.C$。

   (5) 若 $R.A \rightarrow R.B$，$R.A \rightarrow R.C$，则 $R.A \rightarrow R.(B,C)$。

   (6) 若 $R.B \rightarrow R.A$，$R.C \rightarrow R.A$，则 $R.(B,C) \rightarrow R.A$。

6. 学生管理的情况：一个系有若干名学生，一个学生只属于一个系，一个系只有一名系主任，一个学生可以选修多门课程，一门课程可由多名学生选修，每个学生学了每门课程有一个成绩，请设计一个数据库模式。

7. 试由 Armstrong 公理系统推导出下面三条推理规则：

   (1) 合并规则：若 $X \rightarrow Y$，$X \rightarrow Y$，则有 $X \rightarrow YZ$。

   (2) 伪传递规则：由 $X \rightarrow Y$，$WY \rightarrow Z$，有 $XW \rightarrow Z$。

   (3) 分解规则：由 $X \rightarrow Y$，Z 包含于 Y，有 $X \rightarrow Z$。

第 7 章

数据库设计

本章知识要点

本章介绍数据库设计的概述;需求分析;概念结构设计;逻辑结构设计;物理结构设计;数据库实施;数据库维护。本章重点为数据库的需求分析概念结构设计,包括概念结构设计的方法与步骤、设计局部视图和集成视图。

7.1 数据库设计概述

合理的数据库结构是数据库应用系统性能良好的基础和保证,但数据库的设计和开发却是一项庞大而复杂的工程。从事数据库设计的人员,不仅要具备数据库知识和数据库设计技术,还要有程序开发的实际经验,掌握软件工程的原理和方法。数据库设计人员必须深入应用环境,了解用户具体的专业业务。在数据库设计的前期和后期,与应用单位人员密切联系,共同开发,才能大大提高数据库设计的成功率。

数据库设计是指对于一个给定的应用环境,构造最优的数据库模式,建立数据库及其应用系统,使之能够有效地存储数据,满足各种用户的应用需求(信息要求和处理要求)。

成功的数据库设计是应用系统开发的基础。数据库设计是一项非常复杂的工作,必须严格按照工程化步骤实施,数据库设计还需要丰富的经验,数据库设计要求形成规范完整的文档资料。

数据库设计是硬件和软件的结合。数据库应用系统的设计包括两部分:

①结构设计。它就是设计各级数据库模式,决定数据库系统的信息内容。

②行为设计。它决定数据库系统的功能,是事务处理等应用程序的设计。

系统设计开发根据系统的结构和行为两方面特性分为两个部分:一部分是作为数据库应用系统核心和基石的数据库设计,另一部分是相应的数据库应用软件的设计开发。这两部分是紧密相关、相辅相成的,组成统一的数据库工程。结构和行为设计如图 7.1 所示。数据库系统设计也和其他工程设计一样,具有如下三个特征。

(1)反复性。

数据库系统设计不可能"一气呵成",需要反复推敲和修改才能完成。前阶段的设计是后阶段设计的基础和起点,后阶段也可向前阶段反馈其要求。如此反复修改,以臻完善。

(2)试探性。

数据库系统设计不同于求一个问题的数学解,设计结果一般不是唯一的。设计的过程往往是一个试探的过程。在设计过程中,有各式各样的要求和制约因素,它们之间往往是矛盾的。数据库系统的设计很难说是最佳的,何去何从,取决于数据库设计者各方面的权衡。

(3)分步进行。

数据库系统设计常常由不同的人员分阶段进行。这样做,一是由于技术上分工的需要,二是为了分段把关,逐级审查,保证设计的质量和进度。

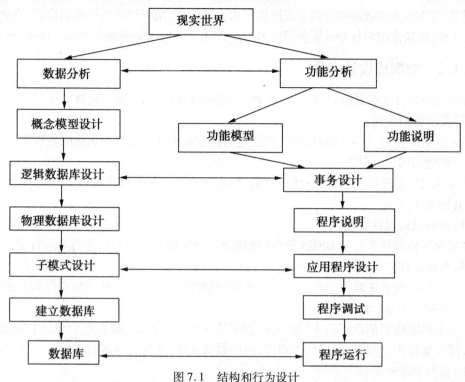

图 7.1 结构和行为设计

7.1.1 数据库设计方法

随着数据库系统的发展出现了许多数据库设计方法,通常可分为如下几类。

(1)手工试凑法。

手工试凑法的特点是设计质量与设计人员的经验和水平有直接关系,缺乏科学理论和工程方法的支持,工程的质量难以保证,数据库运行一段时间后常常又不同程度地发现各种问题,增加维护代价。

(2)规范设计法。

规范设计法的基本思想是过程迭代和逐步求精,典型方法为新奥尔良(New Orleans)方法。1978 年 10 月召开的新奥尔良会议提出的关于数据库设计的步骤,简称为新奥尔良法,是目前得到公认的、较完整较权威的数据库设计方法,它把数据库设计分为如下四个主要阶段:

①用户需求分析:进行需求调查。

②信息分析和定义(概念设计):主要进行视图模型化和视图分析与汇总。

③设计实现(逻辑设计):主要包括模式初始设计、子模式设计、应用程序设计、模式评价和模式求精。

④物理设计:设计数据库存储方案和存储方法。

当各阶段发现不能满足用户需求时,均需返回到前面适当的阶段,进行必要的修正。如此经过不断地迭代和求精,直到各种性能均能满足用户的需求为止。

(3)计算机辅助设计。

目前,许多成熟的数据库管理系统提供了相关的软件,用于辅助数据库的设计,完成设计阶段的工作,比较常用的有 Oracle 公司的 Design 2000 和 SYBASE 系统的 Power Designer 等。

7.1.2　数据库设计步骤

按照规范设计法的要求,目前公认的数据库设计由以下六个阶段组成。

(1)需求分析阶段。

需求收集和分析,结果得到数据字典描述的数据需求和数据流图描述的处理需求。

(2)概念结构设计阶段。

通过对用户需求进行综合、归纳与抽象,形成一个独立于具体 DBMS 的概念模型,可以用 E - R 图表示。

(3)逻辑结构设计阶段。

将概念结构转换为某个 DBMS 所支持的数据模型(如关系模型),并对其进行优化。

(4)物理设计阶段。

为逻辑数据模型选取一个最适合应用环境的物理结构(包括存储结构和存取方法)。

(5)数据库实施阶段。

运用 DBMS 提供的数据语言(如 SQL)及其宿主语言(如 C),根据逻辑设计和物理设计的结果建立数据库,编制与调试应用程序,组织数据入库,并进行试运行。

(6)运行和维护阶段。

数据库应用系统经过试运行后即可投入正式运行。在数据库系统运行过程中必须不断地对其进行评价、调整与修改。

7.1.3　数据库设计过程中的各级模式

数据库的模式设计也是由数据库设计的各个阶段完成的,具体体现在概念结构设计、逻辑结构设计和数据库物理设计三个阶段。

在概念结构设计阶段由系统分析设计人员将需求分析的结果进行综合、归纳与抽象,形成独立于机器特点,独立于各个 DBMS 的产品的概念模式(如 E - R 图)。

在逻辑结构设计阶段将 E - R 图转换成具体的数据库产品支持的数据模型,如关系模型,形成数据库逻辑模式;逻辑结构设计阶段还根据用户处理要求、安全性的考虑,在基本表的基础上建立必要的视图,形成数据库的外模式,在数据库物理设计阶段根据 DBMS 特点和应用处理的需求,进行物理存储的安排、建立索引等存储路径,形成数据库内模式。

数据库设计过程中的各级模式如图 7.2 所示。

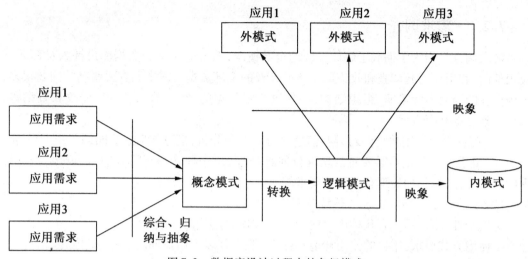

图 7.2　数据库设计过程中的各级模式

7.2　需求分析

需求分析是数据库设计的第一阶段,本阶段所得的结果是下一阶段——系统的概念结构设计的基础。如果需求分析有误,则以它为基础的整个数据库设计将成为毫无意义的工作。需求分析也是数据库设计人员感觉最繁琐和困难的一步。

数据库需求分析和一般信息系统的系统分析,基本上是一致的。但是数据库需求分析所收集的信息却要详细得多,不仅要收集数据的型(包括数据的名称、数据类型、字节长度等),还要收集与数据库运行效率、安全性、完整性有关的信息,包括数据使用频率、数据间的联系以及对数据操作时的保密要求等。

需求分析的任务是详细调查现实世界要处理的对象(如组织、部门、企业等),充分了解原系统(手工系统或计算机系统),明确用户的各种需求,确定新系统的功能,并充分考虑今后可能的扩充和改变。需求分析的过程如图 7.3 所示。

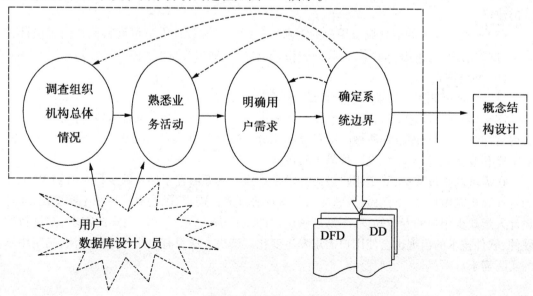

图 7.3　需求分析的过程

7.2.1　需求调查

需求调查是指为了彻底了解原系统的全部概况,系统分析师和数据库设计人员深入到应用部门,和用户一起调查和收集原系统所涉及的全部数据。需求调查要明确的问题很多,大到企业的经营方针策略、组织结构,小到每一张票据的产生、输入、输出、修改和查询等。重点包括以下几个方面:

(1)信息要求。用户需要对哪些信息进行查询和分析,信息与信息之间的关系如何等。

(2)处理要求。用户需要对信息进行何种处理,每一种处理有哪些输入、输出要求,处理的方式如何,每一种处理有无特殊要求等。

(3)系统要求。系统要求主要是以下几个方面:

①安全性要求:系统有几种用户使用,每种用户的使用权限如何。

②使用方式要求:用户的使用环境是什么,平均有多少用户同时使用,最高峰时有多少用户同时使用,有无查询相应的时间要求等。

③可扩充性要求:对未来功能、性能和应用访问的可扩充性的要求。

为了完成需求分析,常用的需求调查的方法主要有:

(1)查阅记录。

阅读有关手册、文档及与原系统有关的一切数据资料。

(2)询问。

与各种用户(包括企业领导、管理人员、操作员)交谈。每个用户所处的地位不同,对新系统的理解和要求也不同。与他们进行交谈,可获得在查阅资料时遗漏的信息。

(3)跟班作业。

有时用户并不能从信息处理的角度来表达他们的需求,需要分析人员和设计人员亲自参加他们的工作,了解业务活动的情况。

(4)开调查会。

召集有关人员讨论座谈。可按职能部门召开座谈会,了解各部门的业务情况及对新系统的建议。

(5)使用调查表的形式调查用户的需求。分析人员和设计人员可设将调查内容设计成表格,发放给用户,由用户填写,再收集表格,汇总后得到相关需求。

(6)网络调查。

借助于网络调查和反馈系统,也可以提高需求的效率。

需求调查的方法很多,常常综合使用各种方法。对用户对象的专业知识和业务过程了解得越详细,为数据库设计所做的准备就越充分。并且设计人员应考虑到将来对系统功能的扩充和改变,尽量把系统设计得易于修改。

在需求调查过程中,确定用户最终需求是难点。其原因在于用户缺少计算机知识,无法确定计算机能做什么,不能做什么,无法一次准确地表达需求,因此需求往往不断变化;同时设计人员缺少用户的专业知识,不易理解用户的真正需求,甚至误解用户的需求;并且新的硬件、软件技术的出现也会使用户需求发生变化。解决方法只有与用户不断交流,确定用户的实际需求。

7.2.2 结构化分析方法

在数据库系统的设计中,数据建模通常采用图形化方法来描述企业的信息需求和业务规则,以建立逻辑数据模型。其作用有两个:一是与用户进行沟通,明确需求;二是作为数据库物理设计的基础,以保证物理数据模型能充分满足应用要求,并保证数据的一致性和完整性。

数据库系统的分析阶段常用的数据建模工具:数据流图(DFD)和数据字典(DD)。

数据流图用来表示现行系统的信息流动和加工处理的详细情况,是现行系统的一种逻辑抽象,独立于系统的实现。数据流图的绘制建立在结构化分析方法(Structured Analysis,SA 方法)的基础上。结构化分析方法是从最上层的系统组织机构入手,自顶向下、逐层分解分析系统,分析用户活动涉及的数据,产生数据流图,分析系统数据,产生数据字典,完成需求说明书的撰写。

结构化分析方法首先把任何一个系统都抽象为如图 7.4 所示的数据流图,然后逐步分解处理功能和数据。

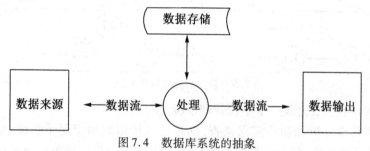

图 7.4 数据库系统的抽象

图 7.4 包括以下内容:

数据流:用标有名字的箭头表示有流向的数据。

数据处理:用标有名字的圆圈表示对数据进行加工或变换。

数据存储:以类似书本的符号表示对数据文件进行的读取或写入处理,可以用指向或离开的箭头表示。

数据来源及终点:用命名的正方形表示,表明数据的来源或数据去向。

逐步分解处理功能和数据是后续的工作。

7.2.3 数据流图

对于一个较复杂的系统,其加工(或处理)可能有数百乃至数千个,整个系统的数据流图很难一次全部画齐。而采用分层的思想可以很好地解决这个问题。数据流图分层的基本思想是自顶向下逐步分解,即从系统的基本模型(把整个系统看成是一个加工)开始,逐层对系统进行分解。每次分解一个加工,得到相应的多个更具体的加工,形成分层数据流图。重复这种分解,直到所有加工都足够简单、明了为止。

对于一个较简单的系统,可以直接画出整个系统的数据流图,如果系统较为复杂,则需按照如下步骤画出系统的数据流图。

(1)画顶层数据流图,分解处理功能和数据。

①分解处理功能、将处理功能的具体内容分解为若干子功能,将子功能继续分解,直到把工作过程表达清楚为止。

②分解数据。在处理功能的同时,其所用的数据也逐级分解,形成数据流图,数据流图表达了数据和处理过程的关系。

③表达方法。处理过程用判定表或判定树来描述,数据用数据字典来描述。

(2)画第一层数据流图,方法同(1)。

(3)画下层数据流图,直到最底层为止。

图 7.5 就是一个系统的分层数据流图。

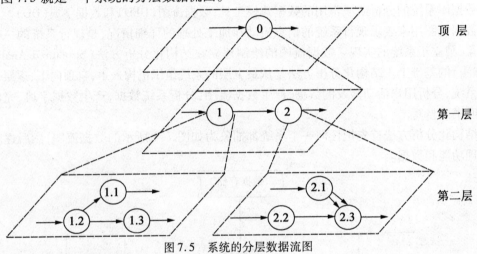

图 7.5　系统的分层数据流图

例 7.1　假设我们要开发一个学校管理系统。

(1)经过可行性分析和初步需求调查,确定该系统由教师管理子系统、学生管理子系统、后勤管理子系统组成,每个子系统分别配备一个开发小组。抽象出该系统的系统结构图,如图 7.6 所示。

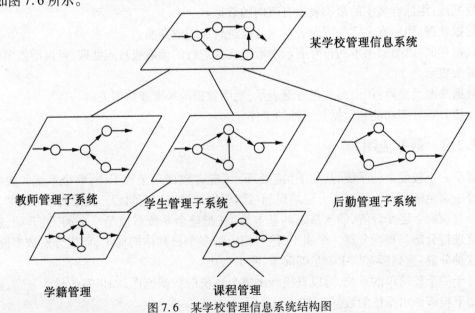

图 7.6　某学校管理信息系统结构图

(2)进一步细化各个子系统。以学生管理子系统为例,学生管理子系统开发小组通过进行需求调查,明确该子系统的主要功能是学籍管理和课程管理,包括学生报到、入学、毕业的管理,学生上课情况的管理。通过信息流程分析和数据收集后生成了该子系统的数据流图。

(3)学籍管理子系统的数据流图如图 7.7 所示。对学籍管理的学生报到、入学和毕业等处理过程进一步分解,得到的数据流图如图 7.8 所示的报到数据流图、如图 7.9 所示的入学数据流图和如图 7.10 所示的毕业数据流图。

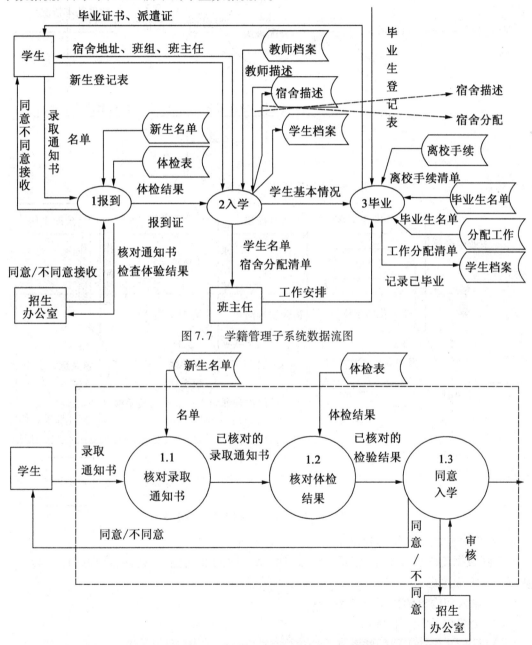

图 7.7　学籍管理子系统数据流图

图 7.8　学籍管理系统数据流图——报到

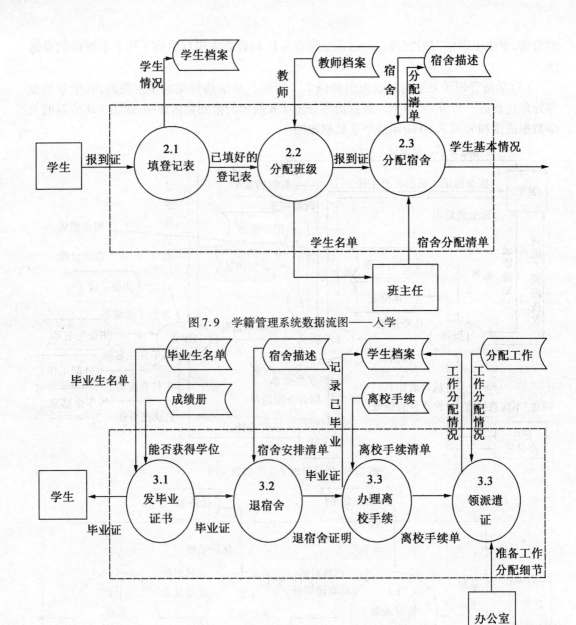

图 7.9　学籍管理系统数据流图——入学

图 7.10　学籍管理系统数据流图——毕业

（4）课程管理子系统的数据流图如图 7.11 所示。

在画数据流图的过程中,需要注意保持数据流图的准确性、规范性、易理解性。具体可从以下几方面考虑:

（1）输入和输出的数据流关系。

（2）父图和子图的平衡。

（3）尽量简化加工间的联系。

（4）适当的命名。

7.2.4　数据字典

数据字典是以特定格式记录下来的,对数据流程图中各个基本要素(如数据流、文件、加工等)的具体内容和特征所做的完整的对应和说明。

数据字典是对数据流程图的注释和重要补充,它帮助系统分析师全面确定用户的要求,并为以后的系统设计提供参考依据。

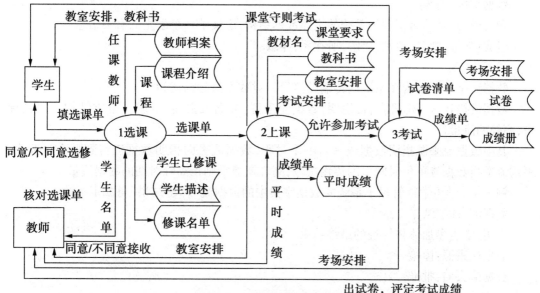

图 7.11 课程管理的数据流图

数据字典的内容包括:数据项、数据结构、数据流、处理过程、数据存储和外部实体等,一切在数据定义需求中出现的名称都必须有严格的说明。在数据库设计过程中,数据字典被不断地充实、修改和完善。

(1)数据项。

数据项是不可再分的数据单位,是对数据项的描述。数据项的格式如下:

数据项描述 = {数据项名,数据项含义说明,别名,数据类型,长度,取值范围,取值含义,与其他数据项的逻辑关系}

其中取值范围、与其他数据项的逻辑关系定义了数据的完整性约束条件。

例 7.2 学生学籍管理子系统的数据字典中的数据项,以"学号"为例,描述为:

数据项: 学号

含义说明:唯一标识每个学生

别名: 学生编号

类型: 字符型

长度: 8

取值范围: 10 000 000 至 99 999 999

取值含义:前四位标识该学生所在年级,后四位按顺序编号

与其他数据项的逻辑关系:学号为码,决定其他属性

(2)数据结构。

数据结构反映了数据之间的组合关系,一个数据结构可以由若干个数据项组成,也可以由若干个数据结构组成,或由若干个数据项和数据结构混合组成。

对数据结构的描述如下：

数据结构描述 = {数据结构名,含义说明,组成:{数据项或数据结构}}

例 7.3　学生学籍管理子系统的数据字典中的数据结构,以"学生"为例。"学生"是该系统中的一个核心数据结构,描述如下：

数据结构：学生

含义说明:是学籍管理子系统的主体数据结构,定义了一个学生的有关信息

组成:学号,姓名,性别,年龄,所在系,年级

（3）数据流。

数据流是数据结构在系统内传输的路径。对数据流的描述为：

数据流描述 = {数据流名,说明,数据流来源,数据流去向,组成:{数据结构},平均流量,高峰期流量}

其中数据流来源指明数据流来自哪个过程,数据流去向指明数据流将到哪个过程去。平均流量指数据流单位时间里的传输次数,高峰期流量则指高峰时期的数据流量。

例 7.4　学生学籍管理子系统的数据字典中的数据流"体检结果"可如下描述：

数据流:体检结果

说明:学生参加体格检查的最终结果

数据流来源:体检

数据流去向:批准

组成:……

平均流量:……

高峰期流量:……

（4）处理过程。

对于数据流程图中的数据处理,需要在数据字典中描述处理的编号、名称、功能的简要说明、有关的输入、输出。对功能进行描述,使用户能有一个较明确的概念,知道这一处理的主要功能。

处理过程描述 = {处理过程名,说明,输入{数据流},输出{数据流},处理,{简要说明}}。

其中{简要说明}主要说明处理过程的功能和处理要求。

例 7.5　学生学籍管理子系统的数据字典中的处理过程"填写成绩单"可如下描述：

名称:填写成绩单

说明:通知学生成绩,有补考科目的说明补考日期

输入:评卷后由教师输入

输出:打印学生成绩通知单

处理:查成绩一览表,打印每个学生的成绩通知单,若有不及格科目,不够直接留级,则在"成绩通知"申请填写补考科目、时间,若直接留级,则注明留级。

（5）数据存储。

数据存储主要描写该数据存储的结构及有关的数据流、查询要求等。描述如下：

数据存储描述 = {数据存储名,说明,编号,流入数据流,流出数据流,组成,{数据结构},数据量,存取方式}

其中数据量是指每次存取多少数据,每天(如每小时、每周等)存取多少次信息。取方

式包括批处理、联机处理、检索更新、顺序检索和随机检索。

例7.6 学生学籍管理子系统的数据字典中的数据存储"学习成绩一览表"可如下描述：

数据存储名：学习成绩一览表

说明：学期结束时，按班汇集学生各科成绩

编号：D2

数据结构：|班级，学生成绩|学号，姓名，成绩|任课教师，科目名称，|考试，考查|，分数|||

流入数据流：考试

流出数据流：打印成绩

数据量：5 000 份/学期

存取方式：联机处理

（6）外部实体。

外部实体是数据的来源和去向。因此，数据字典中关于外部实体的内容，主要说明外部实体产生的数据流和传给该外部实体的数据流以及该外部实体的数量。外部实体的数量对于估计本系统的业务量有参考作用，尤其是关系密切的主要外部实体。

建立数据字典的工作量很大，相当繁琐。但这是一项必不可少的工作。数据字典在系统开发中具有十分重要的意义，不仅在系统分析阶段，而且在整个研制过程中以及今后系统运行中都要使用它。

数据字典可以用人工方式建立，也可以建立在计算机内，数据字典实际上是关于数据的数据库，这样使用、维护都比较方便。

7.2.5 系统需求说明书

编写系统需求规格说明书是系统需求分析的最后阶段，需求规格说明书的编写不仅必须做到完整、详尽，而且技术性描述不要太强，描述要足够准确，以使用户和设计人员易于理解。

需求规格说明的方法和技术有多种，如非形式化的、半形式化的和形式化的。非形式化的需求规格说明使用自然语言进行描述；半形式化的需求规格说明使用图形并辅以自然语言进行描述；形式化的需求规格说明多采用比半形式化的方式更为严格的数学描述形式。

1. 系统需求规格说明书

系统需求规格说明作为产品需求的最终成果必须具有综合性，必须包括所有的需求，开发者和客户不能作任何假设。如果任何所期望的功能或非功能需求未写入软件需求规格说明，那么它将不能作为协议的一部分并且不能在产品中出现。

系统需求规格说明书的内容及规格如下所示：

（1）引言。

（2）任务概述。

①目标。

软件项目开发的意图、应用目标、作用范围以及其他应向读者说明的有关该软件开发的背景材料。

②用户的特点。

说明用户的特点,操作人员、维护人员的水平和技术专长以及本软件的预期使用频度。

③假定和约束。

列出进行本软件开发工作的假定和约束,如经费限制、开发期限等。

(3)需求规定。

①功能描述。

利用数据流图和数据字典描述系统的信息关系和功能要求。

②性能描述。

从精度要求、时间特性要求、灵活性等方面描述系统性能。

③输入输出。

对输入输出数据类型、媒体、格式、数值范围、精度等要求进行说明。

④数据管理能力。

说明文件和记录的个数、文件规模,对可预见的增长及存储要求作出估算。

⑤故障处理。

描述可能的软件、硬件故障以及各项性能所产生的后果。

⑥其他要求。

如安全保密、使用方便、可维护性、可补充性、易读性、可靠性、运行环境可移植性等要求。

(4)运行环境规定。

描述运行系统所需要的硬设备情况;支持软件包括操作系统、编译程序、测试软件等同其他软件之间的接口、数据通信协议等;系统运行的控制方法和控制信号的来源。

2. 数据要求说明书

数据要求说明书的内容及规格如下所示:

(1)概述。

简述该文档的编写目的、文档专用的名词术语和定义、数据的安全保密要求。

(2)数据描述。

数据可分为两类:静态数据和动态数据。静态数据称为参数数据,动态数据称为非参数数据,它们都由若干个数据元素组成。在以下各节中,除数据元素名外,对每个数据元素需提供同义名、定义、格式、值域、度量单位、数据项名等描述。

①静态数据的逻辑结构。

把静态数据元素的标题排列成表。

②动态输入数据的逻辑结构。

列出动态输入数据元素标题的清单。

③动态输出数据的逻辑结构。

列出动态输出数据元素标题的清单。

上述三项都可按功能、主题或对其用途最为恰当的任一种逻辑组合排列这些数据元素。

④内部生成数据。

列出用户关心的内部生成的数据,只列出对用户有信息价值的那些数据元素,而并非列出一切元素。

⑤数据约束。

说明在软件需求说明中没有提到的而可预料的数据约束。概括指出若要进一步扩充或使用系统时所受到的限制(如对文件、记录和数据元素的最大容量和最多个数)。必须强调在系统进一步开发中将成为关键性的那些限制。

(3)数据采集

描述用户必要的数据采集活动,以便采集该系统使用的数据值。

①要求和范围。

对于每个要采集的数据,还需说明数据元素的输入源、输入输出设备、接受者、临界值、换算因子、输出形式和设备、扩充因子、更新频率等。

②输入数据的来源。

说明输入数据的来源,推荐负责准备专用数据输入的个人和单位。

③数据采集和传送方式。

具体说明数据采集方式,包括应用的详细格式。还需叙述通信介质和输入输出时间。

④数据库影响。

说明数据库的采集和维护对设备、软件、机构、运行和开发环境的影响,还应给出由于数据库的故障而导致的对系统的影响。

7.2.6　需求分析注意事项

需求分析阶段的一个重要而困难的任务是收集将来应用所涉及的数据,设计人员应充分考虑到可能的扩充和改变,使设计易于更改,系统易于扩充。

在进行需求分析的过程中,第一要认识到用户参与的重要性,第二可以用原型法来帮助用户确定他们的需求,最后系统分析员要预测系统的未来改变,预留未来系统的扩充空间。

7.3　概念结构设计

需求分析阶段描述的用户应用需求是现实世界的具体需求,将需求分析得到的用户需求抽象为信息结构即概念模型的过程就是概念结构设计。概念结构是各种数据模型的共同基础,它比数据模型更独立于机器、更抽象,从而更加稳定。描述概念模型的工具是 E－R 模型。

概念结构设计是整个数据库设计的关键。概念结构设计具有如下特点:

(1)能真实、充分反映现实世界,包括事物和事物之间的联系,能满足用户对数据的处理要求。

(2)易于理解,可与用户交换意见。

(3)易于更改,容易修改和扩充。

(4)易于向关系、网状、层次等数据模型转换。

7.3.1　概念结构设计的方法与步骤

设计概念结构通常有四类方法:自顶向下、自底向上、逐步扩张和混合策略。

(1)自顶向下。

首先定义全局概念结构的框架,然后逐步细化。首先定义各局部应用的概念结构,然后将它们集成起来,得到全局概念结构(图7.12)。最经常采用的策略是自底向上方法。即自顶向下地进行需求分析,然后再自底向上地设计概念结构,如图7.13 所示。

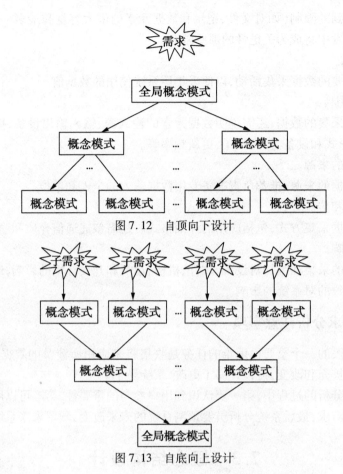

图 7.12　自顶向下设计

图 7.13　自底向上设计

（3）逐步扩张。

首先定义最重要的核心概念结构，然后向外扩充，以滚雪球的方式逐步生成其他概念结构，直至总体概念结构，如图 7.14 所示。

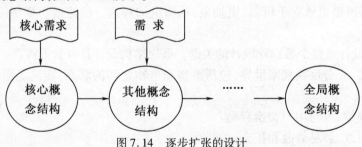

图 7.14　逐步扩张的设计

（4）混合策略。

将自顶向下和自底向上相结合，用自顶向下策略设计一个全局概念结构的框架，以它为骨架集成由自底向上策略中设计的各局部概念结构。

无论采用哪种设计方法，一般都以 E－R 模型为工具来描述概念结构。

以自底向上设计概念结构的方法为例，它通常分为两步：

第一步，首先要根据需求分析的结果（如数据流图、数据字典等）对现实世界的数据进行抽象，设计各个局部视图，即分 E－R 图。

第二步,集成局部视图。概念结构设计的步骤如图 7.15 所示。

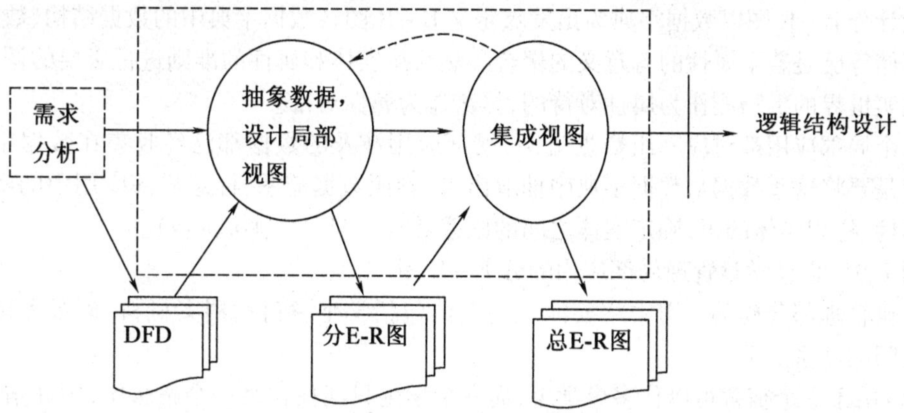

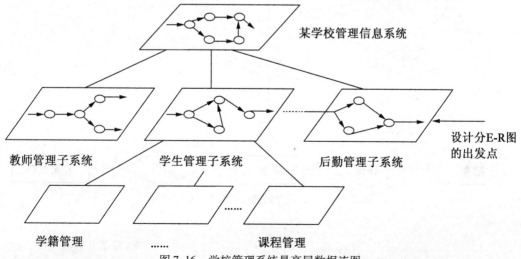

图 7.15　概念结构设计的步骤

7.3.2　设计局部视图

设计分 E - R 图的步骤是先选择局部应用,然后逐一设计分 E - R 图,

(1)选择局部应用。

在需求分析阶段,通过对应用环境和要求进行详尽的调查分析,用多层数据流图和数据字典描述了整个系统。设计分 E - R 图的第一步,就是要根据系统的具体情况,在多层的数据流图中选择一个适当层次的(经验很重要)数据流图,让这组图中每一部分对应一个局部应用,即以这一层次的数据流图为出发点,设计分 E - R 图。

通常以中层数据流图作为设计分 E - R 图的依据。其原因在于高层数据流图只能反映系统的概貌,中层数据流图能较好地反映系统中各局部应用的子系统组成,而低层数据流图过细。

例 7.8　开发一个学校管理系统。

经过可行性分析和初步需求调查,抽象出该系统的系统结构图,如图 7.16 所示。

图 7.16　学校管理系统最高层数据流图

由于学籍管理、课程管理等都不太复杂,因此可以从它们入手设计学生管理子系统的分 E - R 图。如果局部应用比较复杂,则可以从更下层的数据流图入手。

（2）逐一设计分 E – R 图。

设计分 E – R 图以数据字典为出发点定义 E – R 图。数据字典中的数据结构、数据流和数据存储等已是若干属性的有意义的聚合。然后按实体和属性的准则进行必要的调整。规则是现实世界的事物能作为属性对待的，尽量作为属性对待。

每个局部应用都对应一组数据流图，局部应用涉及的数据都已经收集在数据字典中。现在就是要将这些数据从数据字典中抽取出来，参照数据流图，标定局部应用中的实体、实体的属性、标识实体的码，确定实体之间的联系及其类型（1:1、1:n、m:n）。

例 7.9　设计学籍管理局部应用的分 E – R 图。

学籍管理部分局部应用中主要涉及的实体包括学生、宿舍、档案材料、班级和班主任。实体之间的联系如下：

（1）由于一个宿舍可以住多个学生，而一个学生只能住在某一个宿舍中，因此宿舍与学生之间是 1:n 的联系。

（2）由于一个班级往往有若干名学生，而一个学生只能属于一个班级，因此班级与学生之间也是 1:n 的联系。由于班级上课不固定教室，所以班级和教室之间是 m:n 的联系。

（3）由于班主任同时还要教课，因此班主任与学生之间存在指导联系，一个班主任要教多名学生，而一个学生只对应一个班主任，因此班主任与学生之间也是 1:n 的联系；

（4）而学生和他自己的档案材料之间，班级与班主任之间都是 1:1 的联系。

由上述分析可得到学籍管理局部应用的分 E – R 图草图，如图 7.17 所示。

接下来需要进一步斟酌该 E – R 草图，作适当调整。

在一般情况下，性别通常作为学生实体的属性，但在本局部应用中，由于宿舍分配与学生性别有关，根据准则，应该把性别作为实体对待。

最后得到学籍管理局部应用的分 E – R 图，如图 7.18 所示。

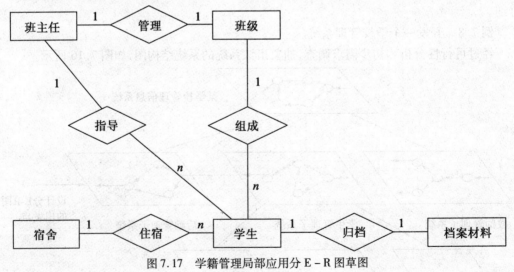

图 7.17　学籍管理局部应用分 E – R 图草图

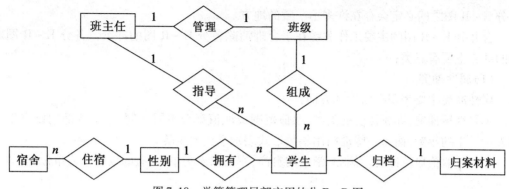

图 7.18　学籍管理局部应用的分 E – R 图

用同样的方法得到课程管理局部应用的分 E – R 图,如图 7.19 所示。

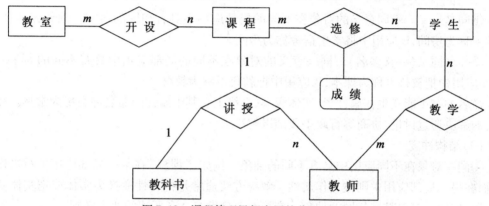

图 7.19　课程管理局部应用的分 E – R 图

7.3.3　集成视图

各个局部视图(即分 E – R 图)建立好后,还需要对它们进行合并,集成为一个整体的数据概念结构,即总 E – R 图。视图集成的步骤如图 7.20 所示。

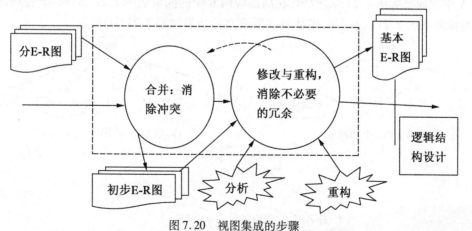

图 7.20　视图集成的步骤

集成局部 E – R 图时都需要两步:合并和修改与重构。

第一步合并分 E – R 图,生成初步 E – R 图。

各个局部应用所面向的问题不同,各个分 E – R 图由不同的设计人员进行设计,因此各个分 E–R 图之间必定会存在许多不一致的地方。

合并分 E–R 图的主要工作关键在于合理消除各分 E–R 图的冲突。各分 E–R 图之间的冲突主要有三类：

（1）属性冲突。

属性冲突主要表现在以下几方面：

①属性域冲突，即属性值的类型、取值范围或取值集合不同。例如，某些部门以出生日期表示学生的年龄，而另一些部门用整数形式表示学生的年龄。

②属性取值单位冲突。例如，学生的身高，有的以米为单位，有的以厘米为单位，有的以尺为单位。

属性冲突的解决通常用讨论、协商等行政手段加以解决。

（2）命名冲突。

①同名异义。不同意义的对象在不同的局部应用中具有相同的名字。例如，A 应用中将教室称为房间，B 应用中将学生宿舍称为房间。

②异名同义（一义多名）。同一意义的对象在不同的局部应用中具有不同的名字。例如，A 应用中把教科书称为课本，B 应用中把教科书称为教材。

命名冲突可能发生在属性级、实体级、联系级上。其中属性的命名冲突更为常见。命名冲突的解决通过讨论、协商等行政手段加以解决。

（3）结构冲突。

①同一对象在不同应用中具有不同的抽象。例如，"课程"在某一局部应用中被当作实体，而在另一局部应用中则被当作属性。解决方法通常是把属性变换为实体或把实体变换为属性，使同一对象具有相同的抽象。变换时要遵循第二章所述的两个准则。

②同一实体在不同局部视图中所包含的属性不完全相同，或者属性的排列次序不完全相同。

产生原因在于不同的局部应用关心的是该实体的不同侧面。解决方法为使该实体的属性取各分 E–R 图中属性的并集，再适当设计属性的次序。例如，同一个实体"学生"在局部应用 A 中的抽象如图 7.21（a）所示，在局部应用 B 中的抽象如图 7.21（b）所示，在局部应用 C 中的抽象如图 7.21（c）所示，解决冲突后合并的结果如图 7.21（d）所示。

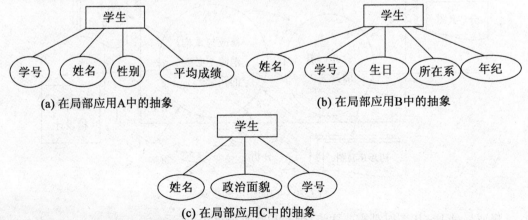

(a) 在局部应用A中的抽象　　　　　　　　(b) 在局部应用B中的抽象

(c) 在局部应用C中的抽象

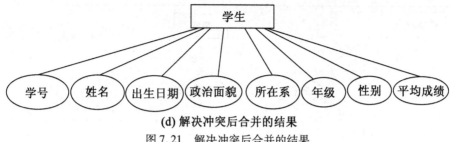

(d) 解决冲突后合并的结果

图 7.21 解决冲突后合并的结果

③实体之间的联系在不同局部视图中呈现不同的类型。例如,实体 E1 与 E2 在局部应用 A 中是多对多联系,而在局部应用 B 中是一对多联系;又如,在局部应用 X 中 E1 与 E2 发生联系,而在局部应用 Y 中 E1、E2、E3 三者之间有联系。

解决方法是根据应用的语义对实体联系的类型进行综合或调整。

例 7.10 生成学校管理系统的初步 E－R 图。着重介绍学籍管理局部视图与课程管理局部视图的合并,这两个分 E－R 图存在着多方面的冲突:

(1)班主任实际上也属于教师,也就是说,学籍管理中的班主任实体与课程管理中的教师实体在一定程度上属于异名同义,应将学籍管理中的班主任实体与课程管理中的教师实体统一称为教师,统一后教师实体的属性构成为:

教师:{职工号,姓名,性别,职称,是否为优秀班主任}

(2)将班主任改为教师后,教师与学生之间的联系在两个局部视图中呈现两种不同的类型:一种是学籍管理中教师与学生之间的指导联系;另一种是课程管理中教师与学生之间的教学联系,由于指导联系实际上可以包含在教学联系之中,因此可以将这两种联系综合为教学联系。

(3)在两个局部 E－R 图中,学生实体属性组成及次序都存在差异,应将所有属性综合,并重新调整次序。假设调整结果为:

学生:{学号,姓名,出生日期,年龄,所在系,年级,平均成绩}

解决上述冲突后,学籍管理分 E－R 图与课程管理分 E－R 图合并为初步 E－R 图,如图 7.22 所示。

第二步修改与重构,生成基本 E－R 图。

分 E－R 图经过合并生成初步 E－R 图,其中可能存在冗余的数据和冗余的实体间联系。冗余数据和冗余联系容易破坏数据库的完整性,给数据库维护增加困难,因此得到初步 E－R 图后,还应当进一步检查 E－R 图中是否存在冗余,消除冗余。

修改、重构初步 E－R 图以消除冗余主要采用分析方法。除分析方法外,还可以用规范化理论来消除冗余。

例 7.11 在前面例 7.10 中初步 E－R 图中存在着冗余数据和冗余联系:

(1)学生实体中的年龄属性可以由出生日期推算出来,属于冗余数据,应该去掉。这样不仅可以节省存储空间,而且当某个学生的出生日期有误,进行修改后,无须相应修改年龄,减少了产生数据不一致的机会。

学生:{学号,姓名,出生日期,所在系,年级,平均成绩}

(2)教室实体与班级实体之间的上课联系可以由教室与课程之间的开设联系、课程与学生之间的选修联系、学生与班级之间的组成联系三者推导出来,因此属于冗余联系,可以消去。

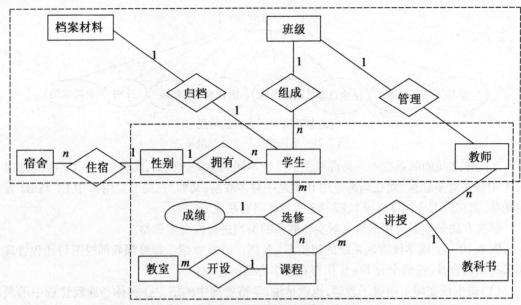

图 7.22　学籍管理课程管理合并的初步 E－R 图

（3）学生实体中的平均成绩可以从选修联系中的成绩属性中推算出来,但如果应用中需要经常查询某个学生的平均成绩,每次都进行这种计算效率就会太低。因此为提高效率,可以考虑保留该冗余数据,但是为了维护数据一致性,应该定义一个触发器来保证学生的平均成绩等于该学生各科成绩的平均值。任何一科成绩修改后,或该学生学了新的科目并有成绩后,就要触发该触发器去修改该学生的平均成绩属性值,否则会出现数据的不一致。

进行修改和重构后生成的基本 E－R 图,如图 7.23 所示。

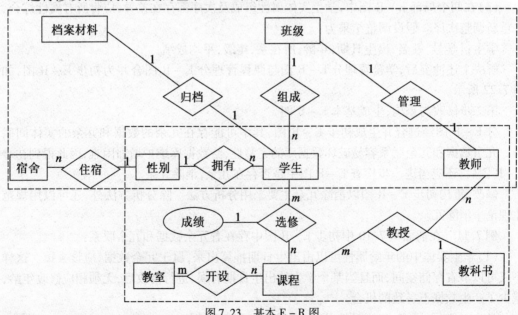

图 7.23　基本 E－R 图

学生管理子系统的基本 E－R 图还必须进一步和教师管理子系统以及后勤管理子系统的基本 E－R 图合并,生成整个学校管理系统的基本 E－R 图。

视图集成后形成一个整体的数据库概念结构,对该整体概念结构还必须进行进一步验

证,确保它能够满足下列条件:

(1)整体概念结构内部必须具有一致性,即不能存在互相矛盾的表达。

(2)整体概念结构能准确地反映原来的每个视图结构,包括属性、实体及实体间的联系。

(3)整体概念结构能满足需要分析阶段所确定的所有要求。

(4)整体概念结构最终还应该提交给用户,征求用户和有关人员的意见,进行评审、修改和优化,然后把它确定下来,作为数据库的概念结构,作为进一步设计数据库的依据。

7.4 逻辑结构设计

概念结构是各种数据模型的共同基础。为了能够用某一 DBMS 实现用户需求,还必须将概念结构进一步转化为相应的数据模型。逻辑结构设计是将概念结构转换为某个 DBMS 所支持的数据模型(例如关系模型),并对其进行优化。

关系的规范化方法是逻辑设计的一种方法,它将一组数据合理构造成关系数据库模型。逻辑结构设计的步骤如图 7.24 所示。

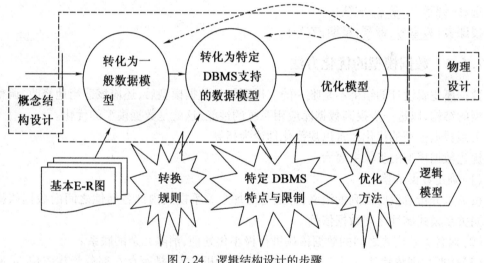

图 7.24 逻辑结构设计的步骤

7.4.1 E-R 模型向关系模型转换

E-R 模型向关系模型转换过程中,主要完成将 E-R 图转换为关系模型,即将实体、实体的属性和实体之间的联系转化为关系模式,并确定这些关系模式的属性和码。

将 E-R 图转换成关系模型的方法:

(1)将每个实体转换成一个关系。关系的属性就是实体型的属性,关系的码就是实体型的码。例如,学生实体可以转换为如下关系模式:学生(学号,姓名,出生日期,所在系,年级,平均成绩)。

(2)每个多对多联系转换成一个关系。与该联系相连的各实体的码以及联系本身的属性均转换为关系的属性,各实体的码组成关系的码或关系码的一部分。例如,选修的联系转换为:选修{课程号,学号,成绩}。

(3)将一对多联系所对应的"多方"实体(关系)中加入"一方"的主码作为关键字。

（4）对于一对一联系来说，可以在任一方加入另一方的主码作为关键字。

（5）具有相同码的关系模式可合并。合并的目的是为了减少系统中的关系个数。合并方法是将其中一个关系模式的全部属性加入到另一个关系模式中，然后去掉其中的同义属性（可能同名也可能不同名），并适当调整属性的次序。

根据上述规则将图7.23中学生管理 E-R 图转换成关系模型：

（1）首先将教师、学生等八个实体转换成八个关系，主码用下划线标出。

学生：{<u>学号</u>,姓名,性别,出生日期,班级号,宿舍号,档案号}

课程：{<u>课号</u>,课程名,学分}

教师：{<u>职工号</u>,姓名,职称,性别,出生日期}

教科书：{<u>书号</u>,书名,价格,出版社}

教室：{<u>教室号</u>,地址,容量,类型}

档案材料：{<u>档案号</u>,…}

班级：{<u>班级号</u>,学生人数,专业,班主任职工号}

宿舍：{<u>宿舍号</u>,地址,人数}

（2）将多对多联系也转换成关系。

选修{<u>课程号</u>,<u>学号</u>,成绩}

授课表{<u>教室号</u>,<u>课号</u>,星期,节号}

7.4.2　数据模型的优化方法

数据库逻辑设计的结果不是唯一的。得到初步数据模型后，还应该适当地修改、调整数据模型的结构，以进一步提高数据库应用系统的性能，这就是数据模型的优化。

关系数据模型的优化通常以规范化理论为指导。

优化数据模型的步骤主要为：

（1）确定数据依赖。

按需求分析阶段所得到的语义，分别写出每个关系模式内部各属性之间的数据依赖以及不同关系模式属性之间数据依赖。

（2）对各关系模式之间的数据依赖进行极小化处理，消除冗余的联系。

（3）按照数据依赖理论对关系模式逐一进行分析，考查是否存在部分函数依赖、传递函数依赖、多值依赖等，确定各关系模式属于第几范式。

例7.12　在关系模式学生成绩单（学号,英语,数学,语文,平均成绩）中存在下列函数依赖：$F = ${学号→英语,学号→数学,学号→语文,学号→平均成绩,（英语,数学,语文）→平均成绩}

显然有：学号→（英语,数学,语文），因此该关系模式中存在传递函数信赖，是 2NF 关系。

虽然平均成绩可以由其他属性推算出来，但如果应用中需要经常查询学生的平均成绩，为提高效率，我们仍然可保留该冗余数据，对关系模式不再做进一步分解。

（4）按照需求分析阶段得到的各种应用对数据处理的要求，分析对于这样的应用环境这些模式是否合适，确定是否要对它们进行合并和分解。常用的分解方法有水平分解和垂直分解两种。

水平分解把（基本）关系的元组分为若干子集合，定义每个子集合为一个子关系，以提高系统的效率。

水平分解适合于满足"80/20 原则"的应用。所谓"80/20 原则"是指一个大关系中,经常被使用的数据只是关系的一部分,约 20%,把经常使用的数据分解出来,形成一个子关系,可以减少查询的数据量。

垂直分解把关系模式 R 的属性分解为若干子集合,形成若干子关系模式。

垂直分解的原则是经常在一起使用的属性从 R 中分解出来形成一个子关系模式。

(5)对关系模式进行分解。

连接运算是关系模式低效的主要原因,规范程度不是越高越好。如果只要求查询功能,保持一定程度的更新异常和冗余,不会产生实际影响。

当一个查询中经常涉及两个或多个关系模式的属性时,需进行连接运算,而连接运算的代价是高的,关系模型低效的主要因为作连接运算引起的,因此,第二范式甚至第一范式也许是最好的。

非 BCNF 的关系模式虽然从理论上分析会存在不同程度的更新异常,但如果在实际应用中对此关系模式只是查询,并不执行更新操作,就不会产生实际影响。

对于一个具体应用来说,到底规范化进行到什么程度,需要权衡响应时间和潜在问题两者的利弊才能决定。一般说来,第三范式就足够了。

7.4.3　设计用户子模式

将概念模型转换为全局逻辑模型后,还应根据局部应用需求,结合具体 RDBMS 的特点,设计用户的外模式。利用视图和结合基本表进行设计。

设计用户子模式主要从系统时间效率、空间效率、易维护等角度出发,还应该更注重考虑用户的习惯与方便,包括三个方面:

(1)使用更符合用户习惯的别名。

合并各分 E-R 图曾做了消除命名冲突的工作,以使数据库系统中同一关系和属性具有唯一的名字。这在设计数据库整体结构时是非常必要的。

但对于某些局部应用,由于改用了不符合用户习惯的属性名,可能会使他们感到不方便,用视图机制可以在设计子模式时重新定义属性名。因此在设计用户的子模式时可以重新定义某些属性名,使其与用户习惯一致。当然,为了应用的规范化,也不应该一味地迁就用户。例如,负责学籍管理的用户习惯于称教师模式的职工号为教师编号。因此可以定义视图,在视图中职工号重定义为教师编号。

(2)针对不同级别的用户定义不同的外模式,以满足系统对安全性的要求。

例如,教师关系模式中包括职工号、姓名、性别、出生日期、婚姻状况、学历、学位、政治面貌、职称、职务、工资、工龄、教学效果等属性。

学籍管理应用只能查询教师的职工号、姓名、性别、职称数据;课程管理应用只能查询教师的职工号、姓名、性别、学历、学位、职称、教学效果数据;教师管理应用则可以查询教师的全部数据。

因此定义两个外模式:

教师_学籍管理(职工号,姓名,性别,职称);

教师_课程管理(工号,姓名,性别,学历,学位,职称,教学效果)

授权学籍管理应用只能访问教师_学籍管理视图,授权课程管理应用只能访问教师_课程管理视图,授权教师管理应用能访问教师表。这样就可以防止用户非法访问本来不允许他们查询的数据,保证了系统的安全性。

(3)简化用户对系统的使用。

如果某些局部应用中经常要使用某些很复杂的查询,为了方便用户,可以将这些复杂查询定义为视图。

7.5　物理结构设计

数据库物理结构设计阶段将根据具体计算机系统(如 DBMS 与硬件等)的特点,为给定的数据模型确定合理的存储结构和存取方法。

为设计数据库物理结构,设计人员必须充分了解所用 DBMS 的内部特征,充分了解数据库的应用环境,特别是数据应用处理的频率和响应时间的要求,充分了解外存储设备的特性。

数据库物理结构设计分两步:确定物理结构和评价物理结构。数据库物理结构设计的步骤如图 7.25 所示。

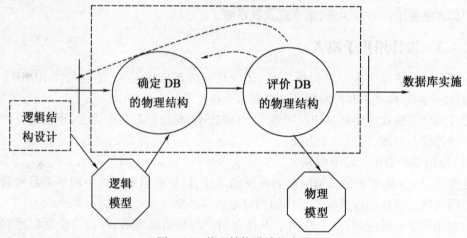

图 7.25　物理结构设计的步骤

7.5.1　确定数据库的物理结构

确定数据的存放位置和存储结构要综合考虑存取时间、存储空间利用率和维护代价三方面的因素。这三个方面常常相互矛盾,需要进行权衡,选择一个折中方案。

(1)确定数据的存放位置。

为了提高系统性能,应该根据应用情况将数据的易变部分与稳定部分、经常存取部分和存取频率较低部分分开存放。对于有多个磁盘的计算机,可采用划分技术,提高 I/O 的并行性。主要做法为:

①数据库数据备份、日志文件备份等只在故障恢复时才使用,数据量很大,可考虑存放在磁带上。

②如果计算机有多个磁盘,可以将表和索引分别放在不同的磁盘上,在查询时,由于两个磁盘驱动器分别在工作,可以保证物理读写速度比较快。

③可以将比较大的表分别放在两个磁盘上,以加快存取速度,这在多用户环境下特别

有效。

④可以将日志文件与数据库对象(如表、索引等)放在不同的磁盘以改进系统的性能。

(2)确定系统配置。

每个 DBMS 产品一般都提供了一些系统配置变量和存储分配参数供设计人员和 DBA 对数据库进行物理优化。在初始情况下,系统都为这些变量赋予了合理的缺省值。但是这些缺省值不一定适合每一种应用环境。在进行数据库的物理设计时,还需要重新对这些变量赋值,以改善系统的性能。

DBMS 产品一般都提供了一些存储分配参数,主要包括同时使用数据库的用户数,同时打开的数据库对象数,使用的缓冲区长度、个数、时间片大小、数据库的大小、装填因子和锁的数目等。系统都为这些变量赋予了合理的缺省值。但是这些值不一定适合每一种应用环境,在进行物理设计时,需要根据应用环境确定这些参数值,以使系统性能最优。

在物理设计时对系统配置变量的调整只是初步的,在系统运行时还要根据系统实际运行情况做进一步的调整,以期切实改进系统性能。

(3)设计数据存取路径。

为关系模式选择存取方法的目的,是使事务能快速存取数据库中的数据和满足多用户共享数据的要求。任何数据库管理系统都提供多种存取方法。对于关系数据库而言,一般常用的存取方法有索引方法、聚簇方法和 HASH 方法等。

7.5.2 索引方法

索引是用于提高查询性能的,但它要牺牲额外的存储空间和提高更新维护代价。因此要根据用户需求和应用的需要来合理使用和设计索引,所以正确的索引设计是比较困难的。

索引从物理上分为聚簇索引和普通索引。确定索引的一般顺序是:

(1)首先可确定关系的存储结构,即记录的存放是无序的,还是按某属性(或属性组)聚簇存放。

(2)确定不宜建立索引的属性或表。凡是满足下列条件之一的,不宜建立索引:

①太小的表。因为采用顺序扫描只需几次 I/O,不值得采用索引。

②经常更新的属性或表。因为经常更新需要对索引进行维护,代价较大。

③属性值很少的表。例如"性别",属性的可能值只有两个,平均起来,每个属性值对应一半的元组,加上索引的读取,不如全表扫描。

④过长的属性。在过长的属性上建立索引,索引所占的存储空间较大,有不利之处。

⑤一些特殊数据类型的属性。有些数据类型上的属性不宜建立索引,如大文本、多媒体数据等。

⑥不出现或很少出现在查询条件中的属性。

(3)确定适宜建立索引的属性。凡是满足下列条件之一的,可以考虑在有关属性上建立索引:

①关系的主码或外码一般应建立索引。因为数据进行更新时,系统将对主码和外码分别作唯一性和参照完整性的检查,建立索引,可以加快系统的此类检查,并且可加速主码和外码的连接操作。

②对于以查询为主或只读的表,可以多建索引。

③对于范围查询(即以 =、<、>、≤、≥ 等比较符确定查询范围的),可在有关的属性上

建立索引。

④使用聚集函数(Min、Max、Avg、Sum、Count)或需要排序输出的属性最好建立索引。

以上仅仅是建立索引的一些理由。一般的,索引还需在数据库运行测试后,再加以调整。

索引技术的评估仅根据为以下几个方面:

(1)存取类型:用户是根据属性值找记录,还是根据属性值的范围找记录。

(2)存取时间(Access Time):寻找关键字所花费的时间。

(3)插入时间(Insertion Time):插入新关键字所花费的时间。这包括寻找正确位置将新关键字插入所花费的时间以及更新索引结构所花费的时间。

(4)删除时间(Deletion Time):删除关键字所花费的时间。这包括寻找要被删除关键字所花费的时间以及更新索引结构所花费的时间。

(5)过量时间(Space Overhead)(即索引空间开销):索引结构所占的额外空间。假如额外空间不超过,则可以牺牲空间来达到效果的改进。

在 RDBMS 中,索引是改善存取路径的重要手段。使用索引的最大优点是可以减少检索的 CPU 服务时间和 I/O 服务时间,改善检索效率。如果没有索引,系统只能通过顺序扫描寻找相匹配的检索对象,时间开销太大。但是,不能在频繁存储操作的关系上建立过多的索引。因为当进行存储操作(增、删、改)时,不仅要对关系本身作存储操作,而且还要增加一定的 CPU 开销,修改各个索引。因此,关系上过多的索引会影响存储操作的性能。

7.5.3　聚簇方法

为了提高某个属性或属性组的查询速度,把这个属性或属性组上具有相同值的元组集中存放在连续的物理块上的处理称为聚簇,这个属性或属性组称为聚簇码。聚簇功能可以大大提高按聚簇码进行查询的效率。

(1)建立聚簇的基本原则。

一个数据库可以建立多个聚簇,但一个关系只能加入一个聚簇。设计候选聚簇的原则是:

①对经常在一起进行连接操作的关系可以建立聚簇。

②如果一个关系的一组属性经常出现在相等、比较条件中,则该单个关系可建立聚簇。

③如果一个关系的一个(或一组)属性上的值重复率很高,则此单个关系可建立聚簇。

④如果关系的主要应用是通过聚簇码进行访问或连接,而其他属性访问关系的操作很少时,可以使用聚簇。

(2)聚簇的分类。

①分段:把文件按垂直方向分解,即按属性分组。将经常使用的属性与较少存取的属性分开,以便分配到不同的存储设备或存储区域上。这属于在一个文件中同类属性的聚簇存放。

②分区:把文件按水平方向分解,即按照记录存取的频率分组。将访问频率高的记录与访问频率低的记录分开,以便分配到不同的存储设备或存储区域上。这属于在一个文件中按记录分组的聚簇存放。

③聚簇:建立聚簇是从不同的关系中取出某些属性物理地存放在一起,因而可以改进联接查询的效率。这属于在不同文件中有关属性的聚簇存放。

(3)聚簇的局限性。

①聚簇只能提高某些特定应用的性能。

②建立与维护聚簇的开销相当大。对已有关系建立聚簇,将导致关系中元组移动其物理存储位置,并使此关系上原有的索引无效,必须重建。当一个元组的聚簇码改变时,该元组的存储位置也要做相应移动。

7.5.4 散列技术

(1)散列技术。

散列技术是一种根据记录的查找键值,使用一个函数计算得到的函数值作为磁盘块的地址,从而对记录进行快速存储和访问的一种技术。利用散列技术对记录进行查找、插入和删除操作是非常方便的,散列方法在表项的存储位置与它的关键码之间建立一个确定的对应函数关系 Hash( ),使每个关键码与结构中的一个唯一的存储位置相对应:

Address = Hash(Rec. key)

构造散列函数有多种方法,如:直接定址法、数字分析法、除留余数法、平方取中法、折叠法等。

(2)选择 Hash 存取方法的规则。

当一个关系满足下列两个条件时,可以选择 Hash 存取方法。

①该关系的属性主要出现在等值连接条件中或主要出现在相等比较选择条件中。

②该关系的大小可预知,而且不变;或该关系的大小动态改变,但所选用的 DBMS 提供了动态 Hash 存取方法。

7.5.5 评价物理结构

评价物理数据库的方法完全依赖于所选用的 DBMS,主要从定量评价存取时间、存储空间、维护代价入手,对估算结果进行权衡、比较,选择较优的合理的物理结构。

评价物理结构需要进行一定的实验,对数据库物理设计过程中产生的多种方案进行细致的评价,从中选择一个较优的方案作为数据库的物理结构。

7.6 数据库实施

数据库实施是指根据逻辑设计和物理设计的结果建立数据库,编制和调试应用程序,组织数据入库,并进行试运行。

数据库实施是一项比较繁重的工作,涉及的部门和人员较多,并且将对实际业务流程产生影响。数据库实施初期往往会出现各种各样的问题,这是正常的现象,关键在于能否采取正确的方法加以解决。

数据库实施主要包括以下工作:用 DDL 建立数据库结构、组织数据入库、编制和调试应用程序、进行试运行,并在试运行中对系统进行评价。如果评价结果不能满足要求,还需要对数据库进行修正设计,直到满意为止。数据库实施阶段的步骤如图 7.26 所示。

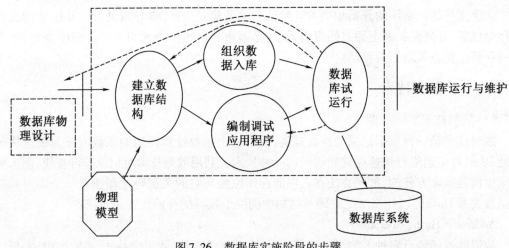

图 7.26　数据库实施阶段的步骤

数据库正式投入使用并不意味着数据库设计生命周期的结束,而是数据库维护阶段的开始。

7.6.1　数据库实施步骤

数据库的实施阶段主要包括如下工作:

(1)建立实际的数据库结构。

用 DBMS 提供的数据定义语言(DDL),编写描述逻辑设计和物理设计结果的程序(一般称为数据库脚本程序),经计算机编译处理和执行后,生成实际的数据库结构。

所用 DBMS 的产品不同,描述数据库结构的方式也不同。有的 DBMS 提供数据定义语言 DDL,有的提供数据库结构的图形化定义方式,有的两种方法都提供。在定义数据库结构时,应包含以下内容:

①数据库模式与子模式,以及数据库空间等的描述。

②数据库完整性描述。

③数据库安全性描述。

(2)数据加载。

数据库应用程序的设计应该与数据库设计同时进行。一般的,应用程序的设计应该包括数据库加载程序的设计。在数据加载前,必须对数据进行整理。由于用户缺乏计算机应用背景的知识,常常不了解数据的准确性对数据库系统正常运行的重要性,因而未对提供的数据作严格的检查。所以数据加载前,要建立严格的数据登录、录入和校验规范,设计完善的数据校验与校正程序,排除不合格数据。

数据加载分为手工录入和使用数据转换工具两种。现有的 DBMS 都提供了 DBMS 之间数据转换的工具。如果用户原来就使用数据库系统,可以利用新系统的数据转换工具。先将原系统中的表转换成新系统中相同结构的临时表,然后对临时表中的数据进行处理后插入到相应表中。数据加载是一项费时费力的工作。另外,由于还需要对数据库系统进行联合调试,所以大部分的数据加载工作应在数据库的试运行和评价工作中分批进行。

(3)编制和调试应用程序。

编制和调试应用程序应与数据库设计并行进行,与数据装载同步。应用程序必须要经过严格的反复测试之后才能投入使用,要有测试文档。编制应用程序应选择一种合适的语言和开发工具,充分考虑开发工具的技术支持。

应用程序代码尽量使用规范的结构和格式,并注意充分满足用户的个性化要求。

7.6.2　数据库试运行和评价

当加载了部分必须的数据和应用程序后,就可以开始对数据库系统进行联合调试,称为数据库的试运行。一般将数据库的试运行和评价结合起来,其目的是:

①测试应用程序的功能。

②测试数据库的运行效率是否达到设计目标,是否为用户所容忍。

测试的目的是为了发现问题,而不是为了说明能达到哪些功能。所以测试中一定要有非设计人员的参与。

对于数据库系统的评价比较困难,需要估算不同存取方法的 CPU 服务时间及 I/O 服务时间。为此,一般还是从实际试运行中进行估价,确认其功能和性能是否满足设计要求,对空间占用率和时间响应是否满意等。

最后由用户直接进行测试,并提出改进意见。测试数据应尽可能地覆盖现实应用的各种情况。数据库设计人员应综合各方的评价和测试意见,返回到前面适当的阶段,对数据库和应用程序进行适当的修改。

7.7　数据库维护

只有数据库顺利地进行了实施,才可将系统交付使用。数据库一旦投入运行,就标志着数据库维护工作的开始。数据库维护工作主要有以下内容:对数据库的监测和性能改善、故障恢复、数据库的重组和重构。

在数据库运行阶段,对数据库的维护主要由 DBA 完成。

(1)对数据库性能的监测和改善。

性能可以用处理一个事务的 I/O 量、CPU 时间和系统响应时间来度量。由于数据库应用环境、物理存储的变化,特别是用户数和数据量的不断增加,数据库系统的运行性能会发生变化。某些数据库结构(如数据页和索引),经过一段时间的使用以后,可能会被破坏。所以,DBA 必须利用系统提供的性能监控和分析工具,经常对数据库的运行、存储空间及响应时间进行分析,结合用户的反映确定改进措施。

目前的 DBMS 都提供一些系统监控或分析工具。例如,Oracle 企业管理包(Oracle Enterprise Management Packs)集成了性能规划器(Capacity Planner),用来对反映系统性能的参数进行收集的工具,可以指定要收集的数据、收集数据的频率和数据装载到 Oracle Capacity Planner 历史记录数据库的时间。这样便于管理员对一定时间范围内的系统性能参数进行比较分析;顶层会话(Top Sessions),用来对系统中的会话性能进行监控和分析的工具;Oracle Performance Manager 是性能分析和调整工具,用于对节点、数据库、HTTP 服务器的资源和操作系统性能进行分析和管理。

(2)数据库的备份及故障恢复。

数据库是企业的一种资源。所以,在数据库设计阶段,DBA 应根据应用要求,制订不同的备份方案,保证一旦发生故障,就能很快将数据库恢复到某种一致性状态,尽量减少损失。数据库的备份及故障恢复方案,一般基于 DBMS 提供的恢复手段。

（3）数据库重组和重构。

数据库运行一段时间后，由于记录的增、删、改，数据库物理存储碎片记录链过多，影响数据库的存取效率。这时需要对数据库进行重组和部分重组。数据库的重组是指，在不改变数据库逻辑和物理结构的情况下，去除数据库存储文件中的废弃空间以及碎片空间中的指针链，使数据库记录在物理上紧连。

一般的，数据库重组属于 DBMS 的固有功能。有的 DBMS 系统为了节省空间，每作一次删除操纵后就进行自动重组。但这会影响系统的运行速度。更常用的方法是在后台或所有用户离线以后（如夜间）进行系统重组。数据库的重构是指当数据库的逻辑结构不能满足当前数据处理的要求时，对数据库的模式和内模式的修改。

由于数据库重构的困难和复杂性，一般都在迫不得已的情况下才进行。如应用需求发生了变化，则需要增加新的应用或实体，取消某些应用或实体。例如，表的增删，表中数据项的增删，数据项类型的变化等。

重构数据库后，还需要修改相应的应用程序。重构也只能对部分数据库结构进行。一旦应用需求变化太大，就需要对全部数据库结构进行重组，说明该数据库系统的生命周期已经结束，需要设计新的数据库应用系统。一个设计得好的数据库，不仅可以为用户提供所需要的全部信息，而且还可以提供快速、准确、安全的服务，数据库的管理和维护相对也会简单。在基于数据库的应用系统中，数据库是基础，只有成功的数据库设计，才可能有成功的系统。否则，应用程序设计得再漂亮，整个系统也是一个失败的系统。

本章小结

数据库设计和开发是一项庞大的工程，是涉及多个学科的综合性技术。其开发周期长、耗资多、失败的风险大。读者可将软件工程的原理和方法应用到数据库设计中。由于数据库设计技术具有很强的实践性和经验性，应多在实践中加以应用。总之，数据库必须是一个数据模型良好、逻辑上正确、物理上有效的系统，是每个数据库设计人员的工作目标。

习　题

一、选择题

1. 如何构造出一个合适的数据逻辑结构是＿＿＿＿主要解决的问题。

  A. 物理结构设计　　　　　　　　　　B. 数据字典

  C. 逻辑结构设计　　　　　　　　　　D. 关系数据库查询

2. 概念结构设计是整个数据库设计的关键，它通过对用户需求进行综合、归纳与抽象，形成一个独立于具体 DBMS 的＿＿＿＿。

  A. 数据模型　　　　　　　　　　　　B. 概念模型

  C. 层次模型　　　　　　　　　　　　D. 关系模型

3. 在数据库设计中，确定数据库存储结构，即确定关系、索引、聚簇、日志、备份等数据的存储安排和存储结构，这是数据库设计的＿＿＿＿。

  A. 需求分析阶段　　　　　　　　　　B. 逻辑设计阶段

  C. 概念设计阶段　　　　　　　　　　D. 物理设计阶段

4.数据库设计可划分为六个阶段,每个阶段都有自己的设计内容,"为哪些关系,在哪些属性上建什么样的索引"这一设计内容应该属于_____。
  A.需求分析阶段
  B.逻辑设计阶段
  C.概念设计阶段
  D.物理设计阶段

5.在关系数据库设计中,设计关系模式是数据库设计中_____阶段的任务。
  A.需求分析阶段
  B.逻辑设计阶段
  C.概念设计阶段
  D.物理设计阶段

6.在关系数据库设计中,对关系进行规范化处理,使关系达到一定的范式,例如,达到 3NF,这是_____阶段的任务。
  A.需求分析阶段
  B.逻辑设计阶段
  C.概念设计阶段
  D.物理设计阶段

7.概念模型是现实世界的第一层抽象,这一类最著名的模型是_____。
  A.层次模型
  B.关系模型
  C.网状模型
  D.实体 – 联系模型

8.对实体和实体之间的联系采用同样的数据结构表达的数据模型为_____。
  A.网状模型
  B.关系模型
  C.层次模型
  D.非关系模型

9.数据流程图是用于数据库设计中_____阶段的工具。
  A.概要设计
  B.可行性分析
  C.程序编码
  D.需求分析

10.在数据库设计中,将 E – R 图转换成关系数据模型的过程属于_____。
  A.需求分析阶段
  B.逻辑设计阶段
  C.概念设计阶段
  D.物理设计阶段

11.数据库设计的概念设计阶段,表示概念结构的常用方法和描述工具是_____。
  A. 层次分析法和层次结构图
  B. 数据流程分析法和数据流程图
  C. 实体联系方法
  D.结构分析法和模块结构图

12.从 E – R 图导出关系模型时,如果实体间的联系是 $m:n$ 的,下列说法中正确的是_____。
  A.将 n 方码和联系的属性纳入 m 方的属性中
  B.将 m 方码和联系的属性纳入 n 方的属性中
  C.增加一个关系表示联系,其中纳入 m 方和 n 方的码
  D.在 m 方属性和 n 方属性中均增加一个表示级别的属性

13.在 E – R 模型中,如果有三个不同的实体型,三个 $m:n$ 联系,根据 E – R 模型转换为关系模型的规则,转换为关系的数目是_____。
  A.4
  B.5
  C.6
  D.7

14.在 E – R 模型转换成关系模型的过程中,下列不正确的做法是_____。
  A.所有联系转换成一个关系
  B.每个实体集转换成一个关系
  C.1:n 联系不必转换成关系
  D.$m:n$ 联系转换成一个关系

15.数据库设计中,概念模型_____。

A. 依赖于计算机的硬件   B. 独立于 DBMS

C. 依赖于 DBMS   D. 独立于计算机的硬件和 DBMS

二、填空题

1. 数据库设计分为以下六个阶段：_____、_____、_____、_____、_____和
_____。

2. 根据模型应用的不同目的,可以将这些模型划分为两类,它们分别属于两个不同的层次。
第一类是_____,第二类是_____。

3. 用_____方法来设计数据库的概念模型是数据库概念设计阶段广泛采用的方法。

4. 客观存在并可相互区别的事物称为_____,它可以是具体的人、事、物,也可以是抽象的
概念或联系。

5. 在 E－R 模型向关系模型转换时,$m:n$ 的联系转换为关系模式时,其关键字包括
_____。

6. _____表达了数据和处理的关系,_____则是系统中各类数据描述的集合,是进行详
细的数据收集和数据分析所获得的主要成果。

7. 各分 E－R 图之间的冲突主要有三类：_____、_____和_____。

8. 在数据库运行阶段,对数据库经常性的维护工作主要是由_____完成的。

三、简答题

1. 对数据库设计过程中各个阶段的设计进行描述。

2. 试述数据库设计的特点。

3. 需求分析阶段的设计目标是什么? 调查内容是什么?

4. 什么是数据库的概念结构? 试述其特点和设计策略。

5. 试述数据库概念结构设计的重要性和设计步骤?

6. 试述数据库设计过程中结构设计部分形成的数据库模式。

7. 什么是 E－R 图? 构成 E－R 图的基本要素是什么?

8. 为什么要视图集成? 视图集成的方法是什么?

9. 什么是数据库的逻辑结构设计? 试述其设计步骤。

10. 试述 E－R 图转换为关系模型的转换规则。

11. 数据字典的内容和作用是什么?

12. 规范化理论对数据库设计有什么指导意义?

13. 试述数据库物理设计的内容和步骤。

14. 你能给出关系数据库物理设计的主要内容吗?

15. 数据输入在实施阶段的重要性是什么? 如何保证输入数据的正确性?

16. 什么数据库的再组织和重构造? 为什么要进行数据库的再组织和重构造?

第8章

Oracle 10g 简介

▶▶▶▶

本章知识要点

本章介绍 Oracle 10g 产品特性简介;Oracle 数据库体系结构;Oracle 数据库安全性管理;Oracle 数据库完整性管理;Oracle 数据库并发控制;Oracle 数据库备份与恢复。重点是 Oracle 数据库体系结构和理解第 5 章的相关理论在 Oracle 数据库中的应用。

8.1 Oracle 10g 产品特性简介

2003 年 9 月 Oracle 公司发布了该版本,根据网格计算的需要增加了实现网格计算所需的重要的新功能,Oracle 将它新的技术产品命名为 Oracle 10g,这是自 Oracle 在 Oracle 8i 中增加互联网功能以来第一次重大的更名。

作为一个广泛使用的数据库系统,Oracle 10g 具有完整的数据管理功能,这些功能包括存储大量数据、定义和操纵数据、并发控制、安全性控制、完整性控制、故障恢复与高级语言接口等。Oracle 10g 还是一个分布式数据库系统,支持各种分布式功能,特别是支持各种 Internet 处理。作为一个应用开发环境,Oracle 10g 提供了一套界面友好、功能齐全的开发工具,使用户拥有一个良好的应用开发环境。Oracle 10g 使用 PL/SQL 语言执行各种操作,具有开放性、可移植性、灵活性等特点,支持面向对象的功能,支持类、方法和属性等概念。

(1)高可用性。

通过扩大各个组织和团体中数据库应用的范围,数据库和互联网使得能够实现全球性的合作和信息共享。小公司和全球性大企业一样,在全世界范围内都有用户需要每天 24 小时访问数据。如果不能保证这种数据访问,就会损失收入和客户并受到惩罚,而且负面的新闻报道将对客户和公司的声誉有持续的影响。构建一个具有高可用性的 IT 基础架构对于希望在当今瞬息万变的经济环境立于不败之地并取得成功的企业而言至关重要。

设计高可用性解决方案的挑战之一是查明并解决造成宕机的所有可能缘由。在设计容错和灵活 IT 基础架构时,很重要的一点就要考虑意外停机和计划停机时间。意外停机主要是由计算机故障或数据故障引起的。计划停机主要是由生产系统的数据改变或系统改变而引起的。

①故障保护配置和验证 Windows 集群,并通过与微软集群服务器集成的高可用性软件快速、准确地自动恢复 Oracle 数据库和应用系统。

②回闪查询。无需复杂、耗时的操作即可恢复更早版本的数据。

③回闪表、数据库和事务查询。诊断和撤销错误操作,包括对单独一行所做的修改、由杂乱的事务导致的变化、对单个或多个表所做的修改(包括表的删除)以及对整个数据库所

做的所有修改。

④数据卫士。自动维护生产数据库的多个远程备份副本;恢复从生产环境到备份数据库的处理;极大地缩短了灾难情况下的宕机时间。

（2）可伸缩性。

①真正应用集群。跨多个相互连接或"集群的"服务器运行任意未做更改的打包或定制的应用系统。

②集成的集群件。利用一组通用、内置的集群服务创建和运行数据库集群。

③自动工作负载管理。将服务连接请求发送给拥有最低负载的适当服务器;一旦发生故障,就自动将幸存的服务器重新分配以用于服务。

④Java 和 PL/SQL 的本地编译。Java 和 PL/SQL 语言编写的程序部署在数据库服务器。

（3）安全性。

①密码管理。利用单一用户名和密码连接整个企业内的多个数据库。

②加密工具包。借助 PL/SQL 包加密和解密存储的数据。

③虚拟专用数据库。编写行级安全性程序;确保应用程序上下文的安全。

④细粒度审计。定义特定的审计策略,包括对错误数据的访问发出警告。

（4）应用软件开发。

①Java 支持。更快地执行 Java 应用程序,集成现有的软件资产,将 Java/J2EE 应用程序连接到支持网格的数据库,通过 Web 服务支持非连接的客户,并将本地数据与远程和动态数据结合起来。

②HTML DB。借助快速 Web 应用系统开发工具,开发和部署快速、安全的应用系统。

③全面的 XML 支持。通过对 W3C XML 数据模型提供支持,使存储和检索 XML 本地化;使用标准访问方法导航和查询 XML。

④PL/SQL 和 JSP。用服务器端 Java 和存储的程序语言;使用 SQL 确保安全、方便和无缝。

⑤COM 自动化、微软事务服务器/COM + 集成、ODBC 和 OLE DB。支持多种 Windows 数据访问方法。

（5）可管理性。

①企业管理器。通过单一集成的控制台,基于 Oracle 产品系列管理和监控所有应用程序和系统。

②自动内存管理。自动管理 Oracle 数据库实例使用的共享内存。

③自动存储管理。跨所有可用资源分配 I/O 负载,并通过垂直集成的文件系统和卷管理器优化性能;消除人工 I/O 调优。

④自动撤销管理。监控所有 Oracle 系统的参数设置、安全设置、存储和文件空间条件的配置。

⑤服务器管理的备份和恢复。借助 Oracle 恢复管理器（RMAN）简化、自动化并提高备份及恢复性能。

（6）数据仓储。

①数据压缩。在不影响查询时间的情况下压缩保存在关系表中的数据;降低磁盘系统的成本。

②Oracle 分析函数。使用面向联机分析处理(OLAP)的内置分析工作空间。

③可移动的表空间,包括跨平台。将一组表空间从一个数据库转移到另一个数据库,或者从一个数据库转移到自身的其他位置。

④星形查询优化。加入一个事实表和大量维度表。

⑤汇总管理——物化视图查询改写。当一个物化视图用来响应一个请求时,通过自动识别提高查询性能;透明地改写请求以使用物化视图。

(7)集成。

①Oracle 流。在一个数据库内或从一个数据库到另一个数据库的数据流中实现数据、事务和事件的传播与管理。

②高级队列。通过基于队列的发布-订阅功能,使数据库队列能够充当持久的消息存储器。

③工作流。支持与完整的工作流管理系统基于业务流程的集成。

④分布式查询/事务处理。在分布式数据库的两个或更多个不同节点上查询或更新数据。

(8)内容管理。

①超级搜索。跨多个信息库搜索和定位数据,包括 Oracle 数据库、遵循 ODBC 的数据库、IMAP 邮件服务器、HTML 文档、磁盘文件等。

②媒介物。开发、部署和管理包含具有最流行格式的多媒体内容的传统、Web 和无线应用系统。

③文本。构建文本查询应用系统和文档分类应用系统。

④定位器。管理地理空间数据满足地理信息系统的要求。使用企业版的空间选项还能够支持最复杂的 GIS 部署。

8.2　Oracle 数据库体系结构

Oracle 10g 的体系结构由物理结构和逻辑结构两部分组成。逻辑结构包括表空间、段、区间、数据块、表和其他逻辑对象。物理结构包括数据文件、控制文件、日志文件、初始化参数文件和其他文件。而 Oracle 10g 的总体结构由内存结构、后台进程、Oracle 例程构成。

8.2.1　Oracle 10g 数据库服务器的物理存储结构

在物理上,Oracle 10g 数据库由各种物理文件组成,每个物理文件又由若干个 Oracle 块组成。物理文件是构成 Oracle 10g 数据库的基础。

Oracle 10g 数据库的物理文件主要有:数据文件(Data File)、控制文件(Control File)、日志文件(Redo File)、初始化参数文件(Parameter File)及其他 Oracle 物理文件。各种物理文件关系如图 8.1 所示。

(1)数据文件。

数据文件就是用来存放数据库数据的物理文件,文件后缀为.DBF 或者.ORA。数据文件存放的主要内容包括表中的数据、索引数据、数据字典定义、回滚事务所需信息、存储过程和函数、数据包的代码和用来排序的临时数据。

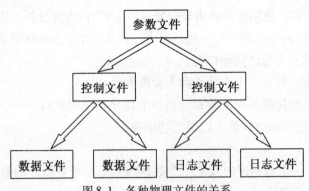

图 8.1　各种物理文件的关系

数据文件具有如下特点：

①一个数据文件只能和一个数据库相关联。

②可以设置数据文件的自动扩展的特性。

③一个或者多个数据文件构成了一个数据库的逻辑存储单元——表空间。

与数据文件相关的进程——DBWR，把汇集在内存中的数据写入到数据文件中。

（2）控制文件。

控制文件用于记录和维护整个数据库的全局物理结构，它是一个二进制文件，文件后缀为.CTL。

控制文件存放了与 Oracle 10g 数据库物理文件有关的关键控制信息，如数据库名和创建时间，物理文件名、大小及存放位置等信息。控制文件在创建数据库时生成，以后当数据库发生任何物理变化都将被自动更新。每个数据库通常包含两个或多个控制文件。这几个控制文件的内容保持一致。

控制文件的内容包括数据库名称、数据库创建的时间戳、相关的数据文件、重做日志文件的名称和位置、表空间信息、数据文件脱机范围等，还包括日志历史和当前日志序列数、归档日志信息、备份信息、检查点信息等。

控制文件非常重要，通常为保护控制文件采取如下措施：

①每个数据库都要使用多路复制的控制文件；②把每个控制文件的复件保存在不同的物理磁盘上；③使用操作系统的冗余镜像机制；④监控备份。

（3）日志文件。

日志文件用于记录对数据库进行的修改操作和事务操作，文件后缀为.LOG。

每个数据库至少包含两个重做日志组，这两个日志组是循环使用的。日志写入进程（LGWR）会将数据库发生的变化写入到日志组一，当日志组一写满后，即产生日志切换，LGWR 会将数据库发生的变化写入到日志组二，当日志组二也写满后，产生日志切换，LGWR 会将数据库发生的变化再写入日志组一，以次类推。

日志文件分为联机重做日志文件和归档日志文件。归档日志是当前非活动重做日志的备份，可以使用归档日志进行恢复。

日志文件的模式可分为归档模式（Archiveclog）和非归档模式（NoArchivelog）两种。

归档模式将保留所有的重做日志内容。这样数据库可以从就所有类型的失败中恢复，是最安全的数据库工作方式。对于非常重要的 Oraclc 10g 数据库应用，如银行系统等，必须采用归档模式。

非归档模式不保留以前的重做日志的内容,适合于对数据库中数据要求不高的场合。

（4）参数文件。

初始化参数文件 INIT. ORA 是一个文本文件,定义了要启动的数据库及内存结构的大约 200 项参数信息。启动任何一个数据库之前,Oracle 系统都要读取初始化参数文件中的各项参数。

初始化参数文件主要用来对数据库实例参数的设置,常用的参数设置包括设置内存大小、设置数据库回滚段、设置要使用的数据库和控制文件、设置检查点、设置数据库的控制结构和非强制性后台进程的初始化。

（5）警告文件与跟踪文件。

警告文件（Alert File）:由连续的消息和错误组成,可以看到 Oracle 内部错误、块损坏错误等。

跟踪文件（Trace File）:存放着后台进程的警告和错误信息,每个后台进程都有相应的跟踪文件。

（6）备份文件。

备份文件（Backup File）:包含恢复数据库结构和数据文件所需的副本。

口令文件（Password File）:存放用户口令的加密文件。

8.2.2　Oracle 数据库的逻辑存储结构

从逻辑的角度来看,数据库由多个表空间组成,每个表空间存放了多个段,每个段又分配了多个区,并且随着段中数据的增加区的个数也会自动增加,每个区应该由连续的多个数据块组成。Oracle 数据库的逻辑存储结构如图 8.2 所示。

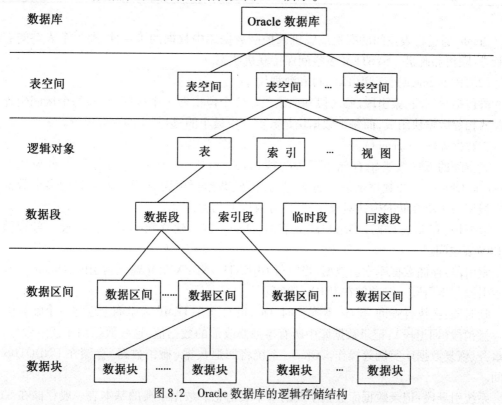

图 8.2　Oracle 数据库的逻辑存储结构

（1）表空间（Table Space）。

表空间是 Oracle 数据库中数据的逻辑组织单位，通过表空间来组织数据库中的数据。数据在库逻辑上由一个或多个表空间组成，表空间在物理上是由一个或多个数据文件组成。通过使用表空间，Oracle 可以有效地控制数据库所占用的磁盘空间，并控制数据库用户的空间配额。

如果一个用户的表空间的存储空间不够用时，可以通过添加数据文件来增加空间配额。表空间和数据文件之间的关系，表现为一个或者多个数据文件构成一个数据库的逻辑存储单元——表空间。

典型的数据库表空间见表 8.1。

表 8.1　典型的数据库表空间

表空间名称	说　　明
SYSTEM	是每个 Oracle 数据库都必须具备的部分
TEMP	用于存储临时表
TOOLS	用于存放数据库工具软件所需的数据库对象
UNDOTBS	用于保存回滚段（Rollback Segment）
USERS	用于存放用户私有信息
CWMLITE	用于联机分析处理（OLAP）
DRSYS	用于存放与工作空间设置有关的信息
EXAMPLE	用于存放例程（Instance）信息
INDEX	用于存放数据库中的索引信息

Oracle 通过将表空间的联机或脱机来控制数据库中数据的可用性，即一个表空间有两种状态：联机和脱机。SYSTEM 表空间保持联机状态。

（2）段（Segment）、区间（Extent）和数据块。

段包括数据段、索引段、临时段和回滚段。每个段由若干个区间组成，每个区间由连续分配的相邻数据块组成，而每个数据块是数据库中最小的、最基本的存储单位。

①数据库段（Segment）。

表空间的下一级逻辑存储单元称为段（Segment），一个段只能存储同一种模式对象（Schema Object）。段数据不能跨越表空间，但段数据可以跨越同一表空间的多个数据文件。根据段中所存储的模式对象不同，段分成以下几类：

数据段：存储表数据，当用户建立表时，Oracle 自动建立数据段。数据段一般存储在 USERS 表空间。

索引段：存储数据库索引数据，当执行 CREATE INDEX 语句建立索引时，Oracle 自动建立索引段。索引段一般存储在 INDX 表空间。

临时段：在执行查询、排序、等操作时，Oracle 自动在 TEMP 表空间上创建一个临时段。

撤销段（回退段）：记录数据库中所有事务修改前的数据值，这些数据用于读一致性、回退事务、恢复数据库实例等操作。Oracle 系统将回退数据（撤销数据）存储在 UNDOTBS 表空间。

系统引导段：记录数据库数据字典的基本表信息。数据字典的基本表一般存储在 SYSTEM 表空间。

②区间。

Oracle 系统按需要以区为单位为段分配空间。当段内现有区中的空间用完后,系统自动在表空间内为段分配一个新区间。一个段内区间的个数是随着段内数据量的增加而增加。

分配区时按以下存储参数一次一次地分配:INITIAL EXTENT,第一个区的大小;NEXT EXTENT,第二个区的大小;PCTINCREASE,从第三个区开始,在前一个区的基础上增长的百分比;MAXEXTENTS,一个段内最多的区的个数;MINEXTENTS,一个段内最少的区的个数。

③数据块。

Oracle 数据库的最小存储数据单元称为数据块(Data Block)。块是 I/O 的最小单位,而区间是分配空间的最小单位。

数据块的字节长度由初始化参数文件中 DB_BLOCK_SIZE 参数设置。一个区是由一定数量的连续数据块组成。

④表及其他逻辑对象。

表是用于存放数据的数据库对象。按照功能的不同,表分为系统表和用户表。系统表又称为数据字典,用于存储管理用户数据和数据库本身的数据,记录数据、口令、数据文件的位置等。用户表就是用于存放用户的数据。

除了表之外,Oracle 10g 数据库提供了其他逻辑对象(Logic Object),如高级队列、数组、过程和函数、包、触发器等。

8.2.3　Oracle 10g 实例

Oracle 实例是由 SGA 区和后台进程组成。

当打开数据库时必须首先启动 Oracle 实例,也就是必须首先按参数文件中指定的 SGA 区的每一块缓冲区的大小分配相应大小的缓冲区,并且启动必要的后台进程。在启动实例后将数据库与该实例连接,也就是 MOUNT(装载)数据库。此时系统根据参数文件中的参数值查找并打开所有的控制文件。最后才是打开已经连接到实例的数据库,此时系统根据已经打开的控制文件的内容,查找并打开所有的数据文件和重做日志文件。

Oracle 10g 数据库服务器的总体结构如图 8.3 所示。

(1)内存结构。

内存结构是 Oracle 存放常用信息和所有运行在该机器上的 Oracle 程序的内存区域。Oracle 有两种类型的内存结构:系统全局区(System Global Area,SGA)和程序全局区(Program Global Area,PGA)。

①SGA。

SGA 是客户机上的用户进程和服务器上的服务器进程都使用的内存区域。在 Oracle 例程中,SGA 是所有通信的中心,所有的用户进程和服务器进程都可以访问这部分内存区域,也就是说,SGA 内的数据是共享的。

在数据库非安装阶段,当创建例程时,分配 SGA;当例程关闭时,释放 SGA。SGA 主要由以下几部分组成:数据库缓冲快存(Database Buffer Cache)、重做日志缓冲区(Log Buffer)、共享池(Shared Pool)、大池(Large Pool)、Java 池(Java Pool)。

数据库缓冲快存:用于记录从数据库数据文件中读取的数据,以及插入和更新的数据。该缓冲区的大小由参数 DB_CACHE_SIZE 的值决定。

重做日志缓冲区：记录数据库中的修改前和修改后信息。该缓冲区的大小由参数 LOG_BUFFER 的值决定。

共享池：包含库缓存（Library Cache）、数据字典缓存（Dictionary Cache）。其大小由参数 SHARED_POOL_SIZE 的值决定。

大池：是数据库管理员的一个可选内存配置项，主要用于为 Oracle 共享服务器以及使用 RMAN 工具进行备份与恢复操作时分配连续的内存空间。其大小由参数 LARGE_POOL_SIZE 的值决定。

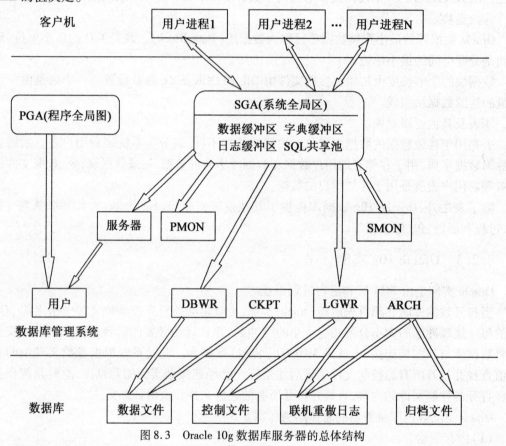

图 8.3　Oracle 10g 数据库服务器的总体结构

Java 池：是数据库管理员的一个可选内存配置项，主要用于存放 Java 语句的语法分析和执行计划。当使用 Java 做开发时，必须配置 Java 池。其大小由参数 JAVA_POOL_SIZE 的值决定。

②PGA。

PGA 是存储区中被单个用户进程使用的内存区域。每一个连接到 Oracle 数据库的进程都需要自己的 PGA，存放单个进程工作时需要的数据和控制信息，其中包括进程会话变量和数组及不需要与其他进程共享的信息等。

PGA 是用户进程私有的，不能共享。PGA 内部的不同部分可以相互通信，但与外界没有联系。

（2）后台进程。

Oracle 系统中的进程分为以下三类：用户进程、服务器进程和后台进程。

所谓用户进程指在客户机上运行的程序，如客户机上运行的 SQL Plus、企业管理器等，用户进程向服务器进程请求信息。

所谓服务器进程指在服务器上运行的程序,接受用户进程发出的请求,根据请求与数据库通信。

后台进程帮助用户进程和服务器进程进行通信,无论是否有用户连接数据库,它们都在运行,负责数据库的后台管理工作,这也是称之为后台进程的原因。Oracle 10g 数据库支持成千上万用户的并行访问,而且还保证了数据的完整性和高性能,这其中离不开 Oracle 后台进程的支持。

Oracle 10g 数据库典型的后台进程包括:

系统监视进程(SMON):是在数据库系统启动时执行恢复性工作的强制性进程。

进程监视进程(PMON):用于恢复失败的数据库用户的强制性进程。

数据库写入进程(DBWR):主要管理数据缓冲区和字典缓冲区的内容,它从数据文件读取数据,写入到 SGA。

日志写入进程(LGWR):用于将内存中的日志内容分批写入到日志文件中。

归档进程(ARCH):是可选进程,在当数据库服务器以归档模式运行时,将已经写满的联机重做日志文件的内容拷贝到归档日志文件中才发生。

检查点进程(CKPT):是可选进程,用于减少例程恢复的时间。

恢复进程(RECO):用于分布式数据库中的失败处理,只有在运行分布式选项时,才能使用该进程。

锁进程(LCKn):是可选进程。用户在并行服务器模式下将出现多个锁进程,以确保数据的一致性,这些锁进程有助于数据库通信。

快照进程(SNPn):快照刷新和内部工作队列运行计划的依赖进程。

调度进程(Dnnn):是共享服务器的可选进程。

其中 DBWR、LGWR、CKPT、SMON、PMON 后台进程是任何数据库环境所必需的,而其他 ARCH、LCKn、RECO、SNPn、Dnnn 等后台进程是根据数据库运行环境和配置的不同而可以选择配置的。

8.3　Oracle 数据库安全性管理

Oracle 利用下列机制管理数据库安全性:数据库用户和模式、特权、角色、存储设置和空间份额、资源限制和审计。

8.3.1　数据库的存取控制

Oracle 保护信息的方法采用任意存取控制来控制全部用户对命名对象的存取。一种特权是存取一个命名对象的许可,是一种规定格式。

Oracle 使用多种不同的机制管理数据库安全性,其中有两种机制最为重要:模式和用户。模式为模式对象的集合,模式对象如表、视图、过程和包等。每一数据库有一组模式。每一 Oracle 数据库有一组合法的用户,可存取一个数据库,可运行一个数据库应用和使用该用户各连接到定义该用户的数据库。当建立一个数据库用户时,对该用户建立一个相应的模式,模式名与用户名相同。一旦用户连接数据库,该用户就可存取相应模式中的全部对象,一个用户仅与同名的模式相联系,用户和模式是类似的。

　　每一个用户有一个安全域,它是一组特性,可决定下列内容用户可用的特权和角色、用户可用的表空间的份额和用户的系统资源限制。

　　用户的存取权限受用户安全域的设置所控制,在建立一个数据库的新用户或更改一个已有用户时,安全管理员对用户安全域有下列决策:决定是由数据库系统还是由操作系统维护用户授权信息;设置用户的缺省表空间和临时表空间;列出用户可存取的表空间和在表空间中可使用空间份额;设置用户资源限制的环境文件,该限制规定了用户可用的系统资源的总量;规定用户具有的特权和角色,可存取相应的对象。

　　(1)用户鉴别。

　　为了防止非授权的数据库用户的使用,Oracle 提供两种确认方法:操作系统确认和相应的 Oracle 数据库确认。

　　如果操作系统允许,Oracle 就可使用操作系统所维护的信息来鉴定用户。由操作系统鉴定用户的优点是:

　　①用户可更方便地连接到 Oracle,不需要指定用户名和口令。

　　②对用户授权的控制集中在操作系统,Oracle 不需要存储和管理用户口令。然而用户名在数据库中仍然要维护。

　　③在数据库中的用户名项和操作系统审计跟踪相对应。

　　Oracle 数据库方式的用户确认,指 Oracle 利用存储在数据库中的信息可鉴定试图接到数据库的用户。当用户使用 Oracle 数据库时执行用户鉴别,每个用户在建立时有一个口令,用户口令在建立对数据库连接时使用,以防止对数据库非授权的使用。用户的口令以密码的形式存储在数据库数据字典中,用户可随时修改其口令。

　　(2)用户的表空间设置和定额。

　　关于表空间的使用有几种设置选择:用户的缺省表空间、用户的临时表空间和数据库表空间的空间使用定额。

　　(3)用户资源限制和环境文件。

　　用户可用的各种系统资源总量的限制是用户安全域的部分。利用显式地设置资源限制,安全管理员可防止用户无控制地消耗宝贵的系统资源。资源限制是由环境文件管理,一个环境文件是命名的一组赋给用户的资源限制。另外,Oracle 为安全管理员在数据库级提供使能(可用)或使不能(不可用)实施环境文件资源限制的选择。

　　Oracle 可限制几种类型的系统资源的使用,每种资源可在会话级、调用级或两者上控制。在会话级层次上,每一次用户连接到数据库,建立会话。每一个会话在执行 SQL 语句的计算机上耗费 CPU 时间和内存量进行限制。对 Oracle 的几种资源限制可在会话级上设置。在调用级层次在 SQL 语句执行时,处理该语句有好几步,为了防止过多地调用系统,Oracle 在调用级可设置几种资源限制。如果调用级的资源限制被超过,语句处理被停止,该语句被回滚,并返回错误。然而当前事务的已执行所用语句不受影响,用户会话继续连接。有下列资源限制:

　　①为了防止无控制地使用 CPU 时间,Oracle 可限制每次 Oracle 调用的 CPU 时间和在一次会话期间 Oracle 调用所使用的 CPU 的时间,以 0.01 秒为单位。

　　②为了防止过多的 I/O,Oracle 可限制每次调用和每次会话的逻辑数据块读的数目。

　　③Oracle 在会话级还提供其他几种资源限制。每个用户的并行会话数的限制;会话空闲时间的限制,如果一次会话的 Oracle 调用之间时间达到该空闲时间,当前事务被回滚,会

话被中止,会话资源返回给系统;每次会话可消逝时间的限制,如果一次会话期间超过可消逝时间的限制,当前事务被回滚,会话被删除,该会话的资源被释放;每次会话的专用 SGA 空间量的限制。

用户环境文件是指定资源限制的命名集,可赋给 Oracle 数据库的有效的用户。利用用户环境文件可容易地管理资源限制。要使用用户环境文件,首先应将数据库中的用户分类,决定在数据库中全部用户类型需要多少种用户环境文件。在建立环境文件之前,要决定每一种资源限制的值。例如,一类用户通常不执行大量逻辑数据块读,那就可将 LOGICAL – READS – PER – SESSION 和 LOGICAL – READS – PER – CALL 设置相应的值。在许多情况下,决定用户的环境文件的合适资源限制的最好的方法是收集每种资源使用的历史信息。

8.3.2　特权和角色

(1)特权。

特权是执行一种特殊类型的 SQL 语句或存取另一用户的对象的权力。特权有两类:系统特权和对象特权。

系统特权是执行一处特殊动作或者在对象类型上执行一种特殊动作的权利。Oracle 有 60 多种不同系统特权,每一种系统允许用户执行一种特殊的数据库操作或一类数据库操作。

系统特权可授权给用户或角色,一般系统特权属于管理人员和应用开发人员,终端用户不需要这些相关功能。授权给某一用户的系统特权并具有该系统特权授权给其他用户或角色。反之,可从那些被授权的用户或角色回收系统特权。

对象特权是在指定的表、视图、序列、过程、函数或包上执行特殊动作的权利。对于不同类型的对象有不同类型的对象特权。对于有些模式对象,如聚集、索引、触发器、数据库链等没有相关的对象特权,它们由系统特权控制。

对于包含在某个用户名的模式中的对象,该用户对这些对象自动地具有全部对象特权,即模式的持有者对模式中的对象具有全部对象特权。这些对象的持有者可将这些对象上的任何对象特权可授权给其他用户。如果被授者包含有 GRANT OPTION 授权,那么该被授者也可将其权利再授权给其他用户。

(2)角色。

为相关特权的命名组可授权给用户和角色。Oracle 利用角色更容易地进行特权管理。角色有下列优点:

①减少特权管理。不要显式地将同一特权组授权给几个用户,只需将这个特权组授给角色,然后将角色授权给每一用户。

②动态特权管理。如果一组特权需要改变,只需修改角色的特权,将所有授权给该角色的全部用户的安全域将自动地反映对角色所做的修改。

③特权的选择可用性,授权给用户的角色可选择地使其使能或使不能。

④应用可知性。当某一用户经另一用户名执行应用时,该数据库应用可查询字典,将自动地选择使角色使能或不能。

⑤专门的应用安全性。角色使用可由口令保护,应用可提供正确的口令使用权角色使能,达到专用的应用安全性。由于用户不知其口令,故不能使角色使能。

建立角色的两个目的是为数据库应用管理特权和为用户组管理特权,相应的角色称为应用角色和用户角色。

应用角色是授予的运行某一数据库应用所需的全部特权。一个应用角色可授权给其他角色或指定用户。一个应用可有几种不同角色,具有不同特权组的每一个角色在使用应用时可进行不同的数据存取。

用户角色是为具有公开特权需求的一组数据库用户而建立的。用户特权管理是受应用角色或特权授权给用户角色所控制,然后将用户角色授权给相应的用户。

数据库角色包含下列功能:

①一个角色可授予系统特权或对象特权。

②一个角色可授权给其他角色,但不能循环授权。

③任何角色可授权给任何数据库用户。

④授权给一用户的每一角色可以是使能的或者使不能的。一个用户的安全域仅包含当前对该用户使能的全部角色的特权。

⑤一个间接授权角色(授权给另一角色的角色)对一用户可显式地使其能或使不能。

在一个数据库中,每一个角色名必须唯一。角色名与用户不同,角色不包含在任何模式中,所以建立一角色的用户被删除时不影响该角色。

Oracle 为了提供与以前版本的兼容性,可预定义下列角色:CONNENT、RESOURCE、DBA、EXP – FULL – DATABASE 和 IMP – FULL – DATABASE。

8.3.3 审计

审计是对选定的用户动作的监控和记录,通常用于:

(1)审查可疑的活动。例如,数据被非授权用户所删除,此时安全管理员可决定对该数据库的所有连接进行审计,以及对数据库的所有表的成功或不成功地删除进行审计。

(2)监视和收集关于指定数据库活动的数据。例如,DBA 可收集哪些被修改、执行了多少次逻辑的 I/O 等统计数据。

Oracle 支持三种审计类型:

(1)语句审计。对某种类型的 SQL 语句审计,不指定结构或对象。

(2)特权审计。对执行相应动作的系统特权使用审计。

(3)对象审计。对一特殊模式对象上的指定语句审计。

Oracle 所允许的审计选择限于下列方面:

(1)审计语句的成功执行、不成功执行,或者都审查。

(2)对每一用户会话审计语句执行一次或者对语句每次执行审计一次。

(3)对全部用户或指定用户的活动的审计。

当数据库的审计是使能的,在语句执行阶段产生审计记录。审计记录包含有审计的操作、用户执行的操作、操作的日期和时间等信息。审计记录可存在数据字典表(称为审计记录)或操作系统审计记录中。数据库审计记录是在 SYS 模式的 AUD $ 表中。

8.4　Oracle 数据库完整性管理

完整性是指数据的正确性和相容性。数据的完整性是为了防止数据库存在不符合语义的数据,防止错误信息输入和输出,即数据要遵守由 DBA 或应用开发者所决定的一组预定义的规则。Oracle 应用于关系数据库的表的数据完整性有下列类型：

（1）插入或修改表的行时允许或不允许包含有空值的列，称为空与非空规则。

（2）唯一列值规则，允许插入或修改的表行在该列上的值唯一。

（3）参照完整性规则，同关系模型定义

（4）用户自定义的规则，为灵活的完整性检查。

Oracle 允许定义和实施上述每一种类型的数据完整性规则，这些规则可用完整性约束和数据库触发器定义。完整性约束是对表的列定义规则的说明性方法。数据库触发器是使用非说明方法实施完整性规则，利用数据库触发器（存储的数据库过程）可定义和实施任何类型的完整性规则。

8.4.1　完整性约束

Oracle 利用完整性约束机制防止无效的数据进入数据库的基表，如果任何数据操作语言执行结果破坏完整性约束，该语句被回滚并返回一上个错误。Oracle 实现的完整性约束完全遵守 ANSI 和 ISO 9075 – 1989 标准。

利用完整性约束实施数据完整性规则有下列优点：

（1）定义或更改表时，不需要程序设计，便很容易地编写程序并可消除程序性错误，其功能是由 Oracle 控制的。所以说明性完整性约束优于应用代码和数据库触发器。

（2）对表所定义的完整性约束是存储在数据字典中，所以由任何应用进入的数据都必须遵守与表相关联的完整性约束。

（3）具有最大的开发能力。当由完整性约束所实施的事务规则改变时，管理员只需改变完整性约束的定义，所有应用自动地遵守所修改的约束。

（4）由于完整性约束存储在数据字典中，数据库应用可利用这些信息，在 SQL 语句执行之前或由 Oracle 检查之前，就可立即反馈信息。

（5）由于完整性约束说明的语义是清楚地定义，对于每一指定说明规则可实现性能优化。

由于完整性约束可临时地设置失效，以保证在装入大量数据时可避免约束检索的开销。当数据库装入完成时，完整性约束可容易地设置有效，任何破坏完整性约束的任何新行在例外表中列出。

8.4.2　数据库触发器

Oracle 允许定义过程，当对相关的表作 INSERT、UPDATE 或 DELETE 语句时，这些过程被隐式地执行。这些过程称为数据库触发器。触发器类似于存储的过程，可包含 SQL 语句和 PL/SQL 语句，可调用其他的存储过程。过程与触发器的差别在于调用方法，过程由用户或应用显式执行；而触发器是为一激发语句（INSERT、UPDATE、DELETE）发出进而由 Oracle 隐式地触发。一个数据库应用可隐式地触发存储在数据库中多个触发器。

在许多情况下，触发器补充 Oracle 的标准功能，提供高度专用的数据库管理系统。一般触发器应用于自动地生成导出列值、防止无效事务、实施复杂的安全审核、在分布式数据库中实施跨节点的引用完整性等情况，还应用于实施复杂的事务规则、提供透明的事件记录、提供高级的审计、维护同步的表副本和收集表存取的统计信息。

8.5　Oracle 数据库并发控制

Oracle 利用事务和封锁机制提供数据并发存取和数据完整性。在一个事务内由语句获取的全部封锁在事务期间被保持，防止其他并行事务的破坏性干扰。一个事务的 SQL 语句所做的修改在它提交之后所启动的事务中才是可见的。在一事务中由语句所获取的全部封锁在该事务提交或回滚时被释放。

Oracle 在两个不同级上提供读一致性：语句级和事务级读一致性。Oracle 总是实施语句级读一致性，保证单个查询所返回的数据与该查询开始时刻相一致。所以一个查询从不会看到在查询执行过程中提交的其他事务所做的任何修改。为了实现语句级读一致性，在查询进入执行阶段时，所提交的数据是有效的，而在语句执行开始之后其他事务提交的任何修改，查询将是看不到的。

8.5.1　封锁机制

Oracle 自动地使用不同封锁类型来控制数据的并行存取，防止用户之间的破坏性干扰。Oracle 为一个事务自动地封锁一资源以防止其他事务对同一资源的排他封锁。在某种事件出现或事务不再需要该资源时自动地释放。

Oracle 将封锁分为下列类型：

(1)数据封锁。

数据封锁保护表数据，在多个用户并行存取数据时保证数据的完整性。数据封锁防止相冲突的 DML 和 DDL 操作的破坏性干扰。DML 操作可在两个级获取数据封锁：指定行封锁和整个表封锁，在防止冲突的 DDL 操作时也需要表封锁。当行要被修改时，事务在该行获取排他数据封锁。表封锁可以有下列方式：行共享、行排他、共享封锁、共享行排他和排他封锁。

(2)DDL 封锁(字典封锁)。

DDL 封锁保护模式对象(如表)的定义，DDL 操作将影响对象，一个 DDL 语句隐式地提交一个事务。当任何 DDL 事务需要时由 Oracle 自动获取字典封锁，用户不能显式地请求 DDL 封锁。在 DDL 操作期间，被修改或引用的模式对象被封锁。

(3)内部封锁。

保护内部数据库和内存结构，这些结构对用户是不可见的。

8.5.2　手工的数据封锁

应用需要事务级读一致或可重复读时，或者应用需要一个事务对一资源可排他存取，为了继续它的语句，具有对资源排他存取的事务不必等待其他事务完成。此时允许使用选择代替 Oracle 缺省的封锁机制。

Oracle 自动封锁可在事务级和系统级被替代。

事务级包含下列 SQL 语句的事务替代 Oracle 缺省封锁：LOCK TABLE 命令、SELECT…FOR UPDATE 命令、具有 READ ONLY 选项的 SET TRANSACTIN 命令。由这些语句所获得的封锁在事务提交或回滚后所释放。

系统级通过调整初始化参数 SERIALIZABLE 和 REO – LOCKING，实例可用非缺省封锁启动。这两个参数据的缺省值为：SERIALIZABLE = FALSEORW – LOCKING = ALWAYS。

8.6　Oracle 数据库备份与恢复

当我们使用一个数据库时，总希望数据库的内容是可靠的、正确的，但由于计算机系统的故障（硬件故障、软件故障、网络故障、进程故障和系统故障）影响数据库系统的操作，影响数据库中数据的正确性，甚至破坏数据库，使数据库中全部或部分数据丢失。因此当发生上述故障后，希望能重新建立一个完整的数据库，该处理称为数据库恢复。恢复子系统是数据库管理系统的一个重要组成部分。恢复处理随所发生的故障类型影响的结构而变化。

8.6.1　恢复数据库所使用的结构

Oracle 数据库使用几种机制对可能故障来保护数据：数据库备份、日志、回滚段和控制文件。

（1）数据库备份。

数据库备份是由构成 Oracle 数据库的物理文件的操作系统备份所组成。当介质故障时进行数据库恢复，利用备份文件恢复毁坏的数据文件或控制文件。

（2）日志。

每个 Oracle 数据库实例都提供记录数据库中所做的全部修改。一个实例的日志至少由两个日志文件组成，当实例故障或介质故障时进行数据库部分恢复，利用数据库日志中的改变应用于数据文件，修改数据库中的文数据到故障出现的时刻。数据库日志由两部分组成，即联机日志和归档日志。

每个运行的 Oracle 数据库实例相应地有一个联机日志，它与 Oracle 后台进程 LGWR 一起工作，立即记录该实例所做的全部修改。联机日志由两个或多个预期分配的文件组成，以循环方式使用。

归档日志是可选择的，一个 Oracle 数据库实例一旦联机日志填满后，可形成联机日志的归档文件。归档的联机日志文件被唯一标识并合成归档日志。

（3）回滚段。

回滚段用于存储正在进行的事务（为未提交的事务）所修改值的旧值，该信息在数据库恢复过程中用于撤销任何非提交的修改。

（4）控制文件。

控制文件一般用于存储数据库的物理结构的状态。控制文件中某些状态信息在实例恢复和介质恢复期间用于引导 Oracle。

8.6.2　联机日志

一个 Oracle 数据库的每一实例有一个相关联的联机日志。一个联机日志由多个联机日志文件组成。联机日志文件填入日志项，日志项记录的数据用于重构对数据库所做的全部修改。后台进程 LGWR 以循环方式写入联机日志文件。当前的联机日志文件写满后，LGWR 写入到下一可用联机日志文件。当最后一个可用的联机日志文件的检查点已完成时即可使用。在任何时候，仅有一个联机日志文件被写入存储日志项，它被称为活动的或当前联机日志文件，其他的联机日志文件为不活动的联机日志文件。

Oracle 结束写入一联机日志文件并开始写入到另一个联机日志文件的点称为日志开关。日志开关在当前联机日志文件完全填满,必须继续写入到下一个联机日志文件时出现,也可由 DBA 强制日志开关。每一日志开关出现时,每一联机日志文件赋给一个新的日志序列号。如果联机日志文件被归档,在归档日志文件中包含它的日志序列号。

Oracle 后台进程 DBWR(数据库写)将 SGA 中所有被修改的数据库缓冲区(包含提交和未提交的)写入到数据文件,这样的事件称为出现一个检查点。引起检查点出现有以下几种情况:

(1)检查点确保将内存中经常改变的数据段块每隔一定时间写入到数据文件。由于 DBWR 使用最近最少使用算法,经常修改的数据段块从不会作为最近最少使用块,如果检查点不出现,它从不会写入磁盘。

(2)由于直至检查点时所有的数据库修改已记录到数据文件,先于检查点的日志项在实例恢复时不再需要应用于数据文件,所以检查点可加快实例恢复。

虽然检查点有一些开销,但 Oracle 既不停止活动又不影响当前事务。由于 DBWR 不断地将数据库缓冲区写入到磁盘,所以一个检查点一次不必写许多数据块。一个检查点保证自前一个检查点以来的全部修改数据块写入到磁盘。检查点不管填满的联机日志文件是否正在归档,它总是出现。如果实施归档,在 LGWR 重用联机日志文件之前,检查点必须完成并且所填满的联机日志文件必须被归档。

8.6.3　归档日志

数据库可运行在两种不同方式下:NOARCHIVELOG 方式或 ARCHIVELOG 方式。数据库在 NOARCHIVELOG 方式下使用时,不能进行联机日志的归档。在该数据库控制文件指明填满的组不需要归档,所以当填满的组成为活动,在日志开关的检查点完成,该组即可被 LGWR 重用。在该方式下仅能保护数据库实例故障,不能保护介质(磁盘)故障。利用存储在联机日志中的信息,可实现实例故障恢复。

如果数据库在 ARCHIVELOG 方式下,则可实施联机日志的归档。在控制文件中指明填满的日志文件组在归档之前不能重用。一旦组成为不活动,执行归档的进程就立即可使用该组。

Oracle 要将填满的联机日志文件组归档时,则要建立归档日志,或称离线日志。其对数据库备份和恢复有下列用处:

(1)数据库备份以及联机和归档日志文件,在操作系统或磁盘故障中可保证全部提交的事务可被恢复。在数据库打开时和正常系统使用下,如果归档日志是永久保持,联机备份可以使用。

(2)如果用户数据库要求在任何磁盘故障的事件中不丢失任何数据,那么归档日志必须要存在。归档已填满的联机日志文件可能需要 DBA 执行额外的管理操作。

归档机制决定于归档设置,归档已填满的联机日志组的机制可由 Oracle 后台进程 ARCH 自动归档或由用户进程发出语句手工归档。当日志组变为不活动、日志开关指向下一组已完成时,ARCH 可归档一组,可存取该组的任何或全部成员,完成归档组。联机日志文件归档之后才可为 LGWR 重用。当使用归档时,必须指定归档目标指向一存储设备,它不同于有数据文件、联机日志文件和控制文件的设备,理想的是将归档日志文件永久地移到离线存储设备,如磁带。

8.6.4　数据库备份

不管为 Oracle 数据库设计成什么样的备份或恢复模式,数据库数据文件、日志文件和控制文件的操作系统备份是绝对需要的,它是保护介质故障的策略部分。操作系统备份有完全备份和部分备份两种。

(1)完全备份。

一个完全备份将构成 Oracle 数据库的全部数据库文件、联机日志文件和控制文件的一个操作系统备份。一个完全备份在数据库正常关闭之后进行,不能在实例故障后进行。在此时,所有构成数据库的全部文件是关闭的,并与当前点相一致。在数据库打开时不能进行完全备份。由完全备份得到的数据文件在任何类型的介质恢复模式中是有用的。

(2)部分备份。

部分备份为除完全备份外的任何操作系统备份,可在数据库打开或关闭下进行,如单个表空间中全部数据文件备份、单个数据文件备份和控制文件备份。部分备份仅对在 AR-CHIVELOG 方式下运行的数据库有用,因为存在的归档日志,数据文件可由部分备份恢复。在恢复过程中与数据库其他部分一致。

8.6.5　数据库恢复

数据库系统的故障恢复功能主要提供实例故障的恢复和介质故障的恢复。

1. 实例故障的恢复

当实例意外地(如掉电、后台进程故障等)或预料地(发出 SHUTDOUM ABORT 语句)终止时出现实例故障,此时需要实例恢复。实例恢复将数据库恢复到与故障之前的事务保持致状态。如果在联机备份发现实例故障,则需介质恢复。在其他情况下,在下次数据库启动时(对新实例装配和打开),自动地执行实例恢复。如果需要,从装配状态变为打开状态,自动地激发实例恢复。实例故障的恢复需要做下列处理:

(1)为了解恢复数据文件中没有记录的数据,进行向前滚。该数据记录在联机日志,包括对回滚段的内容恢复。

(2)回滚未提交的事务,按步骤(1)重新生成回滚段所指定的操作。

(3)释放在故障时正在处理事务所持有的资源。

(4)解决在故障时正经历一阶段提交的任何悬而未决的分布事务。

2. 介质故障的恢复

介质故障是当一个文件、一个文件的部分或一磁盘不能读或不能写时出现的故障。介质故障的恢复有以下两种形式,它们决定于数据库运行的归档方式。

①如果数据库是可运行的,以致它的联机日志仅可重用但不能归档,此时介质恢复为使用最新的完全备份的简单恢复。在完全备份执行的工作必须手工重做。

②如果数据库可运行,且联机日志是被归档的,该介质故障的恢复是一个实际恢复过程,重构受损的数据库恢复到介质故障前的一个指定事务一致状态。不管哪种形式,介质故障的恢复总是将整个数据库恢复到与故障之前的一个事务保持一致状态。如果数据库是在 ARCHIVELOG 方式运行,可有不同类型的介质恢复:完全介质恢复和不完全介质恢复。

(1)完全介质恢复。

完全介质恢复可恢复全部丢失的修改,仅当所有必要的日志可用时才可能。有不同类型的完全介质恢复可使用,其决定于毁坏文件和数据库的可用性。

①关闭数据库的恢复。当数据库可被装配是关闭的,完全不能正常使用,此时可进行全部的或单个毁坏数据文件的完全介质恢复。

②打开数据库的脱机表空间的恢复。当数据库是打开时,完全介质恢复可以处理。未损的数据库表空间是联机的,可以使用,而受损表空间是脱机的,其所有数据文件作为恢复的对象。

③打开数据库的脱机表空间的单个数据文件的恢复。当数据库是打开时,完全介质恢复可以处理。未损的数据库表空间是联机的,可以使用,而所损的表空间是脱机的,该表空间指定所损的数据文件可被恢复。

④使用备份的控制文件的完全介质恢复。当控制文件所有拷贝由于磁盘故障而受损时,可进行介质恢复而不丢失数据。

(2)不完全介质恢复。

不完全介质恢复是在完全介质恢复不可能或不要求时进行的介质恢复。重构受损的数据库,使其恢复到介质故障前或用户出错之前的一个事务一致性状态。不完全介质恢复的类型包括:基于撤销、基于时间和基于修改的不完全恢复它们决定于需要不完全介质恢复的情况。

①基于撤销恢复。在某种情况下,不完全介质恢复必须被控制,DBA 可撤销在指定点的操作。基于撤销的恢复地在一个或多个日志组(联机的或归档的)已被介质故障所破坏,不能用于恢复过程时使用,所以介质恢复必须控制,以致在使用最近的、未损的日志组于数据文件后中止恢复操作。

②基于时间和基于修改的恢复。如果 DBA 希望恢复到过去的某个指定点,不完全介质恢复可成功完成。可在下列情况下使用:

①当用户意外删除一表,并注意到错误提交的估计时间,DBA 可立即关闭数据库,恢复它到用户错误之前的时刻。

②由于系统故障,一个联机日志文件的部分被破坏,所以活动的日志文件突然不可使用,实例被中止,此时需要介质恢复。在恢复中可使用当前联机日志文件的未损部分,DBA 利用基于时间的恢复,一旦将有效的联机日志已应用于数据文件后停止恢复过程。

在这两种情况下,不完全介质恢复的终点可由时间点或系统修改号(SCN)来指定。

本章小结

Oracle 10g 数据库是第一个专门设计用于网格计算的数据库,在管理企业信息方面最灵活和最经济高效。它削减了管理成本,同时提供最高的服务质量。除极大地提高质量和性能以外,Oracle 10g 数据库还通过简化的安装、大幅减少的配置和管理需求以及自动性能诊断和 SQL 调整,显著地降低了管理 IT 环境的成本。这些及其他自动管理功能提高了DBA 和开发人员的生产效率。本章简要介绍了 Oracle 数据库体系结构,以及 Oracle 在数据库安全性、完整性、并发控制和备份与恢复方面的特点,体现了数据库系统理论在数据库产品上的应用,也为本课程的实验提供了一个最佳平台。

习　　题

1. 数据库存储的逻辑结构和物理结构是什么？
2. 控制文件的作用是什么？
3. Oracle 提供了哪两种类型的权限？
4. 表空间和数据文件之间的关系是什么？
5. 段、区间和数据块之间的关系是什么？
6. Oracle 实例有哪些后台进程，各实现了什么功能？
7. 角色与权限之间的关系是什么？
8. 管理表空间的原则是什么？
9. Oracle 的数据完整性类型有哪些？
10. Oracle 的封锁类型有哪些？
11. Oracle 数据库使用几种机制对可能故障来保护数据？
12. Oracle 怎样进行实例故障的恢复？
13. Oracle 怎样进行介质故障的恢复？

第 9 章

PL/SQL程序设计

▶▶▶▶▶▶▶▶▶▶▶▶▶▶▶▶▶▶▶▶▶▶▶▶▶

本章知识要点

PL/SQL 是 Procedure Language & Structured Query Language 的缩写。Oracle 的 SQL 是支持 ANSI(American National Standards Institute)和 ISO92(International Standards Organization)标准的产品。PL/SQL 是对 SQL 语言存储过程语言的扩展,现在已经成为一种过程处理语言。本章介绍了 PL/SQL 块结构、PL/SQL 流程、运算符和表达式、游标、异常处理、数据库存储过程和函数、触发器等技术。

9.1 PL/SQL 编程基础知识

9.1.1 PL/SQL 概述

PL/SQL 是 Oracle 数据库对 SQL 语句的扩展,在基本 SQL 语句的使用上增加了编程语言的特点。PL/SQL 就是把数据操作和查询语句组织在 PL/SQL 代码的过程性单元中,通过逻辑判断、循环等操作实现复杂的功能或者计算的程序语言。目前的 PL/SQL 包括两部分,一部分是数据库引擎部分;另一部分是可嵌入到许多产品(如 C 语言,JAVA 语言等)工具中的独立引擎。两者的编程非常相似,都具有编程结构、语法和逻辑机制。

使用 PL/SQL 可以编写具有很多高级功能的程序,虽然通过多个 SQL 语句可能也能实现同样的功能,但 PL/SQL 程序性能更为优越。通过多条 SQL 语句实现功能时,每条语句都需要在客户端和服务端传递,而且每条语句的执行结果也需要在网络中进行交互,占用了大量的网络带宽,消耗了大量网络传输的时间,而在网络中传输的那些数据,往往都是中间数据,并不是最终结果。而 PL/SQL 程序的存储在数据库中,程序的分析和执行完全在数据库内部进行,用户所需要做的就是在客户端发出调用 PL/SQL 的执行命令,数据库接收到执行命令后,在数据库内部完成整个 PL/SQL 程序的执行,并将最终的执行结果返回给用户。在整个过程中网络里只传输了少量必需的数据,减少了网络传输占用的时间,整体程序的执行性能会有明显的提高。

PL/SQL 具有的优点:

(1)能够使一组 SQL 语句的功能更具模块化程序特点;

(2)采用了过程性语言控制程序的结构;

(3)可以对程序中的错误进行自动处理,使程序能够在遇到错误的时候不会被中断;

(4)具有较好的可移植性,可以移植到另一个 Oracle 数据库中;

(5)集成在数据库中,调用更快;

(6)减少了网络的交互,有助于提高程序性能。

9.1.2 PL/SQL **块结构**

PL/SQL 程序由三个部分组成,即声明部分、执行部分、异常处理部分。这 3 部分共同组成的程序结构称为 PL/SQL 块。

PL/SQL 块的结构如下:

Declare   / *   声明部分:声明 PL/SQL 用到的变量、类型及游标 * /

Begin   / *   执行部分:过程代码及 SQL 语句,即程序的主要部分 * /

Exception   / *   异常处理部分:错误处理 * /

End ;

其中执行部分是必须的,其他部分可以任选。

PL/SQL 块可以分为三类:

(1)无名块:没有命名的程序块,动态构造,只能执行一次。无名块也称为匿名块。

(2)命名块:命名的程序块,包括存储在数据库中的存储过程、函数及包等。当在数据库上建立好后可以在其他程序中调用它们。命名块可以按块名调用,可以执行多次。

(3)触发器:当数据库发生操作时,会触发一些事件,从而自动执行相应的程序。触发器不可以调用,由数据库系统触发执行。

PL/SQL 块中可以包含子块,子块可以位于 PL/SQL 中的任何部分。子块也可以看作 PL/SQL 中的一条命令。

例 9.1   本例是一个嵌套子块的结构:

Declare

/ * 本部分可以定义变量、游标等。* /

v_name   varchar2(10);

v_sal   number(7,2);

Begin   / * 执行部分

. . . . . . * /

select ename, sal into v_name, v_sal from scott. emp where empno = '7777';

   begin   / * 子块开始,也是执行语句 * /

  . . .   . . .

    EXCEPTION   / * 子块执行异常处理部分 * /

   . . .   . . .

   end;

EXCEPTION / * 执行异常部分   * /

. . . . . .

end; / * 本 PL/SQL 程序结束 * /

9.1.3 PL/SQL **程序标识符**

PL/SQL 程序设计中的标识符定义与 SQL 的标识符定义的要求相同。要求标识符必须以字符开头,标识符中可以包含数字(0~9)、下划线(_)、"$"和"#",标识符最大长度为 30,标识符不区分大小写,不能使用 PL/SQL 保留字使用标识符名。

例 9.2   合法的标识符:

```
declare
v_name        varchar2(20);/ * 存放 name 列的值 */
v_sal         number(9,2);/ * 存放 sal 列的值 */
```

例 9.3　不合法的标识符：

```
declare
v – name   varchar2(20);          / * 使用了减号 – */
2001_sal     number(9,2);          / * 数字开头 */
mine&yours   number;              – – 非法的符号 &
debit – amount number(10,4);      – – 非法的标识符,使用了减号 –
on/off   char(1);                 – – 非法的标识符
user id varchar2(20);             – – 非法的标识符(不能用空格)
```

常量和变量的命名规则与标识符命名规则相同。

变量命名要规范,建议在系统的设计阶段就要求所有编程人员共同遵守一定的要求,使得整个系统的文档在规范上达到要求。表9.1 是建议的命名方法。

表 9.1　建议的命名方法

变量名	意　　义
V_variablename	程序变量
E_exceptionName	自定义的异常标识
T_TypeName	自定义的类型
P_parameterName	存储过程、函数的参数变量
C_ContantName	用 CONTANT 限制的常量

9.1.4　变量和常量

在 PL/SQL 中常量和变量使用之前必须声明。

语法：

　　常量名　constant 数据类型 : = 值;
　　变量名　数据类型　［约束］［default 默认值］;
　　变量名　数据类型　［约束］［: =初始值］;

(1)基本变量类型

PL/SQL 支持系统的数据类型,也可以自定义数据类型。表 9.2 是 Oracle 数据类型和 PL/SQL 中的变量类型的列表。

表 9.2　Oracle 数据类型和 PL/SQL 中的变量类型

类型	说明	范围	ORACLE 限制
Char	定长字符串	0→32767	255
Varchar2	可变字符串	0→32767	2000
Binary_integer	带符号整数,为整数计算优化性能		
Number(p,s)	小数, Number 的子类型高精度实数		
Long	变长字符串	0 – >2147483647	32,767 字节

续表9.2

类型	说明	范围	ORACLE 限制
Date	日期型	公元前 4712 年 1 月 1 日至公元后 4712 年 12 月 31 日	
Boolean	布尔型	TRUE, FALSE, NULL	不使用
ROWID	存放数据库行号		

例 9.4 声明几个变量

```
declare
order_no      number(3);
cust_name     varchar2(20);
order_date    date;
emp_no        integer   default   25;    ――缺省为 25
pi            constant   number：＝ 3.14159;   ――定义常量 pi
begin
    null;
end;
```

变量的应用例子如例 9.5,其中 Set serveroutput on 命令用于设置输出信息显示在服务器的屏幕上。

DBMS_OUTPUT. PUT_LINE(字符串)是 Oracle 开发过程中常用的一个包体的一个过程,使用该过程可以从存储过程、包或触发器发送信息。DBMS_OUTPUT. PUT_LINE 主要用于调试 PL/SQL 程序,或者在 SQL ∗ PLUS 命令中显示信息。

SQL ∗ Plus 提供了一种接受用户输入的功能:使用 & 符号来标记那些需要从键盘录入的值。例如 radius number：＝&radius;定义一个变量 radius,并将块运行时通过键盘输入的值赋给 radius。

例 9.5 输入圆的半径,计算周长和面积。

```
Set serveroutput on   ――声明在服务器输出结果
DECLARE
    Pi   CONSTANT   number：＝3.1415926;
    Circumference   number;
    Area number;
    radius   number：＝&radius;    ―― 接收键盘输入的值
BEGIN
    Circumference ：＝ Pi ∗ radius ∗ 2;   ―― 计算周长
    Area：＝ Pi ∗ radius ∗ ∗ 2;   ―― 计算面积
    DBMS_OUTPUT. put_line('radius ＝'||to_char(radius)||'   ,Circumference ＝'
||to_char(Circumference)||'   面积 ＝'||to_char(Area));   ――||用于字符串的连接
END;
```

(2)复合类型

Oracle 在 PL/SQL 中除了提供表 9.2 所示的各种类型外,还提供一种称为复合类型的类型——记录和表,通过%ROWTYPE和%TYPE实现。

%TYPE语法:变量名 另一变量%TYPE| 变量名 表.列名%TYPE;表示变量名与另一变量或者表中的字段相匹配。

%ROWTYPE语法:变量名 表或视图或游标%ROWTYPE;表示一个变量的类型与数据库表、视图中记录的类型、或游标的结构类型相匹配。

例如 myrec　emp%ROWTYPE代表myrec是一个记录,记录中包含变量的个数和emp表中的字段个数相同,变量类型与表中各字段类型相对应。Myrec.empno对应emp表中的字段empno。

这2种类型的优点是:当变量所对应的变量或列的类型如果被修改了,不需要修改程序中的变量类型。

例9.6　使用复合类型对例9.1的变量重新进行定义。由于明确当前代码操作的是emp表,变量定义可使用%TYPE定义。

Declare

v_name　　emp.ename%TYPE;

v_sal　　　emp.sal%TYPE;

Begin

/＊执行部分 ...　...＊/

select ename, sal into v_name, v_sal from scott.emp where empno = '7777';

－－其他代码省略

END;

(3)LOB 类型＊

Oracle提供了LOB(Large OBject)类型,用于存储大的数据对象的类型。Oracle目前主要支持BFILE、BLOB、CLOB及NCLOB类型。

BFILE类型存放大的二进制数据对象,这些数据文件不放在数据库里,而是放在操作系统的某个目录里,数据库的表里只存放文件的目录。

BLOB类型存储大的二进制数据类型。变量存储大的二进制对象的位置。大二进制的大小 < =4GB。

CLOB类型存储大的字符数据类型。每个变量存储大字符对象的位置,该位置指到大字符数据块。大字符的大小 < =4GB。

NCLOB类型存储大的NCHAR字符数据类型。每个变量存储大字符对象的位置,该位置指到大字符数据块。大字符的大小 < =4GB。

(4)运算符和表达式

关系运算符:与标准SQL相同。运算符为 = 、< > , ! = , ~ = ,^= 、<、> 、< =、> =。

一般运算符:算术运算符 + 、- 、* ／,赋值号:= , = >,范围运算符..,字符连接符||。

逻辑运算符: is null、Between and、In、And、Or、Not。

在PL/SQL编程中,变量赋值是一个值得注意的地方,它的语法如下:

variable　 : = expression ;

variable 是一个PL/SQL变量,expression是一个PL/SQL表达式。

在PL/SQL里,可以使用两种符号来写注释。

PL/SQL允许用 － － 来写注释,它的作用范围是只能在一行有效。

如:V_Sal　number(12,2); − − 工资变量。

使用/ *　　*/　来加一行或多行注释,如:/ * * * * * * * * * * * * * * * *
* * * * * * * * */ 。

9.2　条件语句和循环语句

在任何计算机语言(c,java)都有各种控制语句(条件语句、循环结构等),在 PL/SQL 中
也存在这样的控制结构。

9.2.1　单分支条件语句 IF …THEN

格式:IF <布尔表达式> THEN
PL/SQL 和 SQL 语句
END IF;
例 9.7　查询一个雇员信息,如果该雇员的工资低于2000,就给该员工工资增加10% 。
set serveroutput on
declare − −定义
v_sal emp. sal% type;
begin
　　　select sal into v_sal from emp where empno = 7788;
　　if v_sal <2000 then　　　 − −判断
　　　　update emp set sal = sal + sal * 10% where empno = 7788;
　　end if;
end;

9.2.2　双分支条件语句 IF … THEN…ELSE

IF <布尔表达式> THEN
PL/SQL 和 SQL 语句
ELSE
其他语句
END IF;
例 9.8　查询一个雇员信息,如果该雇员的补助不为0,就在原来的基础上增加100;如
果补助为0,就把补助设为200。
DECLARE
　　v_empno emp. empno% TYPE : = &empno; − −接收键盘输入的数据
　　v_comm emp. comm% type;
begin
　　select comm into v_comm from emp where empno = v_empno; 　 − −执行查询将结果
存储到变量 v_comm 中。
　　if v_comm < >0 then　　　 − −判断
　　　　update emp set comm = comm + 100 where　 empno = v_empno;

```
        else
             update emp set comm = comm + 200 where    empno = v_empno;
        end if;
end;
```

9.2.3　多路分支条件语句 IF …THEN… ELSIF

```
IF ＜布尔表达式＞ THEN
  PL/SQL 和 SQL 语句
ELSIF ＜其他布尔表达式＞ THEN
  其他语句1
  ELSE
  其他语句2
END IF;
```

提示：ELSIF 不能写成 ELSEIF。

例 9.9　输入职工号,显示该职工工资情况。

```
DECLARE
    v_empno emp. empno% TYPE : = &empno;
    V_salary emp. sal% TYPE;
    V_comment VARCHAR2(35);
BEGIN
    SELECT sal INTO v_salary FROM emp WHERE empno = v_empno;
    IF v_salary < 1500 THEN
        V_comment: = 'Fairly less';    － －相当少
    ELSIF v_salary < 3000 THEN
        V_comment: = 'A little more';  － －稍微多些
    ELSE
        V_comment: = 'Lots of salary'; － －很多
    END IF;
    DBMS_OUTPUT. PUT_LINE(V_comment); － －输出结论
END;
```

9.2.4　多路判断 CASE 表达式

CASE 语句有两种形式:一种只进行等值比较,另一种可以进行多种条件比较。

(1) 等值比较的格式

```
CASE ＜变量名＞
WHEN ＜值1＞ THEN ＜语句1＞
WHEN ＜值2＞ THEN ＜语句2＞
  …
WHEN ＜值n＞ THEN ＜语句n＞
［ELSE 语句 n +1］
```

END CASE;

例 9.10 输入学生成绩,并给出成绩等级。

```
DECLARE
v_grade char(1) : = UPPER('&v_grade');
V_appraisal VARCHAR2(20);
BEGIN
v_appraisal : =
CASE v_grade
    WHEN 'A' THEN 'Excellent'
    WHEN 'B' THEN 'Very Good'
    WHEN 'C' THEN 'Good'
    ELSE 'No such grade'      - - 根据 v_grade 的值将字符串赋值给变量 v_appraisal
END  CASE;
DBMS_OUTPUT. PUT_LINE('Grade:'||v_grade||'  Appraisal:'|| v_appraisal);
END;
```

(2) 多种条件比较

```
CASE
    WHEN <表达式 1 > THEN 语句 1;
    [ WHEN 表达式 2 > THEN 语句 2;]
    ...
    [ WHEN 表达式 n > THEN 语句 n;]
    [ ELSE 语句 n + 1 ; ]
END CASE;
```

CASE 语句对每一个 WHEN 条件进行判断,当条件为真时,执行其后面的语句;如果所有条件都不为真,则执行 ELSE 后的语句。

例 9.11 使用 CASE 语句根据给定的整数输出对应的星期值。

```
SET ServerOutput ON;
DECLARE
    varDAY INTEGER : = 3;
    Result VARCHAR2(20);
BEGIN
    CASE
        WHEN varDAY  = 1 THEN Result: = '星期一';
        WHEN varDAY  = 2 THEN Result: = '星期二';
        WHEN varDAY  = 3 THEN Result: = '星期三';
        WHEN varDAY  = 4 THEN Result: = '星期四';
        WHEN varDAY  = 5 THEN Result: = '星期五';
        WHEN varDAY  = 6 THEN Result: = '星期六';
        WHEN varDAY  = 7 THEN Result: = '星期七';
        ELSE Result: = '数据越界';
```

```
        END case;
        dbms_output. put_line( Result) ;
END;
```

9.2.5 Loop…end loop 循环

这种循环语句以 loop 开头,以 end loop 结尾,这时循环体至少会被执行一次,是最简单的循环语句。

格式:

```
Loop
        要执行的语句;
end loop;
```

循环将执行到遇到一条 exit when 语句退出循环为止。

例 9.12 输出小于 10 的数字。

```
declare
    x   number;
begin
    x: = 0;
    loop
    x: = x + 1;
    dbms_output. put_line( to_char( x) ) ;
    exit    when x = 10;
    end loop;
end;
```

9.2.6 While 循环

对于 While 循环来说,只有条件为 true 时,才会执行循环体语句,While 循环以 While…loop 开始,以 end loop 结束。

格式:

```
While   <布尔表达式>   loop
    要执行的语句;
end loop;
```

例 9.13 输出小于 10 的数字。

```
declare
    x   number;
    begin
    x: = 1;
    while   x < 10   loop
    dbms_output. put_line( to_char( x) || '还小于 10') ;
    x: = x + 1;
    end loop;
```

end;

9.2.7 For 循环

For 循环用于执行确定循环次数的操作。

格式:

FOR ＜循环变量＞ IN ［reverse］＜初始值＞..＜终止值＞

LOOP

    要执行的语句;

END LOOP;

其中 IN 表示索引变量的值从小到大,IN REVERSE 表示索引变量的值从大到小。循环变量默认 INTEGER 类型的索引变量,初始值指定索引变量值范围的最小值,终止值指定索引变量值范围的最大值。

FOR 特点:循环变量不必先定义,它由系统隐含定义。不需要手动增加计数器,变量值每次只能增加或减小 1,不能人为控制。

例 9.14 输出小于 10 的数字。

```
begin
    for  I  in  1..10  loop
    dbms_output. put_line('I = '||to_char(I));
    end loop;
end;
```

9.2.8 异常处理

Oracle 提供异常情况(EXCEPTION)和异常处理(EXCEPTION HANDLER)来实现错误处理。异常情况处理(EXCEPTION)是用来处理正常执行过程中未预料的事件。由于 PL/SQL 程序块一旦产生异常而没有指出如何处理时,程序就会自动终止整个程序运行。异常处理部分一般放在 PL/SQL 程序体的后半部,结构为:

EXCEPTION

    When ＜异常情况 1＞   then ＜处理代码 1＞

    When ＜异常情况 2＞   then ＜处理代码 2＞

….

    When ＜异常情况 n＞   then ＜处理代码 n＞

    When OTHERS then ＜处理代码 n + 1＞

END;

异常情况可以按任意次序排列,但 Others 必须放在最后。

(1)预定义的异常处理。

系统预定义异常就是系统为经常出现的一些错误定义了异常关键字,如被零除或内存溢出等。系统预定义异常无需声明,当系统预定义异常发生时,Oracle 系统会自动触发,只需添加相应的异常处理即可。表 9.4 为 Oracle 常用预定义说明的异常。

表 9.4　Oracle 常用预定义说明的异常

异常名称	异常号	说　　明
ACCESS_INTO_NULL	ORA − 06530	访问没有初始化的对象
CASE_NOT_FOUND	ORA − 06592	没有适合 Case 结构的 WHEN 分支,或 ELSE 分支
COLLECTION_IS_NULL	ORA − 06531	访问没有初始化集合的方法
CURSOR_ALREADY_OPEN	ORA − 06511	视图打开一个已经打开的游标
DUP_VAL_ON_INDEX	ORA − 00001	违反了表中的唯一行约束条件
INVALID_CURSOR	ORA − 01001	无效游标
INVALID_NUMBER	ORA − 01722	字符串转换数字无效
LOGIN_DENIED	ORA − 01017	登录 Oracle 数据库时使用了无效的用户名和密码
NO_DATA_FOUND	ORA − 01403	没有找到数据
NOT_LOGGED_ON	ORA − 01012	没有登录数据库
PROGRAM_ERROR	ORA − 06501	PL/SQL 内部错误
ROWTYPE_MISMATCH	ORA − 06504	PL/SQL 返回的游标变量和主游标不相匹配
SELF_IS_NULL	ORA − 30625	调用没有初始化的成员方法失败
STORAGE_ERROR	ORA − 06500	PL/SQL 运行内存溢出错误
TOO_MANY_ROWS	ORA − 01422	SELECT INTO 语句返回不止一行数据
VALUE_ERROR	ORA − 06502	所赋变量的值与变量类型不一致
ZERO_DIVIDE	ORA − 01476	被零除

例 9.15　使用异常处理代码处理没有查询到某职工信息的情况。如果不进行异常处理,查询结果返回空值 INTO v_emp 系统会出错,程序异常中断,退出 PL/SQL 块的执行。进行异常处理可以避免程序异常中断。

```
DECLARE
v_emp    emp% ROWTYPE;
BEGIN
SELECT  *  INTO v_emp FROM scott. emp   WHERE empno = '0120001';
EXCEPTION    − −异常处理代码
    WHEN NO_DATA_FOUND THEN     − −捕获异常情况
    DBMS_OUTPUT. PUT_LINE('没有找到符合条件的数据。');  − −异常处理
END;
```

(2)用户定义的异常处理。

用户在任何 PL/SQL 程序块、子程序或包中定义的异常,称为用户自定义异常。声明用户自定义异常需在 PL/SQL 程序块的声明部分中进行声明。可以使用 RAISE 语句创建自己的错误处理。其语法如下:

RAISE (error_number, error_message, [keep_errors]);

其中 error_number 是从 − 20,000 到 − 20,999 之间的参数, error_message 是相应的提示信息(< 512 字节), keep_errors 为可选,如果 keep_errors = TRUE,则新错误将被添加到已经引发的错误列表中。如果 keep_errors = FALSE(缺省),则新错误将替换当前的错误列表。

例 9.16　查询职工编号为 7788 的职工姓名,如果姓名不是 tiger,则触发自定义异常。

```
declare
test varchar2(20);
```

```
e exception;
begin
select ename into test from scott. emp where empno = 7788;
if test < > 'tiger' then
raise e;      - - 触发自定义异常 e
end if;
exception
when e then    - - 捕获异常
dbms_output. put_line('7788 职工名不是 tiger');    - - 处理异常
end;
```

9.3　游标的使用

执行 PL/SQL 块中的 SELECT 语句,必须使用 INTO 子句将查询结果存储到相应的变量中,然后再将变量的值进行处理和输出。但这种 SELECT… INTO 语句只能处理一条记录。如果 SELECT… INTO 语句返回多条记录,就会产生系统预定义错误 too_many_rows。为了解决此问题,必须使用显示游标。为了处理 SQL 语句,Oracle 必须分配一片叫上下文(context area)的区域来存储所必需的信息,其中包括要处理的行的数目,一个指向语句被分析以后的表示形式的指针以及查询数据结果的活动集(active set)。而游标是一个指向上下文的句柄(handle)或指针。通过游标,可以对 SQL 语句的处理进行显示控制,便于对表的行数据逐条进行处理。

游标有两种类型:显式游标和隐式游标。

9.3.1　隐式游标

PL/SQL 为所有 SQL 数据更新操作语句(包括返回一行的 SELECT 语句)隐式声明游标,称为隐式游标的原因是用户不能直接命名和控制此类游标。当用户在 PL/SQL 中使用数据库操作语言(DML)时,Oracle 预定义一个名为"SQL"的隐式游标,通过检查隐式游标的属性可以获取与最近执行的 SQL 语句相关的信息。

在使用 UPDATE、DELETE 语句时,所有的 SQL 语句在上下文区内部都是可操作的,因此都有一个游标指向上下文区,就是隐式游标,与显式游标不同,SQL 隐式游标不能被程序打开和关闭。

例 9.17　使用 SELECT 语句声明隐式游标,更新输入的员工号的员工工资,增加 100元。

```
DECLARE
    v_empno emp. empno% TYPE  : = &empno;
    no_result   EXCEPTION;
BEGIN
    UPDATE emp SET sal = sal + 100 WHERE empno = v_empno;  - - 预定义名为"SQL"
的隐式游标
    IF SQL% NOTFOUND THEN    - - 读取隐式游标"SQL"的 NOTFOUND 属性
```

```
            RAISE no_result;
        END IF;
    EXCEPTION
        WHEN no_result THEN
            DBMS_OUTPUT. PUT_LINE('你的数据更新语句失败了!');
        WHEN OTHERS THEN
            DBMS_OUTPUT. PUT_LINE('发生其他错误!');
    END;
```

9.3.2　显式游标

如果 SELECT… INTO 语句返回多条记录,必须使用显示游标。显式游标的处理包括四个步骤:

(1)定义游标:在 DECLARE 说明部分定义游标,定义游标时需要定义游标的名字,并将该游标和一个 SELECT 语句相关联。

定义游标的语法:

CURSOR　游标名[(参数名1　数据类型　[,参数名2　数据类型…])]

IS　SELECT　语句;

例定义游标 c1:

cursor　c1　is　select　ename,deptno　from　emp;　--定义游标 c1

(2)打开游标:打开游标就是在接受实际参数值后,执行游标所对应的 SELECT 语句,将其查询结果放入内存工作区,并且指针指向工作区的首部,即游标位于结果的第一条记录。

打开游标的语法:

　　OPEN　游标名　[(实际参数值1　[,实际参数值2…])];

例打开游标 c1:

OPEN　c1;　--执行查询语句,返回查询结果,c1 指针指向工作区的首部

(3)读取数据:取值工作是将游标工作区中的当前指针所指行的数据取出,放入 INTO 子句指定的输出变量中。系统每执行一次 FETCH 语句只能取一行,每次取出数据之后,指针顺序下移一行,使下一行成为当前行。通常需要多次读取数据,因此该语句位于循环体中,循环执行 FETCH 语句,直到整个查询结果集都被返回。

取值到变量的语法:

FETCH　游标名 INTO　变量1[,变量2…];

例读取游标指向的变量值到变量:

FETCH c1 INTO v_ename,v_dpetno;　--读取游标指针当前行的数据存储到变量中

(4)关闭游标:显式打开的游标需要显式关闭。游标关闭后,系统释放与该游标关联的资源,并使该游标的工作区变成无效。关闭以后不能再对游标进行 FETCH 操作,否则会触发一个 INVALID_CURSOR 错误。如果需要可以重新打开。

关闭游标的语法:

　　CLOSE　游标名;

例关闭游标 c1:

CLOSE　c1；--释放游标 c1 所占用的内存资源

9.3.3　游标属性

从游标工作区中逐一提取数据,可以在循环中完成。但循环的开始及结束,必须以游标的属性为依据。

游标作为一个指针对象,具有 4 个重要的属性,含义见表 9.5。

表 9.5　游标属性

游标属性	描　　　述
游标名%ISOPEN	值为布尔型,如果游标已打开,取值为 TRUE
游标名%NOTFOUND	值为布尔型,如果最近一次 FETCH 操作没有返回结果,则取值为 TRUE
游标名%FOUND	值为布尔型,如果最近一次 FETCH 操作没有返回结果,则取值为 FALSE,否则为 TRUE
游标名%ROWCOUNT	值为数字型,值是到当前为止返回的记录数

Oracle 的隐式游标命名为 SQL,隐式游标同样也具有相关的属性。

（1）%ISOPEN 属性。

例 9.18　下面的代码演示当使用未打开的游标时,将会出现错误。解决办法是去掉程序体开始部分的注释,判断 MyCur%ISOPEN 属性的值。

```
/ * 打开显示模式 */
SET ServerOutput ON;
DECLARE    --开始声明部分
    varName VARCHAR2(50)；    --声明变量,用来保存游标中的用户名
    varId NUMBER；    --声明变量,用来保存游标中的用户编号
    CURSOR MyCur(varType NUMBER) IS    SELECT empno, ename FROM emp
    WHERE empno = 7788；--定义游标
BEGIN    --开始程序体
/ *    IF MyCur%ISOPEN = FALSE Then
    OPEN MyCur;
End if;    */
    FETCH MyCur INTO varId, varName；    --读取当前游标位置的数据
    CLOSE MyCur；    --关闭游标
    dbms_output.put_line('员工号：' || varId ||', 员工名：' || varName)；--显示读取
的数据
END；    --结束程序体
```

（2）%FOUND 属性和%NOTFOUND 属性。

例 9.19　修改部门号为 90 的部门名称,如果不存在该部门,则插入 90 号部门的信息。

```
begin
    update dept set dname = '新部门' where deptno = 90;
    if sql% notfound then
```

```
        insert into dept(deptno,dname)values(90,'新部门');
    end if;
end;
```

在游标使用中还可以带参数。定义游标时指出游标参数的名字和数据类型,并在游标定义的 SELECT 语句中使用该参数。在打开游标时同时给参数赋值,执行游标定义的 SE-LECT 语句。

例 9.20　查找以 USER 开头的视图名称,要求'USER'作为游标的参数输入。

```
DECLARE
    Cursor   c1(view_pattern   varchar2)   IS   --设置游标参数
    Select   view_name   from   all_views
    Where view_name   like view_pattern||'%' AND rownum <= 20   --使用带参数的
游标
    Order by view_name ;
    Vname   varchar2(40);
BEGIN
    For   VIEW1   in   c1 ('USER')   loop   --给参数赋值
    DBMS_OUTPUT. PUT_LINE(VIEW 1. view_name ) ;
    END loop;
END;
```

例 9.21　使用%FOUND 属性可以控制循环执行游标读取数据。

```
SET ServerOutput ON;
DECLARE   --开始声明部分
    varName VARCHAR2(50);   --声明变量,用来保存游标中的用户名
    varId NUMBER;   --声明变量,用来保存游标中的用户编号
    CURSOR MyCur(varType NUMBER) IS   SELECT empno, ename FROM emp
WHERE deptno = varType;   --定义游标,varType 为参数,指定用户类型编号
BEGIN   --开始程序体
    IF MyCur% ISOPEN = FALSE Then
        OPEN MyCur(10);   --打开游标并为游标参数赋值
    END IF;
FETCH MyCur INTO varId, varName;   --读取当前游标位置的数据
    WHILE MyCur% FOUND   --如果当前游标有效,则执行循环
    LOOP
        dbms_output. put_line('雇员编号:' || varId ||', 雇员名:' || varName); --显示
读取的数据
        FETCH MyCur INTO varId, varName;   --读取当前游标位置的数据
    END LOOP;
    CLOSE MyCur;
END;
```

（3）% ROWCOUNT 属性。

例 9.22　利用游标属性,只读取前每个部门的前 2 行记录。

```
SET ServerOutput ON;  /* 打开显示模式 */
DECLARE
  varName VARCHAR2(50);  --声明变量,用来保存游标中的用户名
  varId NUMBER;      --声明变量,用来保存游标中的用户编号
  CURSOR MyCur(varType NUMBER) IS    SELECT empno, ename FROM emp
    WHERE deptno = varType; --定义游标, varType 为参数,指定用户部门编号
BEGIN  --开始程序体
  IF MyCur% ISOPEN  = FALSE Then
    OPEN MyCur(10);
  END IF;
  FETCH MyCur INTO varId, varName;   --读取当前游标位置的数据
  WHILE MyCur% FOUND  --如果当前游标有效,则执行循环
  LOOP
    dbms_output. put_line('用户编号:' || varId ||', 用户名:' || varName); --显示
读取的数据
   IF MyCur% ROWCOUNT  = 2 THEN
      EXIT;
    END IF;
    FETCH MyCur INTO varId, varName;   --读取当前游标位置的数据
  END LOOP;
  CLOSE MyCur;
END;
```

9.3.4　游标控制语句

系统每执行一次 FETCH 语句只能取一行查询结果数据,通常需要多次读取数据,因此该语句必须位于循环体中,循环执行 FETCH 语句,直到整个查询结果集都被返回。

（1）游标中用 loop … end loop 结构。

例 9.23　输出部门号为 10 的员工信息。

```
declare
cursor emp_cursor is select ename, sal from scott. emp where deptno = 10;   --声明游标
v_name emp. ename% type;
v_sal emp. sal% type;
begin
if (not emp_cursor% isopen) then
open emp_cursor;
end if;
loop
fetch emp_cursor into v_name, v_sal ;   --循环读取数据
```

```
exit when emp_cursor% notfound;        - - 循环退出条件
dbms_output. put_line(v_name||',,'||v_sal);
end loop;
close emp_cursor;
end;
```

(2)游标中用 while loop … end loop 结构。

例 9.24　输出部门号为 10 的员工信息。

```
declare
    cursor emp_cursor is select * from scott. emp where deptno = 10;
myrecord scott. emp% rowtype;
    begin
    open emp_cursor;
fetch emp_cursor into myrecord ;
    while ( emp_cursor% found )loop
dbms_output. put_line( myrecord. ename||',,'||myrecord. sal);
    fetch emp_cursor   into myrecord ;
    end loop;
    close emp_cursor;
    end;
```

(3)游标中用 for … end loop 结构。

例 9.25　输出部门号为 10 的员工信息。

```
declare
    cursor emp_cursor is select * from scott. emp where deptno = 10;
    begin
    for emp_record in emp_cursor loop        - - 循环
dbms_output. put_line( emp_record. ename||',,'||emp_record. sal);
    end loop;
    end;
```

注意:FOR 循环隐含定义一个数据类型为游标名% rowtype 的循环变量,并且自动执行打开游标、重复读取数据到循环变量和关闭游标的过程。

9.3.5　修改游标中的结果集

当游标方式指定为 FOR UPDATE 时,可以删除或更新游标涉及的表中的行。

例 9.26　修改部门号为 10 的员工工资。

```
declare
    cursor emp_cursor is select * from scott. emp where deptno = 10 for update;  - - 可以更
新数据
    begin
dbms_output. put_line(' * * * * * 结果集为 * * * * * * ');
    for emp_record in emp_cursor loop
```

update scott. emp set sal = sal + 200 where current of emp_cursor；　 − −更新当前行的数据

end loop；

for emp_record in emp_cursor loop　 − −循环输出

dbms_output. put_line(emp_record. empno‖′,′‖emp_record. ename‖′,′,新工资:′‖emp_record. sal) ；

　　end loop；

　　end；

9.4　存储过程和函数

　　PL/SQL 的存储过程和函数属于命名程序块,对它们的使用可以通过调用过程名或函数名的方式来实现。过程和函数创建成功后,作为 Oracle 对象存储在 Oracle 数据库中,在应用程序中可以按名称多次调用,连接到 Oracle 数据库的用户只要有合适的权限都可以使用过程和函数。

9.4.1　存储过程的应用

（1）存储过程创建语法：

create [or replace]　procedure　procedure_name

[(argment [｛ in｜ out ｜in　out ｝]　type,　　argment　[｛ in ｜ out ｜ in out ｝] type)

　｛ is　｜ as ｝

　　<类型变量的说明 >　　（注：　不用 declare 语句）

　　Begin

　　<执行部分 >

exception

　　<可选的异常处理说明 >

End procedure_name ；

　　参数模式决定了形参的行为,PL/SQL 中参数模式有 IN、OUT 和 IN OUT 三种。IN 模式的参数用于向过程传入一个值, OUT 模式的参数用于从被调用过程返回一个值,IN OUT 模式的参数用于向过程传入一个初始值,然后返回更新后的值。表 9.6 是对不同参数模式的比较。

表 9.6　存储过程的参数模式

IN 模式	OUT 模式	IN OUT 模式
缺省模式	需明确定义	需明确定义
向过程传递值	向调用者返回值	向过程传入一个初始值,然后返回更新后的值
形参像一个常量	形参像一个未初始化的变量	形参像一个初始化的变量
不能为形参分配值	必须为形参分配值	应该为形参分配值

续表 9.6

IN 模式	OUT 模式	IN OUT 模式
实参可以是常量、已初始化的变量、字符或表达式	实参必须是一个变量	实参必须是一个变量
实参按引用方式传递	实参按值方式传递	实参按值方式传递

（2）调用过程。

存储过程建立完成后，只要通过授权，用户就可以在 SQLPLUS、Oracle 开发工具或第三方开发工具来调用运行。

Oracle 使用 4 种方法来实现对存储过程的调用。

①EXEC[UTE]　procedure_name(parameter1,parameter2…);

②SQL >

BEGIN

　procedure_name(parameter1,parameter2…);

END;

③call procedure_name(parameter_value)

④带有输出参数的过程执行

　varible 变量 类型(长度);

　exec procedure_name(parameter_value,:变量);

　print 变量;(或者为 select :变量 from dual)

（3）调试源码。

程序员不能保证所写的存储过程一次就正确，所以这里的调试源码是每个程序员必须进行的工作之一。在 SQLPLUS 下调试主要使用的方法有：

①使用 SHOW ERROR 命令来显示源码的错误位置：在工作区输入 SHOW ERROR 命令。

②使用 user_errors 数据字典来查看各存储过程的错误位置：Select * fron user_errors where name = '存储过程名'。

③查询存储过程源代码：Select * from user_source where name = '存储过程名'。

注：存储过程名为大写字母。

④删除存储过程：Drop　procedure 存储过程名。

例 9.27　创建示例过程 ResetPwd，此过程的功能是将表 emp 中给定员工号的员工名改为 tiger。

CREATE OR REPLACE PROCEDURE ResetPwd (p_empno IN NUMBER)

AS

BEGIN

　UPDATE scott.emp SET ename = 'tiger' WHERE empno = p_empno;　　--使用参数

END;

例 9.28　定义一个传递参数的存储过程，判定是否输入参数。

create or replace procedure print_parameter

　(p_parameter IN varchar2 default null) as

```
BEGIN
  if ( p_parameter   is NULL ) then
    dbms_output. put_line('您没有输入参数!');
  else
    dbms_output. put_line('您输入的参数是:' || chr(9) || p_parameter );
  end if;
END print_parameter;
```
执行:execute print_parameter ;
　　　execute print_parameter(100) ;

9.4.2　函数的应用

函数(FUNCTION)和过程一样,也是 PL/SQL 子程序,作为 Oracle 对象存储在 Oracle 数据库中。函数也可以接收各种模式的参数。函数的结构也包括了声明、执行和异常处理部分。

函数和过程最主要的区别在于过程不将任何值返回给调用程序,而函数则可以有返回值。另外,过程和函数在调用方式上也略有不同,过程的调用是一条语句,而函数的调用使用了一个表达式。

建立函数语法如下:

```
create [ or replace ] function   function_name
    [ (argment [ { in| in   out } ]   type, argment   [ { in | out | in out } ] type]
    return return_type     { is   | as }
    begin
      - - function_body
    exception
. . . . . . .
    end;
```
调用函数:select function_name   [(argment)   ]   from dual;

例 9.29　设计函数判断奇偶数。

```
create or replace function even_odd   ( p_number IN number)
    return varchar2 is   retval varchar2(5);
BEGIN
  if ( p_number mod 2) = 0 then
    retval: = '偶数';
  else
    retval: = '奇数';
  end if;
  return   retval;
end   even_odd;
```
调用函数:

(1)select even_odd(100) from dual;

（2）select even_odd（103）from dual；

例 9.30 编写函数，查询以职工号为参数的职工姓名。

create or replace function get_name（emp_num number）return varchar2　－－参数 emp_num

    as

    emp_name emp. ename% type；

begin

select ename into emp_name from emp where empno = emp_num；　－－ 使用参数 emp_num

Return emp_name；　　－－返回函数值

end；

调用函数：

（1）select get_name（7788）from dual；

（2）varible V_name emp. ename% type；

    exec：V_name：= get_name（7788）；

    print V_name；（或者为 select：V_name from dual）

9.5　触发器

触发器是许多关系数据库系统都提供的一项技术。在 Oracle 系统里，触发器类似过程和函数，都有声明、执行和异常处理过程的命名 PL/SQL 块。

触发器在数据库里以独立的对象存储，它与存储过程不同的是，存储过程通过其他程序来启动运行或直接启动运行，而触发器是由一个事件来启动运行。即触发器是当某个事件发生时自动地隐式运行，并且不能接收参数。所以运行触发器就叫触发或点火（firing）。在 Oracle 里，触发器事件指的是对数据库的表进行的 INSERT、UPDATE 及 DELETE 操作或对视图进行类似的操作，以及触发 Oracle 系统事件，如数据库的启动与关闭等。创建数据库触发器，可以大大增强 Oracle 系统的性能，完成一些 Oracle 系统本身提供的服务所不能完成的功能。触发器的应用主要是以下几个方面：安全性、审计、数据完整性和数据复制等。

9.5.1　触发器种类

（1）DML 触发器。

Oracle 可以在 DML 语句进行触发，可以在 DML 操作前或操作后进行触发，并且可以对每个行或语句操作上进行触发。

触发器由以下五个属性组成。

①触发事件：即在何种情况下触发 TRIGGER；例如：INSERT、UPDATE 和 DELETE 操作。

Oracle 提供三个参数 INSERTING、UPDATEING 和 DELETING 用于判断触发了哪些操作。表9.7 所示判断触发操作的谓词。

表 9.7　判断触发操作的谓词

谓词	行为
INSERTING	如果触发语句是 INSERT 语句,则为 TRUE,否则为 FALSE
UPDATING	如果触发语句是 UPDATE 语句,则为 TRUE,否则为 FALSE
DELETING	如果触发语句是 DELETE 语句,则为 TRUE,否则为 FALSE

②触发时间:即该 TRIGGER 是在触发事件发生之前(BEFORE)还是之后(AFTER)触发,也就是触发事件和该 TRIGGER 的操作顺序。

当触发器被触发时,要使用被插入、更新或删除的记录中的列值,有时要使用操作前及操作后列的值。采用:new 修饰符访问操作完成后列的值,:old 修饰符访问操作完成前列的值。

③触发对象:包括表、视图、模式、数据库。只有在这些对象上发生了符合触发条件的触发事件,才会执行触发操作。

④触发条件:由 WHEN 子句指定一个逻辑表达式。只有当该表达式的值为 TRUE 时,遇到触发事件才会自动执行触发器,使其执行触发操作。

⑤触发频率:说明触发器内定义的动作被执行的次数,即语句级(STATEMENT)触发器和行级(ROW)触发器。语句级触发器是指当某触发事件发生时,该触发器只执行一次;行级触发器是指当某触发事件发生时,对受到该操作影响的每一行数据,触发器都单独执行一次。默认的触发频率为语句级。

根据以上 5 个属性可见,每张表最多可建立 12 个触发器,每个触发器的触发事件不同。12 个不同的触发事件见表 9.8。

表 9.8　12 个不同的触发事件

before insert	before update	before delete
before insert　for each　row	before update　for each　row	before delete　for each　row
after insert	after update	after delete
after insert　for each　row	after update　for each　row	after　delete　for each　row

当一个表拥有多个触发器时,触发器被触发的优先次序如下:

①执行该表的 BEFORE 语句级触发器;

②对受语句影响的每一行数据循环处理:

a. 先执行该行的 BEFORE 行级触发器;

b. 然后执行该行的 DML 命令;

c. 最后执行该行的 AFTER 行级触发器。

③执行该表的 AFTER 语句级触发器。

(2)替代触发器。

在 Oracle 中,不允许直接对由两个以上的表建立的视图进行更新操作,但是可以采用替代触发器来完成。替代触发器就是 Oracle 专门为进行视图更新操作的一种处理方法。

(3)用户事件触发器。

数据库系统中的 DDL 事件及用户登录事件的触发器。用户事件触发器的触发时机见

表9.9。

表9.9　用户事件触发器的触发时机

事　件	允许的时机	说　明
服务器错误 SERVERERROR	之后	只要有错误就激活
登录 LOGON	之后	成功登录后激活
注销 LOGOFF	之前	开始注销时激活
创建 CREATE	之前,之后	在创建之前或之后激活
撤消 DROP	之前,之后	在撤消之前或之后激活
变更 ALTER	之前,之后	在变更之前或之后激活

用户级触发器被触发后,相关的属性见表9.10。

表9.10　用户级触发器相关的属性

属　性	类　型	说　明
Sys. dictionary_object_type	Varchar2(20)	字典对象的类型
Sys. dictionary_object_name	Varchar2(20)	字典对象的名称
Sys. dictionary_object_owner	Varchar2(20)	字典对象的所有者
Sys. des_encrypted_Password	Varchar2(20)	用户的密码

(4)系统触发器。

Oracle 提供了第四种类型的触发器——系统触发器。它可以在 Oracle 数据库系统的事件中进行触发,如 Oracle 系统的启动与关闭等。系统事件触发器的触发时机见表9.11。

表9.11　系统事件触发器的触发时机

事　件	允许的时机	说　明
启动 STARTUP	之后	实例启动时激活
关闭 SHUTDOWN	之前	实例正常关闭时激活
服务器错误 SERVERERROR	之后	只要有错误就激活
登录 LOGON	之后	成功登录后激活
注销 LOGOFF	之前	开始注销时激活

数据库级触发器被触发后,相关的属性见表9.12。

表9.12　系统级触发器相关的属性

属　性	类　型	说　明
Sys. sysvent	Varchar2(20)	触发触发器的系统事件
Sys. instance_num	number	实例的数目
Sys. database_name	Varchar2(50)	数据库名称
Sys. server_error	number	返回的错误编号
Sys. login_user	Varchar2(20)	登录用户名

触发器名与过程名不一样,它是单独的名字空间,因而触发器名可以和表或过程有相同的名字,但在一个模式中触发器名不能相同。

触发器的限制:

(1)触发器中不能使用控制语句 COMMIT、ROLLBACK 和 SVAEPOINT 语句;

(2)由触发器所调用的过程或函数也不能使用控制语句;

(3)触发器中不能使用 LONG 及 LONG RAW 类型。

9.5.2　创建及使用 DML 触发器

创建 DML 触发器的一般语法是:

CREATE [OR REPLACE] TRIGGER <触发器名>

[BEFORE | AFTER]　<触发事件> ON <表名>

[FOR EACH ROW]　[WHEN <条件表达式>]

<PL/SQL 程序体>

其中: <触发事件>: {INSERT | DELETE | UPDATE [OF column [, column …]] }

<表名>: [schema.]table_name | [schema.]view_name

例 9.31　建立一个行级触发器,当职工表 emp 表被删除一条记录时,把被删除记录写到职工表删除日志表中去。

准备工作:建立删除日志表 emp_his, create table emp_his as select * from emp where empno = 0;

```
create or replace trigger scott. del_emp
    before delete   on   scott. emp for each row
begin
    − −　将修改前数据插入日志记录表 emp_his, 以供监督使用。
    insert into emp_his( deptno, empno, ename , job ,mgr , sal , comm , hiredate )　values
    ( :old. deptno, :old. empno, :old. ename , :old. job, :old. mgr, :old. sal , :old. comm, :old. hiredate );
end;
```

例 9.32　创建一个语句级触发器,将用户对数据库 EMP 表进行数据操纵(插入、更新、删除)的操作记录到 tablog 表中。

准备工作:create table tablog (oper char(10) , username varchar2(20) , datetime date) ;

```
create or replace trigger writelog after insert or delete or update on emp
declare
    v_op varchar2(10) ;
BEGIN
    if INSERTING   then      v_op: = '插入数据';
    end if;
    if UPDATING   then      v_op: = '修改数据';
    end if;
    if   DELETING   then      v_op: = '删除数据';
```

```
end if;
    insert into tablog values(v_op,user,sysdate);    --将操作记录到 tablog 表
END writelog;
```

例9.33 编写触发器维护完整性约束条件:教授工资不得低于4000。

准备工作:create table teacher(eno number(10),ename varchar2(10),sal number(10),
job varchar2(10));

```
create or replace trigger i_u_s
before insert or update on teacher
for each row
begin
if (:new.job = 'pro')and (:new.sal < 4000) then    --判断条件 职位是教授并且工资
小于4000
:new.sal:=4000;    --通过触发器直接将 sal 变量赋值4000
end if;
end;
```

例9.34 创建一个 BEFORE 型语句级触发器,限制 EMP 表插入数据的时间。

```
CREATE OR REPLACE TRIGGER secure_emp
BEFORE INSERT ON dept
BEGIN
    IF(TO_CHAR(sysdate,'DY') IN('星期六','星期日'))   OR(TO_CHAR(sysdate,'
HH24') NOT BETWEEN '08' AND '18')    --TO_CHAR()将系统日期转换为字符串
    THEN
        RAISE_APPLICATION_ERROR( -20500,'只允许在正常工作时间向 EMP 插入数
据');
    END IF;
END;
```

例9.35 利用触发器增强参照完整性。假设在定义 DEPT 和 EMP 表时没有做参照完整性限制,则当 DEPT 表的 deptno 发生变化时,EMP 表相对应行的 deptno 也要跟着进行修改。

```
create or replace trigger tt
after update of deptno on dept    --设置触发时机
for each row
begin
  UPDATE   EMP   SET EMP.DEPTNO = :NEW.DEPTNO
      WHERE   EMP.DEPTNO = :OLD.DEPTNO;
end;
```

例9.36 在行级触发器加 WHEN 限制条件,根据销售员工资的改变自动计算销售员的奖金。

```
CREATE OR REPLACE TRIGGER derive_comm
BEFORE UPDATE OF sal ON emp
```

FOR EACH ROW

WHEN（new. job = ′SALESMAN′）

BEGIN

　　:new. comm ：= :old. comm ＊（:new. sal／:old. sal）;

END;

9.5.3　创建替代(Instead_of)触发器

INSTEAD OF 触发器可用来操纵对视图的插入、修改和删除。当一个视图是根据几个表创建的时候,替代触发器是非常有用的。

与 DML 触发器不同,DML 触发器是在 DML 操作之外运行的,而替代触发器则代替激发它的 DML 语句运行(也就是说针对视图的 DML 语句并没有自己执行,而是由替代触发器变相的代替执行)。

CREATE［OR REPLACE］TRIGGER［schema.］触发器名

INSTEAD OF

触发事件1［OR 触发事件2…］ON［schema.］视图名

FOR EACH ROW

DECLARE

定义变量、游标、记录结构等

BEGINE

PL/SQL 代码

END;

注:替代触发器都是行级触发器;替代触发器只能在视图上创建;不能用 when 子句。

例 9.37　视图 emp_view 中可以查询每个部门的部门号、员工人数和工资总和。先对视图 emp_view 执行 DELETE 操作,发现失败。然后创建 TRIGGER emp_view_delete,再执行删除操作,则操作成功。

准备工作:

CREATE OR REPLACE VIEW emp_view AS

SELECT deptno, count（＊）total_employeer, sum（sal）total_salary FROM emp GROUP BY deptno;

建立触发器:

CREATE OR REPLACE TRIGGER emp_view_delete

　　INSTEAD OF DELETE ON emp_view FOR EACH ROW

BEGIN

　　DELETE FROM emp WHERE deptno = :old. deptno;－－执行对 emp 表的删除操作

END emp_view_delete;

例 9.38　建立复杂视图 dept_emp,数据包括部门号、部门名称、员工姓名字段。先对视图 emp_view 执行插入操作,发现失败。然后创建替代触发器 tr_instead_of_dept_emp,再执行插入操作,成功完成。

准备工作:

create or replace view dept_emp as select a. deptno, a. dname, b. empno, b. ename from dept a, emp b where a. deptno = b. deptno；　－－定义视图 dept_emp

    create or replace trigger tr_instead_of_dept_emp instead of insert ON dept_emp

    FOR EACH ROW　　－－定义替代触发器

    Declare

    v_temp number(4)；

    BEGIN

    select count(*) into v_temp from dept where deptno = :new. deptno；－－查询新部门数量

    if v_temp = 0 then

        insert into dept(deptno, dname) values(:new. deptno, :new. dname)；－－插入新部门信息

    end if；

    select count(*) into v_temp from emp where empno = :new. empno；－－查询新部门员工数量

    if v_temp = 0 then

        insert into emp (empno, ename, deptno) values(:new. empno, :new. ename, :new. deptno)；－－插入员工信息

    end if；

    end；

9.5.4　创建和使用用户事件触发器

用户事件触发器是指有数据库定义语句 DDL 和用户的登录注销等事件相关的触发器。

CREATE [OR REPLACE] TRIGGER [schema.]触发器名

{BEFORE|AFTER}

{DDL 语句 1[DDL 语句 2…] | 数据库事件 1　[数据库事件 2…]}

ON {DATABASE}

WHEN <条件>

DECLARE

定义变量、游标、记录等

BEGIN

PL/SQL 代码

END；

　　例 9.39　创建一个触发器,用于记录用户在登录该模式的用户名和登录时间。其中 sys. login_user 返回当前登录成功的用户名,sysdate 为系统日期。

　　准备工作:CREATE TABLE login_table (who varchar2(40), log_date date)；－－建立登录日志 login_table

CREATE OR REPLACE TRIGGER log_trig

AFTER logon ON schema　－－触发时机为用户登录成功

BEGIN

    INSERT INTO login_table　　VALUES(sys. login_user, sysdate)；

END；

例 9.40　编写一个当用户创建、修改、删除对象时触发的触发器,跟踪审计用户的 DDL 操作。

准备工作:先创建一个 audit_trail 表,属性为对象所有者、对象名、对象类型、修改的用户名及变更的时间。

CREATE TABLE audit_trail(Object_owner varchar2(30),Object_name　varchar2(30),

Object_type varchar2(20),Altered_by_user varchar2(30),Alteration_time　　date);

创建触发器:

CREATE OR REPLACE TRIGGER audit_schema_changes

AFTER　CREATE OR ALTER OR DROP on user_name. SCHEMA　－－设置用户模式触发器

BEGIN

INSERT　INTO　audit_trail(object_owner, object_name, object_type,altered_by_user,al-teration_time)　VALUES(sys. dictionary_obj_owner,

　sys. dictionary_obj_name,sys. dictionary_obj_type,sys. login_user,sysdate);　－－从数据字段 sys. dictionary_obj_ ＊ 中读取相关数据写到 audit_trail 表。

END；

注:user_name 表示你要审计监听的 Oracle 用户名,如 scott。

例 9.41　创建一个触发器用于阻止删除 emp 表。

CREATE OR REPLACE TRIGGER try_drop

　BEFORE DROP ON schema

BEGIN

　dbms_output. put_line('this drop');

　IF LOWER (ora_dict_obj_name()) = 'emp'

　THEN

　　　raise_application_error(－20000,　'你疯了? 想删除表' ‖ ora_dict_obj_name() ‖ '!!');

　END IF;

END；

9.5.5　创建和使用系统事件触发器

系统事件触发器是指由数据库系统事件触发的触发器,主要包括数据库启动 STAR-TUP、数据库关闭 SHUTDOWN 和发生服务器错误 SERVERERROR。系统事件触发器也称为数据库级触发器,用户必须拥有 administer database trigger 权限才可以创建数据库级触发器。

格式:

CREATE [OR REPLACE] TRIGGER [schema.]触发器名

{BEFORE|AFTER} 数据库事件　ON　DATABASE

DECLARE

　－－定义变量、游标、记录等

BEGIN

－－PL/SQL 代码

END；

注：对于 STARTUP 和 SERVERERROR 事件只能创建 AFTER 触发器，对于 SHUTDOWN
事件只能创建 BEFORE 触发器。

例 9.42 使用 System 账户创建一个数据库启动触发器，以记录每次启动的时间。再创
建一个数据库关闭触发器，以记录每次关闭数据库的时间。

准备工作：为保存启动关闭系统日志条目，创建一个启动审计表，属性为事件时间、事件
类型和数据库名。

create table database_log

（event_time timestamp，event_type varchar2(40)，dbname varchar2(40)）；

－－创建系统启动事件触发器

CREATE OR REPLACE TRIGGER log_startup AFTER STARTUP ON DATABASE

BEGIN

INSERT INTO database_log(event_time，event_type，dbname)

VALUES(sysdate，sys. sysevent，sys. database_name)；－－从系统的数据字典读取相关
信息

END；

－－创建系统关闭事件触发器

CREATE OR REPLACE TRIGGER log_shutdown BEFORE SHUTDOWN ON DATABASE

BEGIN

INSERT INTO database_log(event_time，event_type，dbname)

VALUES(sysdate，sys. sysevent，sys. database_name)；

END；

9.5.6 管理触发器

当一个触发器不再需要被触发时，可以使其处于无效状态，即关闭触发器。关闭触发器
与删除触发器是有区别的。删除触发器是从数据字典中永久删除，而关闭触发器只是让触
发器失效，暂时不能被触发，没有被从数据字典中删除，在需要时可再让其生效。

使用 ALTER TRIGGER 命令启用和禁止触发器。

格式：ALTER TRIGGER 触发器名 {DISABLE | ENABLE}

其中 DISABLE 是禁止触发器，ENABLE 是启用触发器。默认情况下，所有触发器在首
次创建时都是启用的。

何时适合触发器失效？

当进行大量数据的装载(如使用 SQL LOADER)避免进行数据的完整性校验时，可使触
发器失效。发生网络故障、磁盘损坏、数据文件脱机或表空间脱机，从而导致触发器中所涉
及到的实体不能被访问禁用特定触发器时，应使触发器失效。

ALTER TRIGGER ＜触发器名＞ DISABLE；

ALTER TABLE ＜表名＞ DISABLE ALL TRIGGERS；－－禁用特定表的所有触发器

ALTER TRIGGER ＜触发器名＞ ENABLE；－－启用特定触发器

ALTER TABLE ＜表名＞ ENABLE ALL TRIGGERS；－－启用特定表的所有触发器

要手动重新编译触发器,可以使用 ALTER TRIGGER 命令 :ALTER TRIGGER ＜trigger_name＞ COMPILE;

SHOW ERRORS 命令可以用于查看编译错误:SHOW ERRORS TRIGGER ＜触发器名＞;

可以使用 DROP 命令删除触发器:DROP TRIGGER ＜触发器名＞;

可以用 user_triggers 数据字典查看触发器相关内容:SELECT ＊ FROM user_triggers;

9.6　包

包(package)是一个可以将相关对象存储在一起的 PL/SQL 结构。包中包含了两个分离的组成部分:包规范和包体,每个部分都单独被存储在数据字典中。包说明是一个操作接口,对应用来说是可见;包规范是黑盒,对应用隐藏了实现细节。创建包需要具有 create package 权限。

(1)创建包的说明部分语法规则:

CREATE ［OR REPLACE］PACKAGE　包名

｛IS ｜ AS｝

　　　　公共变量的定义

　　　　公共类型的定义

　　　　公共出错处理的定义

　　　　公共游标的定义

　　　　函数说明

　　　　过程说明

END;

注:包中没有 begin。

(2)创建包主体的语法。

CREATE ［OR REPLACE］PACKAGE　BODY　包名

｛IS ｜ AS｝

　　　　函数定义

　　　　过程定义

　　END;

(3) 调用程序包中的过程:＜程序包名＞. ＜过程名＞。

调用程序包中的函数:＜程序包名＞. ＜函数名＞。

例 9.43　制作 sal_package 包的说明。生成一个管理雇员薪水的包 sal_package,其中包括一个为雇员加薪的过程和降薪的过程,并且在包中还有两个记录所有雇员薪水增加和减少的全局变量。

CREATE or replace PACKAGE sal_package IS

　　PROCEDURE raise_sal(v_empno emp. empno% TYPE　　v_sal_increment emp. sal% TYPE);

　　PROCEDURE reduce_sal(v_empno　emp. empno% TYPE,　v_sal_reduce emp. sal% TYPE);

```
    Procedure a;
    v_raise_sal    emp. sal% TYPE：= 0；
    v_reduce_sal    emp. sal% TYPE：= 0；
END；
```

包的主体部分：

```
CREATE OR REPLACE PACKAGE BODY sal_package
IS
    PROCEDURE raise_sal ( v_empno emp. empno% TYPE, v_sal_increment emp. sal%
TYPE)
        IS
        BEGIN
            UPDATE emp    SET sal = sal + v_sal_increment    WHERE empno = v_empno;
            v_raise_sal：= v_raise_sal + v_sal_increment;
        END；
    PROCEDURE reduce_sal( v_empno emp. empno% TYPE, v_sal_reduce emp. sal% TYPE)
        IS
        BEGIN
            UPDATE emp    SET sal = sal - v_sal_reduce    WHERE empno = v_empno;
            v_reduce_sal：= v_reduce_sal + v_sal_reduce;
        END；
    Procedure a
        is
        begin
            dbms_output. put_line( v_raise_sal);
            dbms_output. put_line( v_reduce_sal);
        end；
END；
```

（3）在 sqlplus 环境执行包。

```
Sql > EXECUTE sal_package. raise_sal(7788,1000);
Sql > EXECUTE sal_package. a;
```

例 9.44　CREATE or REPLACE PACKAGE my_package1 IS

```
    FUNCTION test_func return VARCHAR2;
    PROCEDURE test_proc;
END my_package1;
/
Create table t08_2( score number);


CREATE or REPLACE PACKAGE BODY my_package1 IS
    FUNCTION test_func return VARCHAR2 AS
```

```
BEGIN
    return to_char(sysdate,'YYYY - MM - DD HH24')||':'||to_char(sysdate,'MI');
END;
PROCEDURE test_proc IS
    i number;
BEGIN
    i: = to_number(to_char(sysdate,'YYYYMMDDHH24MISS'));
    i: = mod(i,100);
    insert into t08_2 (score) values(i);
END;
END my_package1;
```

测试执行：

SQL > select　my_package1. test_func from dual;

SQL > exec　my_package1. test_proc;

（4）程序包管理

DROP PACKAGE BODY 删除程序包体：DROP PACKAGE BODY packagebody_name;

DROP PACKAGE 命令删除程序包的说明部分：DROP PACKAGE package_name。

本章小结

PL/SQL 的语法结构和标准 SQL 基本上是一致的。在 PL/SQL 中，SQL 语句用来与数据库打交道，存取数据库中数据。过程语言语句用来控制程序流程以及对取出的数据做进一步处理。

SQL 语言与 PL/SQL 具有不同的数据处理方式。SQL 语言是面向集合的，而 PL/SQL 是面向记录的。所以，PL/SQL 引入了游标的概念，用游标来协调这两种不同的处理方式。存储过程经编译和优化后存储在数据库服务器，因而运行效率高，可以降低客户机和服务器之间的通信量，有利于集中控制，又能够方便地进行维护。触发器为安全性和完整性提供更加有力的补充和保证。

习　　题

1. 使用% TYPE 和% ROWTYPE 定义变量，编程实现输入一个职工的编号，显示该职工的姓名、工资和工作时间。

```
DECLARE
    v_empno emp. empno% TYPE : = &empno;
    rec emp% ROWTYPE;
```

2. 利用游标，给工资低于 1 200 的员工增加工资 50，并提示'编码为'||v_empno||'工资已更新!'。

3. 删除 EMP 表中某部门的所有员工，如果该部门中已没有员工，则在 DEPT 表中删除该部门。

4. 编写过程删除指定员工记录；

CREATE OR REPLACE PROCEDURE DelEmp(v_empno IN emp. empno% TYPE) AS

5. 建立一个触发器，当职工表 emp 表被删除一条记录时，把被删除记录写到职工表删除日志表中去。

第 10 章

现代数据库系统及其典型代表

本章知识要点

本章介绍了现代数据库的含义；分布式数据库；面向对象数据库和数据仓库。本章重点是分布式数据库的概念及特性、分布式数据库的存储方式、面向对象数据库的应用模型、数据仓库的数据组织形式和数据仓库的关键技术。

10.1 现代数据库系统概述

10.1.1 现代数据库的逻辑存储结构分类

进入 21 世纪，数据库系统的发展集中于对关系数据库系统的近一步扩充与改造。由于面向对象数据库系统与知识库系统在发展过程中遇到了算法与应用实现上的困难，因此，进一步改造关系数据库系统并扩充其功能成为近年来的主要研究方向，它主要表现在以下几个方面：

（1）对象－关系数据库。

使用面向对象方法学可以定义任何一种 DBMS 数据库，即网络型、层次型、关系型、面向对象型均可，甚至文件系统设计也可以遵循面向对象的思路。对象－关系数据库正是把面向对象方法学与关系数据库系统技术相结合的产物。

对象－关系数据库系统将关系数据库系统与面向对象数据库系统两方面的特征相结合，增强了数据库的功能，使之具备了主动数据库和知识库的特性。对象－关系数据库系统除了具有关系数据库的各种特点外，还具备以下特点：

①具有扩充数据类型。目前，商品化的关系型数据系统只能支持某一固定的类型集，而不能依据某一应用特殊需求来扩展其类型集。而对象－关系数据库系统具有允许用户利用面向对象技术扩充数据类型，允许用户根据应用需求自己定义一个新的数据类型及相应的操作。新的数据类型和操作一经定义，就如同基本数据类型一样可供所有用户共享。

②支持复杂对象。对象－关系数据库系统能够在 SQL 中支持复杂对象，实现对复杂对象的查询等处理。复杂对象是指由多种基本类型或用户自定义的数据类型构成的对象。

③支持继承的概念。继承是面向对象技术的一个重要概念，对象－关系数据库系统能够支持子类、超类的概念，即支持继承的概念，如能够实现属性数据的继承和函数及过程的继承等；而且支持单继承与多继承等，也支持函数重载等面向对象的重要思想。

④提供通用的规则系统。对象－关系数据库系统能提供强大而通用的规则系统。在传统的关系型数据库系统中，一般用触发器来保证数据库中数据的完整性，触发器是规则的一种形式。对象－关系数据库系统要支持的规则系统应该更通用、更灵活，并且要与其他的对象－关系处理方式相统一。例如，规则中的事件和动作可以是合适的 SQL 语句，可以使用

自定义函数,规则也能够被继承等。

(2)并行数据库。

并行数据库系统是新一代高性能的数据库系统,致力于开发数据库操作的时间并行性和空间并行性,是当今研究热点之一。并行数据库技术起源于 20 世纪 70 年代的数据库机研究,希望通过硬件实现关系操作的某些功能,研究主要集中在关系代数操作的并行化和实现关系操作的专用硬件设计上。20 世纪 80 年代以后,逐步转向通用并行机的研究。20 世纪 90 年代以后,存储技术、网络技术、微机技术的迅猛发展,以及通用并行计算机硬件的发展,为并行数据库技术的研究奠定了基础。

一个并行数据库系统应该实现高性能、高可用性、可扩充性等目标。并行数据库特别是并行关系数据库已经成为数据库研究的热点。最近几年,伴随着 MPP 的发展,新的并行机分布式计算技术、计算机机群(Clustertechnology)等引起了人们的极大关注,成为十分活跃的研究领域。大型并行数据库系统主要用于存储大量的数据,并用于处理基于这些数据的查询,所以重点集中在数据存储的并行化和查询处理的并行化,这两个主题是并行数据库研究中最重要的两个方面。

(3)数据仓库。

数据仓库(Data Warehouse)是一个面向主题的(Subject Oriented)、集成的(Integrated)、相对稳定的(Non-Volatile)、随时间不断变化(Time Variant)的数据集合,用于支持经营管理中的决策制订过程。

对于数据仓库的概念可以从两个层次予以理解:首先,数据仓库用于支持决策,面向分析型数据处理,它不同于企业现有的操作型数据库;其次,数据仓库是对多个异构的数据源有效集成,集成后按照主题进行重组,并包含历史数据,而且存放在数据仓库中的数据一般不再修改。

数据仓库是一种概念,不是一个产品。它包括电子邮件文档、语音邮件文档、CD-ROM、多媒体信息以及其他还未考虑到的数据。数据仓库最根本的特点是要物理存放数据,这些数据并非最新的、专用的,而是源于其他数据库的。数据仓库的建立并不是要取代数据库,而是要建立在一个较全面和完善的信息应用的基础上,用于支持高层决策分析。数据仓库是数据库技术的一种新的应用,它还需要数据库管理系统来管理数据仓库中的数据。

按照数据的覆盖范围,数据仓库通常可以分为企业级数据仓库和部门级数据仓库。数据仓库的管理包括数据的安全、归档、备份、维护和恢复等工作,与目前的 DBMS 的管理工作基本一致。建立数据仓库的目的是将历史数据和信息按可用的形式和格式提供给用户,利用一系列决策支持来增加用户对企业数据的分析及利用功能,以便更好地分析数据并作出决策。决策支持过程使用的方法通常分为信息处理、分析处理和数据挖掘;信息处理包括查询、计算和打印报表等;分析处理包括在线分析处理(OLAP);数据挖掘包括统计分析和知识发现等。

(4)实时数据库。

实时数据库是数据库系统发展的一个分支,它适用于处理不断更新的快速变化的数据及其有时间限制的事务处理。实时数据库技术是实时系统和数据库技术相结合的产物,研究人员希望利用数据库技术来解决实时系统中的数据管理问题,同时利用实时技术为实时数据库提供时间驱动调度和资源分配算法。然而,实时数据库并非是两者在概念、结构和方法上的简单集成,而是需要针对不同的应用需求和应用特点,对实时数据模型、实时事务调度与资源分配策略、实时数据查询语言、实时数据通信等进行集成。

（5）内存数据库。

在传统概念中，数据库都是基于磁盘的。然而，实际上基于内存的数据库也有着非常广泛的应用。对于内存数据库而言，可以将同一数据库的部分内容存放于磁盘上，而另一部分存放于内存中。用户可以选择将数据存储在内存表中以提供即时的数据访问。若访问时间不紧急或数据存于内存中所占空间过大时，用户可将这些数据存入磁盘表中。

内存数据库技术的一个很重要的特点，是可以对内存中的数据实现全事务处理，这是与仅仅把数据以数组等形式放在内存中完全不同的，并且内存数据库是与应用无关的，显然这种体系结构具有其合理性。内存引擎可以实现查询与存档功能，它们使用的是完全相同的数据库，同时内存表与磁盘表也使用的是完全相同的存取方法。存储的选择，对于应用开发者而言是完全透明的。

对于内存数据库而言，实现了数据在内存中的管理，而不仅仅是作为数据库的缓存。不像其他将磁盘数据块缓存到主存中的数据库，内存数据库的内存引擎使用了为随机访问内存而特别设计的数据结构和算法，这种设计使其避免了因使用排序命令而经常破坏缓存数据库性能的问题。通过内存数据库，减少了磁盘 I/O，能够达到以磁盘 I/O 为主的传统数据库无法与其相比拟的处理速度。因此，内存数据库技术的应用可以大大提高数据库的速度，这对于需要高速反应的数据库应用，如电信、金融等提供了有力支撑。

（6）Web 及 XML 数据库。

Internet 是目前全球最大的计算机通信网，它遍及全球几乎所有的国家和地区。目前Web 技术与数据库管理系统（DBMS）相互融合领域的研究已成为热点方向之一，数据库厂家和 Web 公司也纷纷推出各自的产品和中间件来支持 Web 技术和 DBMS 的融合，将两者取长补短，发挥各自的优势，使用户可以在 Web 浏览器上方便地检索数据库的内容。所谓Web 数据库管理系统是指基于 Web 模式的 DBMS 的信息服务，充分发挥 DBMS 高效的数据存储和管理能力，以 Web 这种浏览器/服务器（B/S）模式为平台，将客户端融入统一的 Web浏览器，为 Internet 用户提供使用简便、内容丰富的服务。Web 数据库管理系统必将成为 Internet 和 Intranet 提供的核心服务，为 Internet 上的电子商务提供技术支持。

XML 文件是数据的集合，它是自描述的、可交换的，能够以树型或图形结构描述的数据。XML 提供了许多数据库所具备的工具：存储（XML 文档）、模式（DTD、XMLschema 等）、查询语言（XQuery、XPath、XQL、XML - QL、QUILT 等）、编程接口（SAX、DOM、JDOM）等。XML 的好处是数据的可交换性（Portable），同时在数据应用方面还具有如下优点：①XML 文件为纯文本文件，不受操作系统、软件平台的限制；②XML 具有基于 Schema 自描述语义的功能，容易描述数据的语义，这种描述能为计算机理解和自动处理；③XML 不仅可以描述结构化数据，还可有效描述半结构化，甚至非结构化数据。

随着 Web 技术的不断发展，信息共享和数据交换的范围不断扩大，传统的关系数据库也面临着挑战。数据库技术的应用是建立在数据库管理系统基础上的，各数据库管理系统之间的异构性及其所依赖操作系统的异构性，严重限制了信息共享和数据交换范围；数据库技术的语义描述能力差，大多通过技术文档表示，很难实现数据语义的持久性和传递性，而数据交换和信息共享都是基于语义进行的，在异构应用数据交换时，不利于计算机基于语义自动进行正确数据的检索与应用；数据库属于高端应用，需要昂贵的价格和运行环境。而随着网络和 Internet 的发展，数据交换的能力已成为新的应用系统的一个重要的要求。

（7）嵌入式与移动数据库。

关系数据库发展的另一个方向是微型化，其主要应用领域是嵌入式系统与移动通信领域，微型化应用要求关系数据库具有更为精练的功能、更强的兼容性以及与其他系统更紧密的配合能力。嵌入式移动数据库技术目前已经从研究领域向更广泛的应用领域发展，随着移动通信技术的进步和人们对移动数据处理和管理需求的不断提高，与各种智能设备紧密结合的嵌入式移动数据库技术已经得到了学术界、工业界、军事领域、民用部门等各方面的重视。人们将发现，不久的将来嵌入式移动数据库将无处不在。人们希望随时随地存取任意数据信息的愿望终将成为现实。

以上几个方面构成了现代数据库系统发展的主流，现代数据库系统所涵盖的范围很广。

10.1.2　现代数据库系统的新特征

现代应用的复杂性、主动性和时态性等特性对数据库系统的要求是多方面的，从数据建模到数据查询，从数据存储到数据库管理等多方面，大致归纳如下：

（1）强有力的数据建模能力。

数据模型用来帮助人们研究设计和表示应用的静态、动态特性和约束条件。这是任何数据库系统的基础。而应用要求现代数据库系统有更强的数据建模能力，要求数据库系统提供建模技术和工具支持。一方面，系统要提供丰富的基础数据类型，除一般的原子数据类型外，还要提供构造数据类型及抽象数据类型。另一方面，系统要提供复杂的信息建模，并提供复杂的数据操作、时间操作、多介质操作等新型操作。

（2）先进的图形查询设施。

要求系统提供特制查询语言功能，如特制的图形浏览器、使用语义的查询设施和实时查询技术等，而且要求能够进行整体查询优化和时间查询优化等。要求数据库系统提供用户接口、数据库构造、数据模式、应用处理的高级图形设施的统一集成。

（3）强有力的数据存储与共享能力。

要求数据库系统有更强的数据处理能力。一方面，要求可以存储各种类型的数据，不仅包含传统意义上的数据，还可以是图形、过程、规则和事件等；不仅包含传统的结构化数据，还可以是非结构化数据和超结构化数据；不仅是单一介质数据，还可以是多介质数据。另一方面，人们能够存取和修改这些数据，而不管它们的存储形式及物理地址。

（4）时控或主动触发能力。

要求数据库系统有处理数据库时间的能力，这种时间可以是现实世界的有效时间或者数据库的事务时间，但是不能仅仅是用户自定义的时间。要求数据库系统有主动能力或触发能力，就是数据库系统的行为不再仅受到应用或者程序的约束，还有可能受到系统中条件成立的约束，如出现符合某种条件的数据，系统就触发某种对应的动作。

（5）高级现代事务管理。

现代应用要求数据库系统支持复杂的事务模型和灵活的事务框架，要求数据库系统有新的实现技术，例如，基于优先级的调度策略，多隔离度或无锁的并发控制协议和机制，等等。

现代数据库本身就是应用需求的产物，因此，满足上述一些特征的形形色色的现代数据库系统应运而生。

10.2　分布式数据库系统

20 世纪 90 年代以来,分布式数据库系统进入商品化应用阶段,传统的关系数据库产品均发展成以计算机网络及多任务操作系统为核心的分布式数据库产品,同时分布式数据库逐步向客户机/服务器模式发展。

10.2.1　分布式数据库的概念

分布式数据库系统(DDBS)是在集中式数据库系统的基础上发展起来的,是数据库技术与计算机网络技术的产物。分布式数据库系统是具有管理分布数据库功能的计算机系统。一个分布式数据库是由分布于计算机网络上的多个逻辑相关的数据库组成的集合,网络中的每个结(一般在系统中的每一台计算机称为节点(Node))具有独立处理的能力(称为本地自治),可执行局部应用,同时,每个节点通过网络通信系统也能执行全局应用。每个节点都是一个独立的数据库系统,它们都拥有各自的数据库、中央处理机、终端以及各自的局部数据库管理系统。所谓局部应用即仅对本节点的数据库执行某些应用。所谓全局应用(或分布应用)是指对两个以上节点的数据库执行某些应用。支持全局应用的系统才能称为分布式数据库系统。对用户来说,一个分布式数据库系统逻辑上看如同集中式数据库系统一样,用户可在任何一个场地执行全局应用。它们在逻辑上属于同一系统,但在物理结构上是分布式的。

分布式数据库系统是由分布式数据库管理系统和分布式数据库组成。分布式数据库管理系统(DDBMS)是建立、管理和维护分布式数据库的一组软件。分布式数据库系统适合于单位分散的部门,系统的节点可反映公司的逻辑组织,允许各部门将其常用数据存储在本地,实施就地存放就地使用,降低通信费用,并可提高响应速度。分布式数据库可将数据分布在多个节点上,增加适当的冗余,可提高系统的可靠性,只要一个数据库和网络可用,那么全局数据库可一部分可用。不会因一个数据库的故障而停止全部操作或引起性能瓶颈。故障恢复通常在单个节点上进行。节点可独立地升级软件。每个局部数据库存在一个数据字典。由于分布式数据库系统结构的特点,它和集中式数据库系统相比具有可扩展性,为扩展系统的处理能力提供了较好的途径。

分布式数据库系统已经成为信息处理学科的重要领域,正在迅速发展之中,原因基于以下几点:

(1)它可以解决组织机构分散而数据需要相互联系的问题。比如银行系统,总行与各分行处于不同的城市或城市中的各个地区,在业务上它们需要处理各自的数据,也需要彼此之间的交换和处理,这就需要分布式的系统。

(2)如果一个组织机构需要增加新的相对自主的组织单位来扩充机构,则分布式数据库系统可以在对当前机构影响最小的情况下进行扩充。

(3)均衡负载的需要。数据的分解采用使局部应用达到最大,这使得各处理机之间的相互干扰降到最低。负载在各处理机之间分担,可以避免临界瓶颈。

(4)当现有机构中已存在几个数据库系统,而且实现全局应用的必要性增加时,就可以由这些数据库自下而上构成分布式数据库系统。

(5)相等规模的分布式数据库系统出现故障的概率不会比集中式数据库系统低,但由于其故障的影响仅限于局部数据应用,因此就整个系统来讲它的可靠性是比较高的。

10.2.2　分布式数据库的特性

分布式数据库由于社会发展以及数据库发展进程的需要,具体将分布式数据库划分为如下三类:

(1)同构同质型分布式数据库:各个场地都采用同一类型的数据模型(如都是关系型),并且是同一型号的 DBMS。

(2)同构异质型分布式数据库:各个场地采用同一类型的数据模型,但是 DBMS 的型号不同,如 DB2、ORACLE、SYBASE、SQLServer 等。

(3)异构型分布式数据库:各个场地的数据模型的型号不同,甚至类型也不同,该类分布式数据库还需提供数据和进程移植的支持。具体分布式数据库的访问体系如图 10.1 所示。

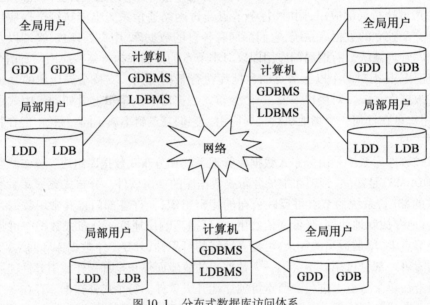

图 10.1　分布式数据库访问体系

随着计算机网络技术的发展,异种机联网问题已经得到较好的解决,此时依靠异构型DBMS 就能存取全网中各种异构局部库中的数据。

分布式数据库的访问要依托于网络,在网络环境下,计算机接收全局或局部用户提出的请求,首先要判定该用户的位置,然后判断必须访问哪些计算机才能满足该用户的要求。访问网络数据字典,了解如何请求和使用其中的信息。如果目标数据存储于系统的多个计算机上,就必须进行分布式处理。通过通信接口功能,可以在用户、局部数据库管理系统和其他计算机的数据库管理系统之间进行协调。

根据上述介绍的分布式数据库的概念、分类以及具体的访问体系,分布式数据库系统将包含以下三方面的特性:

(1)在分布式数据库系统里不强调集中控制的概念,它具有一个以全局数据库管理员为基础的分层控制结构,同时每个局部数据库管理员都具有高度的自主权。

(2)在分布式数据库系统中数据独立性的概念也同样重要,然而增加了一个新的概念,就是分布式透明性。所谓分布式透明性就是在编写程序时好像数据没有被分布一样,因此把数据进行转移不会影响程序的正确性,但程序的执行速度会有所降低。

(3)与集中式数据库系统不同,数据冗余在分布式系统中被看作是所需要的特性,其原因在于:首先,如果在需要的节点复制数据,则可以提高局部的应用性。其次,当某节点发生故障时,可以操作其他节点上的复制数据,这可以增加系统的有效性。当然,在分布式系统中对最佳冗余度的评价是很复杂的。

从以上分析的分布式数据库系统的特性可以看出,分布式数据库虽然具有良好的应用前景,但自身也包含许多缺点,还需进一步解决。下面将详细分析分布式数据库系统的优缺点,并给出完善的全功能分布式数据库系统的实现规则和目标。

分布式数据库系统的优点:

(1)具有灵活的体系结构。

(2)适应分布式的管理和控制机构。

(3)经济性能优越。

(4)系统的可靠性高、可用性好。

(5)局部应用的响应速度快。

(6)可扩展性好,易于集成现有的系统。

分布式数据库系统的缺点:

(1)系统开销较大,主要花在通信部分。

(2)复杂的存取结构(如辅助索引、文件的链接技术),在集中式 DBS 中是有效存取数据的重要技术,但在分布式系统中不一定有效。

(3)数据的安全性和保密性较难处理。

分布式数据库系统在现代数据库系统的应用将不断扩大,这就要求我们在不断完善中摒弃缺点,发扬优越性,从而在不断地摸索中实现如图 10.2 所示的分布式数据库系统的优化方法。用户的查询不再是在网络中寻找相匹配的局部数据或全局数据,而是通过查询分析和优化算法来进行数据的定位。分布式数据库系统希望通过优化查询方法最终实现如下12 条全部功能。分布式数据库系统的规则和目标是:

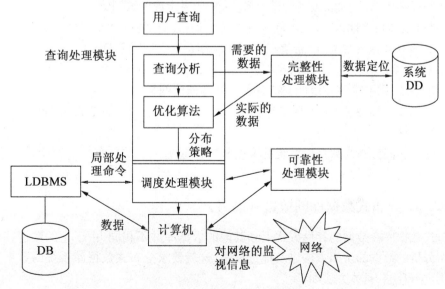

图 10.2　分布式数据库系统的优化方法

（1）局部节点自治性，网络中的每个节点是独立的数据库系统，它有自己的数据库，运行它的局部 DBMS，执行局部应用，具有高度的自治性。

（2）不依赖中心节点，即每个节点具有全局字典管理、查询处理、并发控制和恢复控制等功能。

（3）能连续操作，该目标使中断分布式数据库服务情况减至最少，当一个新场地合并到现有的分布式系统，或将分布式系统中撤离一场地不会导致任何不必要的服务中断；在分布式系统中可动态地建立和消除片段，而不中止任何组成部分的场地或数据库；应尽可能在不使整个系统停机的情况下对组成分布式系统的场地的 DBMS 进行升级。

（4）具有位置独立性（或称为位置透明性），用户不必知道数据的物理存储地，可工作得像数据全部存储在局部场地一样，一般位置独立性需要有分布式数据命名模式和字典子系统的支持。

（5）分片独立性（或称为分片透明性），分布式系统如果可以将给定的关系分成若干块或片，可提高系统的处理性能。利用分片将数据存储在最频繁使用它的位置上，使大部分操作是局部操作，减少网络的信息流量。如果系统支持分片独立性，用户工作起来就像数据全然不是分片的一样。

（6）数据复制独立性，是指将给定的关系（或片段）在物理级用许多不同存储副本或复制品在许多不同场地上存储。支持数据复制的系统应当支持复制独立性，用户工作可像它全然没有存储副本一样地工作。

（7）支持分布式查询处理，在分布数据库系统中有三类查询：局部查询、远程查询和全局查询。局部查询和远程查询仅涉及单个节点的数据（本地的或远程的），查询优化采用的技术是集中式数据库的查询优化技术。全局查询涉及多个节点上的数据，其查询处理和优化要复杂得多。

（8）支持分布事务管理，事务管理有两个主要方面：恢复控制和并发控制。在分布式系统中，单个事务既会涉及多个场地上的代码执行，也会涉及多个场地上的更新，可以说每个事务是由多个"代理"组成，每个代理代表在给定场地的给定事务上执行的过程。在分布式系统必须保证事务的代理集，或者全部一致交付，或者全部一致回滚。

（9）具有硬件独立性，希望在不同硬件系统上运行同样的 DBMS。

（10）具有操作系统独立性，希望在不同的操作系统上运行 DBMS。

（11）具有网络独立性，如果系统能够支持多个不同的场地，每个场地有不同的硬件和不同的操作系统，则要求该系统能支持各种不同的通信网络。

（12）具有 DBMS 独立性，实现对异构型分布式系统的支持。理想的分布式系统应该提供 DBMS 独立性。

上述的全功能分布式数据库系统的准则和目标起源于一个分布式数据库系统，对用户来说，应当看上去完全像一个非分布式系统。

10.2.3　分布式数据库的数据存储方式

分布式数据库在数据的存储方式上和其他的数据库并不相同，由于它的数据特殊性以及在前面分析的数据的访问方法以及优化算法，这就要求分布式数据库系统的数据要以分片的方式进行存储，具体方法如下：

（1）水平分片。按一定的条件把全局关系的所有元组划分成若干不相交的子集，每个子集为关系的一个片段。

（2）垂直分片。把一个全局关系的属性集分成若干子集，并在这些子集上作投影运算，每个投影称为垂直分片。

（3）导出分片。又称为导出水平分片，即水平分片的条件不是本关系属性的条件，而是其他关系属性的条件。

（4）混合分片。以上三种方法的混合。可以先水平分片再垂直分片，或先垂直分片再水平分片，或其他形式，但它们的结果是不相同的。

在进行数据分片的过程中，不能随意分片，要根据一定的条件进行分片，具体条件包含：

（1）完备性条件。必须把全局关系的所有数据映射到片段中，决不允许有属于全局关系的数据却不属于它的任何一个片段。

（2）可重构条件。必须保证能够由同一个全局关系的各个片段来重建该全局关系。对于水平分片可用并操作重构全局关系；对于垂直分片可用联接操作重构全局关系。

（3）不相交条件。要求一个全局关系被分割后所得的各个数据片段互不重叠（对垂直分片的主键除外）。

依据条件将数据分割成片，那么在数据的物理存储中又将如何进行数据的分配呢？数据分配的具体方式如下：

（1）集中式。所有数据片段都安排在同一个场地上。

（2）分割式。所有数据只有一份，它被分割成若干逻辑片段，每个逻辑片段被指派在一个特定的场地上。

（3）全复制式。数据在每个场地上重复存储。也就是每个场地上都有一个完整的数据副本。

（4）混合式。这是一种介于分割式和全复制式之间的分配方式。

数据分片和数据分配概念的分离，形成了数据分布独立性概念。数据冗余的显式控制使数据在各个场地的分配情况及分配模式中一目了然，便于系统管理。局部 DBMS 的独立性这个特征也称为局部映射透明性，此特征允许我们在不考虑局部 DBMS 专用数据模型的情况下，研究 DDB 管理的有关问题。

10.3　面向对象数据库

10.3.1　面向对象数据库的特征及功能

面向对象数据库将面向对象的能力赋予了数据库设计人员和数据库应用开发人员，从而扩展了数据库系统的应用领域，并能提高开发人员的工作效率和应用系统的质量。面向对象数据库具备如下特征：

首先，它是一个数据库管理系统，具有数据库管理系统的基本功能。一是永久性，数据库中的数据是永久保存的；二是存储管理，包括索引管理、数据聚集、数据缓冲、存取路径选择、查询优化等；三是能够并发控制，提供高于当前已有数据库管理系统同样级别的、对多个用户并发操作的支持；四是故障恢复能力，提供不低于当前已有的数据库管理系统同样级别的、将数据库从故障后的错误状态中恢复到某个正确状态的功能；五是交互式查询功能，且是非过程化的、高效的、独立于应用的。

其次,它是一个面向对象的系统。具有支持面向对象数据库模型,支持复杂对象;具有运用各种构造机制从简单对象组成复杂对象的能力,复杂对象构造能力加强了对客观现实世界的模拟能力,且方法自然、易理解;具有对象标识,对象标识独立于其值而存在的特性可以极大地加快查询速度;具有封装性,对象既封装了数据,又实现了信息隐藏,使用户不必知道操作的实现细节,只需利用设计者提供的消息即可访问对象;具备类型/类、类型层次/类层次能力,因而支持继承性这一强有力的建模工具;具有可扩充性等优良特性。

它还具备应用领域所需要的一些特性,如版本管理、名称事务和嵌套事务、模式演化等。

面向对象数据库与传统数据模型相比较,具有如下几方面的优势。

(1)面向对象数据库对数据语义的扩展更大,通过允许定义任何复杂的数据类型和提供与数据相关联的行为。面向对象数据的语义更接近于面向对象程序设计语言的语义。它具有表示和构造复杂对象的能力,可以模拟复杂的现实世界,其对象的取值可以是另外一个对象,实际存储的又是该对象的标识,这样的表示既自然,又容易理解,且查询速度较关系数据库系统快得多。而关系数据库系统只能用多个关系的元组来表示层次数据、嵌套数据或复合数据,且属性的取值只能是基本数据类型,这种表示方法既不自然,也影响查询速度。

(2)面向对象技术强调与数据相关的软件的组织而不是强调控制流,从而把程序员的注意力转向数据库设计者的意图,面向对象语言和面向对象数据库相互形成天然的互补。语言强调的是处理过程、复杂的结构化和局部数据,而数据库强调的是更为明确的方法、应用领域之外的数据共享和对大量数据的支持。面向对象语言和面向对象数据库的共同目标之一是在它们之间建立一个清晰的联合,并且又保持了它们各自的长处。

(3)面向对象数据库在功能方面与关系数据库有很大的区别。关系数据库在运行时根据存在表中的数据集而导出一个虚结构。面向对象数据库本身含有对象,这些对象在运行时不需要导出。在关系数据库中,数据视区是通过从几张表中选出数据,然后把它们放在一张表中构成的,而在面向对象数据库中一个数据视区是通过对象指针而获取的。

(4)面向对象数据库是一种主动型数据库,而一个关系数据库则是被动型的数据库。关系数据库主要提供的是增加和删除记录的能力,而面向对象数据库主要提供在对象中嵌入方法的能力。因而,面向对象数据库可以嵌入很多的操作,而在关系数据库中,这些操作需要应用程序来实现。

(5)面向对象数据库新引入的抽象、扩充类型定义、用户自定义操作以及支持版本规模型演化等概念和功能,消除了传统数据库对数据定义的一致性,提供了更为丰富的语义。

10.3.2　面向对象数据库模型

面向对象数据库系统支持面向对象数据模型,简称为 OO 模型。也就是说,一个面向对象数据库系统是一个持久的、可共享的对象库的存储和管理者;而一个对象库是由一个 OO模型所定义的对象的集合体。

面向对象数据库系统目前尚缺少关于 OO 模型的统一的规范说明,OO 模型缺少一个统一的严格的定义,但是有关 OO 模型的许多和新的概念已取得了共识。

一个 OO 模型是用面向对象观点来描述现实世界实体的逻辑组织、对象间限制、联系等的模型。一系列面向对象核心概念构成了 OO 模型的基础。

OO 模型的核心概念主要有:

（1）对象和对象标识。

现实世界的任一实体都被统一地模型化为一个对象，每个对象有一个唯一的标识，称为对象标识（OID）。OID 与关系数据库中码的概念以及部分系统中支持的记录标识、元组标识有本质上的区别。OID 是独立于值、系统全局唯一的。对象通常与实际的标识始终保持不变。如一个对象的部分属性、方法可能会发生变化，但对象标是不会改变。OID 是区分两个不同的对象的标准。常用 OID 有以下几种：

①值标识：用值来表示标识。如关系数据库总是用元组的码值区分元组。

②名标识：用一个名字来标识。如在一个作用域内程序变量一般使用的就是名标识。

③内标识：是建立在数据模型或程序设计语言中的不要求用户给出的标识。例如，面向对象数据库系统使用的就是内标识。

（2）封装。

每一个对象是其状态与行为的封装，其中状态是该对象一系列属性值的集合，行为是在对象状态上操作的集合，操作也称为方法。封装是 OO 模型的一个关键概念，封装是对象的外部界面与内部实现之间实行隔离的抽象，外部与对象的通信是通过消息实现的。

封装将对象的实现与对象应用相互隔离，允许对操作的实现算法和数据结构进行修改而不影响应用接口；不必修改使用它们的应用，这有利于提高数据独立性；封装还隐藏了数据结构与程序代码等细节，增强了应用程序的可读性。

查询或使用对象属性值必须通过调用方法，如在 VB 中，要将一个文本框的文本内容存储到一个字符串变量中，可以使用下面的语句：

myStr = txtTextBox1. text

其中，"."被称为访问符，通过它可以访问文本框对象 txtTextBox1 的 text 属性。

（3）类。

共享同样的属性和方法集的所有对象构成了一个对象类，一个对象是某一类的一个实例。类的概念在面向对象数据库中是一个基本概念，我们把属性、方法相似的对象集合称为类，而把每一个对象称为所属类的一个实例。类的概念类似于关系模式，类的属性类似于关系模式中的属性；对象类似于元组的概念，类的一个实例对象类似于关系中的一个元组。类本身也可看作是一个对象，称为类对象。

（4）类层次。

在一个面向对象数据库模式中，可以定义一个类（C1）的子类（C2），类 C1 称为类 C2 的超类；子类还可以再定义子类（C3）。这样，面向对象数据库模式的一组类构成一个有限的层次结构，称为类层次。在每个类的最顶部通常被称为基类。对一个类来说，它可以有多个超类，也可以继承类层次中其直接或间接超类的属性和方法。

（5）消息。

对象是封装的，对象与外部的通信一般通过显式的消息传递。即消息从外部传送给对象，存取和调用对象中的属性和方法；在内部执行所要求的操作，操作的结果仍以消息的形式返回。

（6）继承。

在 OO 模型中常用的两种继承为单继承和多重继承。若一个子类只能继承一个超类的特性，这种继承称为单继承；若一个子类能继承多个超类的特性，这种继承称为多重继承。例如，旅行用小汽车既是小汽车又是旅行车，它继承了小汽车和旅行车两个超类的所有属性、方法和消息,因此它属于多重继承。

继承性是建模的有力工具,它同时提供了对现实世界简明而精确的描述和信息重用机制。子类可以继承超类的特性,可以避免许多重复定义,还可以定义自己特殊的属性、方法和消息。如果在定义自己特殊的属性、方法、消息时与继承下来的超类的属性、方法和消息发生冲突时,通常由系统解决。在不同的系统中使用不同的冲突解决方法,因此便产生了不同的继承语义。例如,对于子类与超类之间出现同名冲突,一般是以子类定义的为准,即子类的定义取代或替代由超类继承而来的定义;对于子类与多个直接超类之间出现同名冲突,有的系统是在子类中规定超类的优先次序,首先继承优先级最高的超类的定义,有的系统则指定继承其中某一超类的定义。

面向对象数据库的特性主要表现在滞后联编和对象的嵌套两方面。

(1)滞后联编。

在 OO 模型中,当子类定义方法与继承下来的超类的方法产生同名冲突,即子类只继承了超类中操作的名称,子类自己实现操作算法,并有自己的数据结构和程序代码。这样,同一个操作名就与不同的实现方法、不同的参数相联系。

一般的,在 OO 模型中对于同一操作,可以按照类的不同重新定义操作的实现,这称为操作的重载(同名函数,不同参数)。

例如,定义 Tdate 类,同时为了满足不同的设置需要,可以设定三个 Set 函数:

```
Class Tdate
{
public:
int month,day,year;                   //三个属性
void set(intm,intd,inty);             //同时设置三个属性,月、日、年
void set(intm);                       //设置月
void set(intd,inty);                  //设置日、年
}
```

程序中用到如下定义:

Tdate myDate;

可以有以下不同的 set 方法(函数)的应用:

MyData. set(12,3,2002);

MyData. set(12);

MyData. set(12,2002);

为了正确执行 myDate 的一个 set 方法,OODBMS 不能在编译时就把操作 set 联编到程序中,而必须根据运行时的实际需求,选择相应的对象类型的相应程序进行联变,这个推迟的转换称为滞后联编。

(2)对象的嵌套。

在同一个面向对象数据库模式中,对象的某一属性可以是一个对象,这样对象之间就产生一个嵌套的层次结构。例如,设 Obj1 和 Obj2 是两个对象,如果 Obj2 是 Obj1 的某个属性的值,称 Obj2 属于 Obj1,或 Obj1 包含 Obj2。一般,如果对象 Obj1 包含 Obj2,则称 Obj1 为复杂对象或复合对象。

对象嵌套概念是面向对象数据库系统的一个重要概念,它允许不同的用户采用不同的

粒度来观察对象。对象嵌套层次结构和类层次结构形成了对象横向和纵向的复杂结构。

10.3.3　对象关系数据库和对象关系映射

对象关系数据库和对象关系映射做的是同一件事:在关系数据库之上,加入对象－关系映射引擎,将应用领域中的实体对象和数据中的表做一个映射;上层应用操作对象,映射引擎做具体的关系表的操作。所不同的是角色不同:对象关系数据库是由数据库厂商实现,是一个自底向上的行为,而对象关系映射由应用层来实现,是一个自上而下的行为,殊途同归。其核心技术便是 OR 映射,包括:

(1)将属性映射成列。类属性将映射成关系数据库中的零或几列,并不是所有属性都是持久的。

(2)在关系数据库中实现继承。

(3)将类映射成表。类到表的映射通常不是直接的。除了非常简单的数据库以外,用户不会有类到表的一对一映射。

其优点包括:

(1)该技术最大的优点在于让数据库的关系技术得到可持续发展。当今业界,关系数据库占据着绝大部分的应用领域,纵然从纯技术角度来看,关系技术与其他先进的数据库技术相比存在诸多限制,但从市场、应用、发展和经济多角度来看,只有在关系数据库之上作出调适,进行改进,才能保护客户的既有投资,才能让熟悉关系技术的开发群体能够平滑过渡到新的阶段。因此可以说,对象关系映射技术才是最可能得到长足发展和广泛应用的技术。

(2)能够在很大的程度上解决 Impedance Mismatch 问题,现今对象关系技术已经支持对象关系的一对一映射,一对多映射,部分产品还实现了多对多映射,较好地实现了主键、外键和事务。并且,在过程语言上的发展使得关系世界的存储过程和触发器的功能得到实现。

(3)对象关系映射技术较好地实现了同现有主流开发语言的结合,如 Java、C#语言,无缝的融入到开发环境中,这样的便捷性大大提高了开发效率,减少了应用程序的代码量。

当然,虽然对象关系数据库和对象关系映射殊途同归,但是对象关系数据库有数据库厂商开发和维护,算是正规军,对象关系映射中间件主要由开源组织和个人开发和维护,算是游击队,两相比较,正规军将对象关系层直接融入数据库产品,在技术上具备效率、与数据库的结合度等多方优势;在实力层面又具备强大的经济、市场和研发优势,因此将会成为对象关系映射技术发展的主流。而对象关系映射中间件短小精悍,具备多数据库的支持能力,并且受开人员的鼎立支持,也将在未来占据一席之地。

10.3.4　对象持久性

对象持久性(Object-Relational Mapping,ORM)指单个组件中负责所有实体域对象的持久化,封装数据访问的细节。它的作用是在关系型数据库和对象之间做一个映射,这样我们在具体地操作数据库时,就不需要再去和复杂的 SQL 语句打交道,只要像操作普通对象一样操作它就可以了。

几乎所有的程序里面都存在对象和关系数据库。在业务逻辑层和用户界面层中,我们是面向对象的。当对象信息发生变化时,我们需要把对象的信息保存在关系数据库中。

当开发一个应用程序时(不使用 O/R Mapping),可能会写不少数据访问层(DAL)的代码,用来从数据库保存、删除、读取对象信息等。在 DAL 中写了很多的方法来读取对象数据,改变对象状态等任务。而这些代码写起来总是重复的,有很多近似的通用的模式。引入一个 O/R Mapping 后,就可以用 O/R Mapping 保存、删除、读取对象,O/R Mapping 负责生成 SQL,开发人员只需要关心对象就好。

1. 使用 ORM 的优势及原理

ORM 的优势分析:

(1)提高开发效率,降低开发成本。在实际的开发中,真正对客户有价值的是其独特的业务功能,而现在是我们花费了大量的时间在编写数据访问、CRUD 方法,包括后期的 Bug 查找、维护等数据处理上。也就是说,我们在实际的开发中有很多时间都被浪费在根本不创造价值的非业务事件上了。在使用 ORM 之后,我们将不需要再浪费太多的时间在 SQL 语句上。ORM 框架已经把数据库转变成为我们熟悉的对象,我们将只需要了解面向对象开发就可以实现数据库应用程序的开发。

(2)简化代码,减少 Bug 数量。通过建立 ORM 系统,能够大量减少程序开发代码,实现 ORM 后,开发数据层就比较简单,大大减少了出错机会。

(3)提高性能。通过 Cache 的实现,能够对性能进行调优,实现了 ORM 隔离实际数据存储和业务层之间的关系,能够对每一层进行单独跟踪,增加了性能优化的可能。

(4)隔离数据源可以很方便地转换数据库。利用 ORM 可以将业务层与数据存储隔开,开发人员不需要关心实际存储的方式,如果我们需要把 SQL Server 数据库换成 Oracle 数据库,只需要修改配置文件即可,不需要修改程序。

ORM 实现原理分析:

(1)ORM 具体实现方式一般有两种:一是利用反射机制,在运行时自动产生 SQL 语句,执行 ORM 的操作,这种方式需要编写的代码较少,像 Hibernate 就采用了这种方式;二是通过 ORM 工具,生成代码,把其代码加到项目中,像 Raptier 就采用了这样的工具,这种方法就是生成了大量的代码,修改和阅读有点费事。

(2)关联表的处理。对于有外键关系的表,对应的实体层就是有参照关系的类,这是 ORM 实现的一个难点。

(3)唯一标识的处理。数据表中的一个主键,唯一标识一条数据记录。那么,在对应的实体类中,就使用这个主键来作为判断两个类是否相等的唯一标识。主键的选择一般用没有含义的主键。主键的类型:一般键是用来判断相等;数字型比字符型会更好一些。

(4)SQL 语句的生成。ORM 的结果就是把类的操作最后转变成 INSERT、UPDATE、DELETE、SELECT 等语句进行数据库操作。因此,在开发 ORM 工具时,一定要包含一个生成 SQL 语句的方法。应该说有了这个方法以后,就可以节省下写 SQL 语句的时间了。

(5)一个好的 ORM 有如下的特点:开放的代码,可以在需要的时候研究源代码,改写源代码,进行功能的定制;轻量级封装,避免引入过多复杂的问题,调试容易,也减轻了程序员的负担;具有扩展性,API 开放,当本身功能不够用时,可以自己编码进行扩展;开发者活跃,产品有稳定的发展保障。

在如今的企业级应用开发环境中,面向对象的开发方法已成为主流。众所周知,对象只能存在于内存中,而内存不能永久保存数据。如果要永久保存对象的状态,需要进行对象的持久化,即把对象存储到专门的数据库中。目前,关系数据库仍然是使用最广泛的数据库。内存中的对象之间存在关联和继承关系,而在数据库中,关系数据无法直接表达多对多关联和继承关系。因此,把对象持久化到关系数据库中,需要进行对象–关系的映射。Hibernate 是一种比较彻底的 Java 对象映射工具,支持所有的使用各种 Java 思想,如 inheritance、association、composition、collections 等实现的对象,它对 JDBC 做了轻量级封装,不仅提供 ORM 映射服务,还提供数据查询和数据缓存功能,是当前使用最方便的数据持久层框架。

2. 对象持久化

持久,英文为 Persistence,就是把数据保存到可掉电式存储设备中供之后所用。在大多数情况下,特别是企业级应用,持久化是指不仅仅把对象永久保存到数据库中,而且还包括和数据库相关的各种操作,如保存、更新、删除、加载和查询等。

对象的持久性(Persistence)指对象的生存特性,如果对象的生存期跨越程序的执行期,则称该对象具有持久性。对象持久化技术的主要研究目标是在高级程序设计语言层次实现对象持久性,有效地存储和管理持久对象(Persistent Object),使程序员按同一表达式语法访问暂态对象(Transient Object)和持久对象,统一暂态对象空间和永久对象空间。

显然,对象持久化将改变对象的生命周期,在没有持久化机制的系统中,一个对象的典型生命周期是被创建→被使用→被删除。一旦系统中支持持久化,对象的生命周期在被创建和被使用之后,可以通过持久化机制而延续,持久化就是通过提供保存对象状态并在以后恢复它的方法来存储和检索该对象的。

3. 对象持久化模式的比较

(1)直接通过 JDBC 编程来实现对象持久化。

Java 应用访问数据库的最直接、最原始的方式就是直接访问 JDBC API,通过 JDBC 编程来实现对象的持久化。这种模式的优点是运行效率高;缺点是在 Java 程序代码中嵌入大量 SQL 语句,使得项目难以维护。

(2)主动域对象模式。

主动域对象是实体域对象的一种形式,在它的实现中封装了关系数据模型和数据访问细节。主动域对象模式的优点是在实体域对象中封装自身的数据访问细节,过程域对象完全负责业务逻辑,使程序结构更加清晰;如果关系数据模型发生变化,只需修改主动域对象的代码,不需要修改过程域对象的业务方法。其缺点是在实体域对象的实现中仍然包含 SQL 语句;每个实体域对象都负责自身的数据访问实现,把这一职责分散在多个对象中,这会导致实体域对象重复实现一些共同的数据访问操作,从而造成重复编码。

(3)JDO 模式。

JDO(Java Data Object)是 SUN 公司制定的描述对象持久化语义的标准。它支持把对象持久化到任意一种存储系统中。JDO 封装了与数据库的底层逻辑,通过 JDO 规范提供的 API 代码非常简单。处理对象的粒度是一个持久对象,而不像 JDBC 处理的对象是一个二维表格的单元格,完全符合面向对象的编程思想,在 JDO 环境中事务与对象的状态紧密结合。

(4)CMP 模式。

CMP(Container-managed Persistence)表示由 EJB 容器来管理实体 EJB 的持久化,EJB 容器封装了对象 – 关系的映射及数据访问细节。CMP 模式的缺点是开发人员开发的实体 EJB 必须遵守复杂的 J2EE 规范,实体 EJB 只能运行在 EJB 容器中,EJB 容器提供的对象 – 关系映射能力很有限。

(5)ORM 模式。

ORM 模式指的是在单个组件中负责所有实体域对象的持久化,封装数据访问细节。它采用映射元数据来描述对象 - 关系的映射细节,使得 ORM 中间件能在任何一个 Java 应用的业务逻辑层和数据库层之间充当桥梁。ORM 模式具有自我存储到关系数据库的能力,对对象的改变能够直接得以存储,而不考虑数据库存取代码。这样,程序员可以把全部精力集中到对对象和类进行编程,解决业务问题。当前 Hibernate 作为 ORM 模式中最好的开源工具,受到众多程序员的拥护。

Hibernate 是一个实实在在的 ORM 工具,它通过对集合、继承的支持,使我们能够建立一个足够复杂的对象模型,而且能够完全覆盖数据库层。Hibernate 相对于 JDO 而言,优势是它是性能优良的开源框架,而且它对 JDBC 是轻量级的封装,程序员在编程和调试方面更容易,更重要的是 Hibernate 可以无缝集成到任何一个 Java 系统中,因此 Hibernate 是当前最时尚的解决 Java 对象持久化的工具。

不同对象的标识的持久性程度是不同的。若标识能在程序或查询的执行期间保持不变,则称该标识具有程序内持久性。若标识在从一个程序的执行到另一个程序的执行期间保持不变,则称该标识具有程序间持久性。若标识不仅在程序执行过程中而且在对数据的重组重构过程中一直保持不变,则称该标识具有永久持久性。例如,面向对象数据库中对象标识具有永久持久性,而 SQL 的关系名不具有永久持久性,因为数据重构可能修改关系名。

对象标识具有永久持久性含义是:一个对象一经产生,系统就给它赋予一个在全系统中唯一的对象标识符,直到它被删除。对象标识是由系统统一分配的,用户不能对对象标识符进行修改。对象标识是稳定的,它不会因为对象中某个值的改变而改变。

本章小结

数据库技术应用到一些特定的领域中后,出现了数据仓库、工程数据库、地理数据库、统计数据库、科学数据库、空间数据库等多种数据库,使数据库领域中新的技术内容层出不穷,应用范围不断扩大。这些数据库系统都明显地带有某一领域应用需求的特征。由于传统数据库系统的局限性,无法直接使用当前通用的 DBMS 来管理和处理这些领域内的数据对象。因而广大数据库工作者针对各个领域的数据库特征探索和研制了各种特定的数据库系统,取得了丰硕的成果。不仅为这些应用领域建立了可供使用的数据库系统,有的已实用化,而且为新一代数据库技术的发展作出了重要贡献。

习　　题

1. 简述面向对象数据库的特征及功能。
2. 简述对象持久性的模式。
3. 简述 OO 模式的核心概念。
4. 简述分布式数据库的概念及特点。

参考文献

[1] 王珊,萨师煊. 数据库系统概论[M]. 5 版. 北京:高等教育出版社,2014.

[2] 李逸婕. Oracle 11g 数据库最佳入门教程[M]. 北京:清华大学出版社,2014.

[3] 李建中,王珊. 数据库系统原理[M]. 2 版. 北京:水利电力出版社,2004.

[4] 张迎新. 数据库原理、方法与应用[M]. 北京:高等教育出版社,2009.

[5] 赵永霞. 数据库系统原理与应用[M]. 武汉:武汉大学出版社,2006.

[6] 陶树平,李华伦. 数据库系统原理与应用[M]. 北京:科学出版社,2009.

[7] 何玉洁. 数据库原理与应用[M]. 北京:机械工业出版社,2007.

[8] 陶宏才. 数据库原理及设计[M]. 北京:清华大学出版社,2007.

[9] 徐俊刚,邵佩英. 分布式数据库系统及其应用[M]. 3 版. 北京:科学出版社,2012.

[10] 赵元杰. Oracle 10g 系统管理员简明教程[M]. 北京:人民邮电出版社,2006.

[11] 何明 Oracle DBA 基础培训教程——从实践中学习 Oracle DBA[M]. 北京:清华大学出版社,2006.

[12] (美)龙利(Loney,K). Oracle Database 10g 完全参考手册[M]. 张立浩,尹志军,译. 北京:清华大学出版社,2006.

[13] 路川,胡欣杰. Oracle 10g 宝典[M]. 北京:电子工业出版社,2006.

[14] 贾素玲,王强. Oracle 数据库基础[M]. 北京:清华大学出版社,2007.